电工技术新起点丛书

电机修理入门
（第 2 版）

乔长君　编著

国防工业出版社
·北京·

内 容 简 介

本书主要介绍电机修理基本知识、电机常用材料与工具仪表、单相电机修理、三相低压电机修理、直流电机修理、高压电机修理、电机试验等内容。附录中列出了新型电机的主要技术数据,供修理人员参考。

本书可供电机修理初学者和电气工程技术人员学习参考。

图书在版编目(CIP)数据

电机修理入门 / 乔长君编著. —2 版. —北京:
国防工业出版社,2017. 4
(电工技术新起点丛书)
ISBN 978-7-118-11085-2

Ⅰ. ①电… Ⅱ. ①乔… Ⅲ. ①电机－维修－基本
知识 Ⅳ. ①TM307

中国版本图书馆 CIP 数据核字(2017)第 123892 号

※

国防工业出版社 出版发行
(北京市海淀区紫竹院南路 23 号 邮政编码 100048)
北京嘉恒彩色印刷有限责任公司
新华书店经售
*
开本 880×1230 1/32 印张 8⅞ 字数 280 千字
2017 年 4 月第 2 版第 1 次印刷 印数 1—2500 册 定价 29.00 元

(本书如有印装错误,我社负责调换)

国防书店:(010)88540777 发行邮购:(010)88540776
发行传真:(010)88540755 发行业务:(010)88540717

前　言

"电工技术新起点"丛书自出版以来,深受广大读者喜爱,多次重印。但也有读者联系我们,指出丛书中的不足,提出修改建议。这些建议对于改进我们的工作,出版更加通俗易懂、易于读者接受和理解的好书是大有裨益的。

根据读者的建议,我们本着新颖、实用、够用的原则,对整套丛书进行了改进和完善,用流行的照片或照片与剖视图对照的形式替换了原来的线条图,用时下流行的工艺替代了部分落后工艺,并删减了部分不实用章节。再版后的丛书仍然按工种分册,紧紧围绕工程必备技能,按操作步骤用图片逐步讲解,真正实现一看就懂、便于模仿的功能。

本丛书暂定为《电机修理入门》(第2版)、《电工识图入门》(第2版)、《农电工操作技能入门》(第2版)、《维修电工入门》、《安装电工入门》、《水电工入门》、《弧焊机维修入门》。以后还将根据读者需要陆续出版其他图书。

本书是《电机修理入门》(第2版)。

本书从电机修理基本知识入手,介绍了电机常用材料与工具仪表,低压电动机修理、低压三相电动机和单项电动机重绕等内容。在编写过程中充分考虑到企业生产发展和技术更新的需要,介绍了一些新技术、新工艺,不仅能使初学者快速掌握电机修理的核心技术,也为广大技术工人更新知识和提高技能提供了很好的教材。

另外,附录中收集的电机绕组技术数据都是最新的核心技术资料,具有很强的实用性。

本丛书主要编写人员有乔长君、姜延国、汪深平、杨恩惠、朱家敏、于蕾、武振忠、杨春林、乔正阳、罗利伟等。

由于编者水平有限,不足之处在所难免,敬请读者批评指正。

作　者

第1版前言

随着城乡一体化进程的不断加快,大批农村劳动力涌入城市,开始了择业、就业、开创美好新生活的步伐。学什么、做什么,怎样才能快捷掌握一门技术,并快速应用于生产实践,成为当务之急。为适应新形势的需要,在仔细调查研究基础上,我们精心组织编写了《电工技术新起点》丛书。

本丛书在编写时充分考虑了电工技术知识性、实践性和专业性都比较强的特点,选择了近年来中小型企业电工紧缺岗位从业人员必备的几个技能重点,以一个无专业基础的人零起步学习电工技术的角度,将初学电工的必备知识和技能进行归类、整理和提炼,用通俗的语言、大量的图片来讲解,剔除了一些实用性不强的理论阐述,以使初学者通过直观、快捷的方式学习电工技术,为今后进一步学习打下良好基础。

本丛书注重实际操作,突出实践,图文表相结合。其中涉及的器件或实际操作方法,大部分是根据实际情况现场拍摄的实物实景图或标准图改绘的线条图,方便读者的想象和理解。所有的一切都希望能帮助读者快速学习新知识,快速掌握新技术,学以致用。

本丛书旨在满足农村劳动力进城就业和社会上广大新工人学习和掌握电工基础知识和基本操作技能的需要,尽快提高操作人员的技术素质,从而增强企业的竞争力,促进农村劳动力转移、新生劳动力和转岗就业人员实现就业。

本丛书暂定为《电机修理入门》《维修电工入门》《安装电工入门》《水电工入门》《农电工操作技能入门》《弧焊机维修入门》《电工识图入门》。以后还将根据读者需要陆续出版其他图书。

本书是《电机修理入门》。

本书从电机修理基本知识入手,介绍了电机常用材料与工具仪表,单相电机、三相低压电机、直流电机、高压电机修理,电机试验等内容。在编写过程中充分考虑到企业生产发展和技术更新的需要,介绍了一些新知识、新技术、新工艺、新规范,不仅使初学者快速掌握电机修理的核心技术,也为广大技术工人更新知识和提高技能提供很好的教材。

本书在内容上力求简明扼要,贴近实际,充分考虑到电机修理人员必备的技能,具有以下特点:

(1)理论起点低,知识阐述简明扼要,语言浅显易懂,特别适合文化基础偏低的人员阅读学习。

(2)本书从企业生产实际和培训新工人的需要出发,突出介绍了交、直流电机检修的每一个环节的基本操作技能、操作方法。

(3)采用大量图片,这些图片都来自检修实践,直观生动,方便学习。

另外,附录中收集的电机绕组技术数据都是最新的电机核心技术资料,具有很强的实用性。

参加本书编写的有乔长君、片照民、贾建平、周盛荣、李本胜、朱家敏、郭健、王迎杰、王岩。在本书编写过程中,得到了西安电机制造总厂刘晔同志的大力支持,并提出了许多宝贵意见,在此深表谢意。

由于编者水平有限,不足之处在所难免,敬请读者批评指正。

作　者

目 录

第1章　电机修理基本知识

1.1　常用基本知识

1.1.1　电工学基本知识

1. 电子与电荷

电荷是物质固有的一种特性。它既不能创生,也不能消灭,只能被转移,自然界不存在脱离物质而单独存在的电荷。目前发现自然界中只有两种电荷:正电荷与负电荷。正常情况下物体所带正电荷和负电荷的数量是相等的,对外界表现为不带电。只有由于当某种原因,使得负电荷多于(或少于)正电荷时,这个物体才表现为带电。

两个带电荷的物体之间总存在相互的作用力,同种电荷相互排斥,异种电荷相互吸引。用电量来衡量物体携带电荷的数量,用字母 Q 表示,单位可以用电子数目来表示,但实际使用时这个单位太小,我们采用库仑(C)作为电量的单位。1 库仑等于 6.24×10^{18} 个电子电荷。

2. 电流

导体内的自由电子或离子在电场力的作用下,有规律的流动称为电流。人们规定正电荷移动的方向为电流的正方向。

单位时间内通过导体截面积的电量即为电流强度,习惯上简称为电流。电流用字母 I 表示,$I = Q/t$,单位为安培(A),实际使用中还有 kA、mA、μA。

大小和方向都不随时间变化的电流称为恒定电流,也称直流电流,又称直流电。大小和方向都随时间变化的电流称为交流电流,也称交流电。

在单位横截面积上通过的电流大小,称为电流密度,用 J 表示,$J = I/S$,单位为安培/毫米² (A/mm^2)。

3. 电场

带电体周围存在着一种特殊的物理场称为电场。

电荷在电场中要受到电场力的作用而发生运动,因此可以认为电荷在电场中具有电位能。单位正电荷在电场中某点所具有的电位能称为这一点的电位。电位的单位为伏特(V)。

电场中任意两点之间的电位之差称为电位差,也称电压,用字母 U 表示,单位为伏特(V)。

4. 电动势

电动势等于电源力将单位正电荷从电源负极移动到电源正极所做的功,用字母 E 表示,单位为伏特(V)。

5. 磁现象

凡具有吸引铁、镍、钴等物质的性质称为磁性。

具有磁性的物质称为磁体。

在磁体的两端各有一个磁性最强的区域,这个区域称为磁极。同一磁体的两个磁极有着不同的性质,即磁南极(S 极)和磁北极(N 极)。在磁极之间具有"同性相斥、异性相吸"的特性。

6. 磁场与磁力线

磁体之间相互吸引或排斥的力称为磁力。

把磁体周围存在磁力作用的区域称为磁场。

为了直观、形象地描述磁场的方向和强弱而引出磁力线的概念,并规定在磁体的外部,磁力线由 N 极指向 S 极;在磁体内部,磁力线由 S 极指向 N 极,使磁力线在磁体内外形成一条条闭合的曲线。在曲线上任何一点的切线方向就表示该点的磁力线方向,也就是小磁针在磁力作用下静止时 N 极所指的方向。通常用磁力线方向来表示磁场方向。用磁力线的疏密程度表示磁场的强弱。磁力线越密,磁场越强。磁力线越疏,磁场越弱。

垂直穿过磁场中某一截面的磁力线条数,反映了磁场中这一截面上磁场的强弱。把垂直穿过磁场中某一截面的磁力线条数称为磁通。用字母 Φ 表示,单位为韦伯(Wb)。

单位面积上垂直穿过的磁力线条数,称为磁通密度,也称磁感应强度,用字母 B 表示,$B = \Phi/S$,单位为特斯拉(T)。

磁感应强度不仅有大小,而且有方向。磁感应强度的方向就是磁场的方向,也就是小磁针北极在该点的指向。

磁导率是一个用来表示物质磁性的物理量,也就是用来衡量物质导磁能力的物理量,用字母 μ 表示,单位为亨利/米(H/m)。

真空的磁导率 $\mu_0 = 4\pi \times 10^{-7} H/m$。

任何一种物质的磁导率与真空的磁导率的比值,称为该物质的相对磁导率,用字母 μ_r 表示。

磁场中磁感应强度的大小不仅与产生磁场的电流有关,还与磁场中的介质有关,为了使计算简便,通常用磁场强度来表示磁场。用字母 H 表示,$H = B/\mu$,单位为安培/米(A/m)。

磁场强度的大小与磁场中的介质无关,方向和所在点的磁感应强度方向一致。

7. 电流的磁场

在电流的周围存在着磁场,这种现象称为电流的磁效应。通电导体周围产生的磁场方向可以用安培定则来判断。

直导线周围磁场的方向由右手安培定则判定:用右手握住通电导体,让拇指指向电流方向,则弯曲四指的指向就是直导线周围的磁场方向,如图 1 –1 所示。

螺旋管内部磁场的方向由右手螺旋定则判定:用右手握住通电线圈,让弯曲四指指向线圈电流方向,则拇指所指方向就是线圈内部的磁场方向,如图 1 –2 所示。

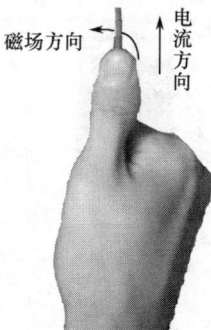

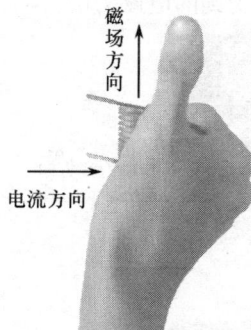

图 1 –1 安培定则   图 1 –2 右手螺旋定则

8. 电磁感应

当穿过闭合回路所包围的面积中的磁通量发生变化时,回路中就会产生电流,这种现象称为电磁感应现象。回路中所产生的电流称为感应电流。另一种现象是:当闭合回路中的一段导线在磁场中运动,并切割磁力线时,导体中也会产生电流。

直线导体与磁场相对运动而产生的感应电动势 e 的大小与导体切割磁力线的速度 v、导体的长度 L 和导体所处的磁感应强度 B 有关,若导体运动

3

方向与磁力线之间的夹角为 α,则感应电动势 $e = BLv\sin\alpha$。

直线导体感应电动势的方向可用右手定则来判定:伸开右手,让拇指与其余四指垂直并在一个平面内,使磁力线穿过掌心,拇指指向切割磁力线的运动方向,四指的指向就是感应电动势的方向,如图 1-3 所示。

线圈中磁通变化而产生的感应电动势 e 的大小与穿过线圈的磁通变化率有关,若线圈的匝数为 N,则感应电动势 $e = |N\Delta\Phi/\Delta t|$。

线圈中感应电动势的方向由楞次定律来判定:感应电流产生的磁通总是阻碍原磁通的变化。也就是说当线圈中的磁通增大时,感应电流产生的磁通与原磁通方向相反,而当线圈中的磁通减少时,感应电流产生的磁通与原磁通方向相同。

9. 磁场对电流的作用

处在磁场中的通电导体会受到力的作用,这种作用称为电磁力。用字母 F 表示,$F = BIL\sin\alpha$。

电磁力的方向由左手定则判定:伸开左手,让拇指与其余四指垂直并在同一平面内,让磁力线处在穿过手心,四指指向电流方向,拇指所指方向就是通电导体所受到的电磁力的方向,如图 1-4 所示。

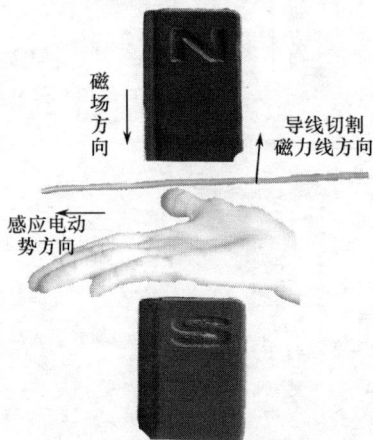

图 1-3　右手定则　　　　　　　图 1-4　左手定则

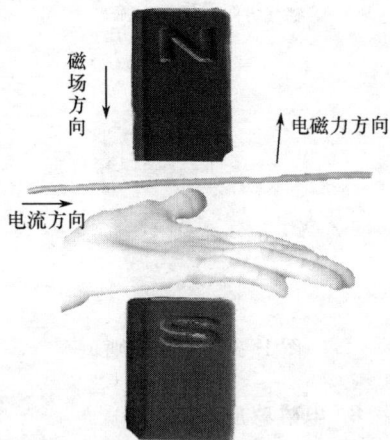

10. 电路

电流通过的路径,称为电路。一个完整的电路由电源、负载、输电导线和控制设备组成(图 1-5)。对电源来讲,负载、输电导线和控制设备等称为外电路。电源内部的一段称为内电路。

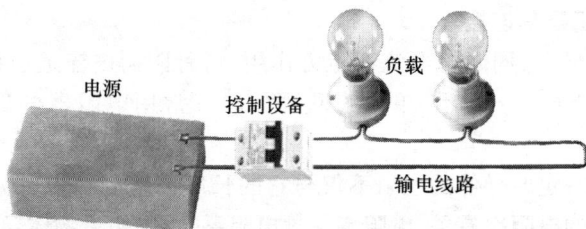

图1-5 电路组成

电路的工作状态分为通路、断(开)路和短路3种。如图1-6所示。

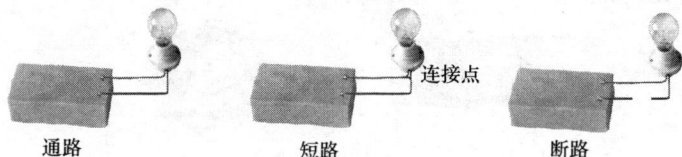

图1-6 电路的3种状态

11. 正方向

习惯上,规定正电荷运动的方向(即负电荷运动的反向)为电流的方向,如图1-7所示。但在分析较为复杂的电路时往往难以事先判断某支路中电流的实际方向,为此,常可任意假设一个方向作为电流的正方向,或者称为参考方向。当电流的实际方向与其正方向一致时,则电流为正值。当电流的实际方向与其正方向相反时,则电流为负值。

电流的正方向在电路图中,一般用箭头表示,箭头的方向就是电流的正方向。也可用双下标表示,例如 I_{ab} 表示电流的正方向由 a 点指向 b 点。

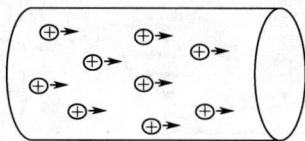

图1-7 电流的方向

电压、电动势和电流一样,也同样具有方向,电压的方向规定为由高电位端指向低电位端,也就是电位降低的方向。电源电动势的方向规定为电源内部由低电位端指向高电位端,也就是电位升高的方向。在电路分析中,电压、电动势的正方向也可以任意规定的,正方向的表示方法与电流的正方向表示方法完全相同。

5

12. 电阻及其连接

导体能导电,同时对电流有阻力作用,这种阻碍电流通过的能力称为电阻,用字母 R 或 r 表示,单位为欧姆(Ω)。常用电阻器外形如图1-8所示。

当温度一定时导体的电阻不仅与它的长度和横截面积有关,而且与导体材料自身的电阻率有关,电阻率又称电阻系数,是衡量物体导电性能好坏的一个物理量,用字母 ρ 表示,单位为欧姆·米($\Omega \cdot m$)。其数值是指导体的长度为1m、截面积为 $1mm^2$ 的均匀导体在温度为20℃时所具有的电阻值,可见 $R = \rho L/S$。

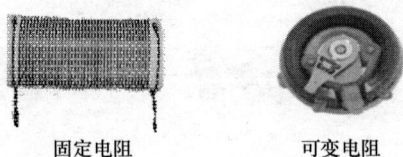

固定电阻 可变电阻

图1-8 电阻器外形

表示物质的电阻率随温度而变化的物理量,称为电阻的温度系数。其数值等于温度每升高1℃时,电阻率的变化量与原来的电阻率的比值,用字母 α 表示,单位为1/℃。

1)电阻串联

将两个以上的电阻元件顺序地连接在一起,构成一条无分支的电路,称为串联电阻电路,如图1-9所示。

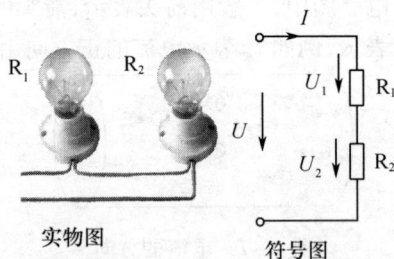

实物图 符号图

图1-9 串联电阻电路

在串联电阻电路中有以下特点:

(1)串联电阻电路中的等效电阻等于各个串联电阻之和,即

$$R = R_1 + R_2$$

6

（2）串联电阻电路中流过每个电阻的电流都是相等的,并且等于总电流,即

$$I = I_1 = I_2$$

（3）串联电阻电路的总电压等于各个串联电阻两端电压之和,即

$$U = U_1 + U_2$$

（4）串联电阻电路中的各个电阻上所分配的电压与各自的电阻值成正比,即

$$\frac{U}{R} = \frac{U_1}{R_1} = \frac{U_2}{R_2}$$

2）电阻并联

将两个以上的电阻元件都连接在两个共同端点之间,构成一条多分支的电路,称为并联电阻电路,如图 1 - 10 所示。

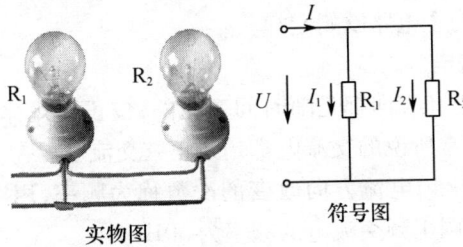

实物图   符号图

图 1 - 10　并联电阻电路

在并联电阻电路中有以下特点:

（1）并联电阻电路中各个电阻两端的电压都是相等的,并且等于总电压,即

$$U = U_1 = U_2$$

（2）并联电阻电路的总电流等于各个并联电阻两端电流之和,即

$$I = I_1 + I_2$$

（3）并联电阻电路中的等效电阻的倒数等于各个并联电阻的倒数之和,即

$$\frac{1}{R} = \frac{1}{R_1} + \frac{1}{R_2}$$

（4）并联电阻电路中的各个电阻上所分配的电流与各自的电阻值成反比,即

$$IR = I_1 R_1 = I_2 R_2$$

7

13. 欧姆定律

在一段电路中,流过该段的电流与电路两端的电压成正比,与该段电路的电阻成反比。如图 1 – 11,表示为 $I = U/R$。

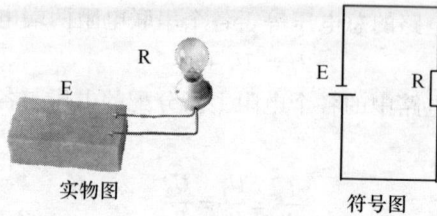

实物图　　　　　　　符号图

图 1 – 11　欧姆定律

欧姆定律是不含电源的电路情况,在实际工作中电源 E 的内电阻 r_0 有时不可忽略,这时欧姆定律可以写为 $I = E/(R + r_0)$

这个公式称为全电路欧姆定律。

14. 单相交流电

交流电的大小和方向都是随时间变化的,按正弦规律变化的交流电称为正弦交流电,通常所说的交流电都是指正弦交流电。

交流电流在 1s 内电流方向改变的次数称为频率,用字母 f 表示,单位为 Hz(赫兹)。我国工频交流电的频率为 50Hz。

如果某一交流电流 i 通过一个纯电阻 R,在一个周期内,所发出的热量与某一直流电流 I 在同一电阻内所发出的热量相等时(也就是两者发热效应等效),则这个直流电流的数值就是该交流电流的有效值。用大写字母表示。

电压、电流、电动势在一个周期内的最大瞬时值称为最大值或振幅值。用大写字母表示,下标为 m。最大值是有效值的 $\sqrt{2}$ 倍。

正弦交流电可以用正弦函数表示,例如电压 $u = U_m \sin(\omega t + \psi)$,其中 ω 为圆频率,$\omega = 2\pi f$,ψ 为初相角。

频率为基波频率倍数的一种正弦波称为谐波。非正弦波可以看作是一系列谐波之和。

15. 电感

当交流电流流过线圈时,交变的电流将在线圈中产生变化的磁场,这一变化的磁场同时又在线圈自身产生感应电动势,这一现象称为自感现象。电感器外形如图 1 – 12 所示。

8

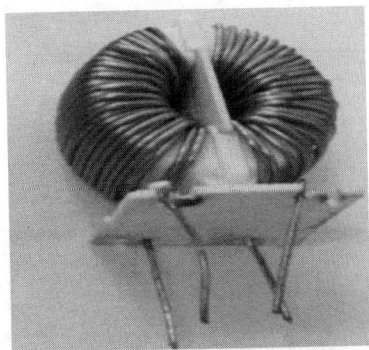

图 1 – 12　电感器外形

　　穿过线圈的磁通与产生磁通的电流之间的比值,称为线圈的自感系数,简称自感,用字母 L 表示,单位为亨利(H)。

　　当两个线圈相互靠近,其中一个线圈的电流变化,引起穿过另一个线圈所包围的磁通量跟着变化,而在另一个线圈中产生感应电动势的现象,称为互感现象。由第一个线圈的电流所产生而与第二个线圈相关联的磁通,同该电流的比值,称为第一个线圈对第二个线圈的互感系数,简称互感,用字母 M 表示,单位为亨利(H)。

　　通常把自感和互感统称为电感。

　　当电感线圈两端加上交流电压时,就有交流电流通过,电感线圈中将产生自感电动势,从而阻碍电流的变化,所以电感线圈中交流电流的变化总是滞后交流电压的变化。电感阻碍交流电流通过的这种作用称为感抗,用字母 X_L 表示,$X_L = 2\pi f L$,单位为欧姆(Ω)。

　　交流负载中只有电感的交流电路称为纯电感电路。纯电感电路中,加在电感上的交流电压超前流过电感的电流90°,并且它们之间的关系在数值上也满足欧姆定律。

16. 电容器

　　电容器是存储电荷的容器,由用绝缘介质隔开而又相互邻近的两块金属板或金属片构成,如图 1 – 13 所示。电容器存储电荷的能力用电容量来表示,简称电容,用字母 C 表示,单位为法拉(F),实际应用中还有微法(μF)和皮法(pF)。

　　电容阻碍交流电流通过的作用称为容抗,用字母 X_C 表示,$X_C = 1/(2\pi f C)$,单位为欧姆(Ω)。

9

图 1 – 13　电容器的外形

　　交流负载中只有电容的交流电路称为纯电容电路。纯电容电路中,加在电容上的交流电压滞后流过电容的电流 90°,并且它们之间的关系在数值上也满足欧姆定律。

　　感抗与容抗之和称为电抗。把电阻与电抗之和称为阻抗,用字母 Z 表示,即 $Z = \sqrt{R^2 + \left(2\pi fL - \dfrac{1}{2\pi fC}\right)^2}$。

17. 单相电功与电功率

　　电流通过用电器所做的功称为电功,用 W 表示,单位为焦耳(J)。常用的单位还有千瓦时(kW·h),也就是常说的度,$1 \ \text{kW·h} = 3.6 \times 10^6 \text{J}$。

　　单位时间内电流通过用电器所做的功称为电功率。

　　单位时间内电流通过纯电阻负载所做的功称为有功功率,用 P 表示,$P = W/t = UI$,单位为瓦(W)。

　　交流电通过阻抗性负载时并不完全用来做有用功,这时电流与电压的乘积称为视在功率,用 S 表示,即 $S = UI$。这时的有功功率可以表示为 $P = UI\cos\varphi$,φ 为电阻与电抗之间的夹角,$\cos\varphi$ 称为功率因数,而把 $UI\sin\varphi$ 称为无功功率,用 Q 表示,单位为乏(var)。

　　能量在转换或传递的过程中总要消耗一部分,即输出小于输入,输出能量与输入能量的比值称为效率,用字母 η 表示。

18. 三相对称正弦交流电路

　　如果把 L_1 相电压初相定义为零,则三相对称正弦电压的函数表达式为

$$u_1 = U_m\sin\omega t$$

$$u_2 = U_m \sin(\omega t - 120°)$$
$$u_3 = U_m \sin(\omega t + 120°)$$

把 3 个电器的末端连接在一起而形成的连接方法,称为星接(Y 接),如图 1-14 所示。末端的共同点称为星点,此时相与线的关系为

$$U_L = \sqrt{3} U_P$$
$$I_L = I_P$$

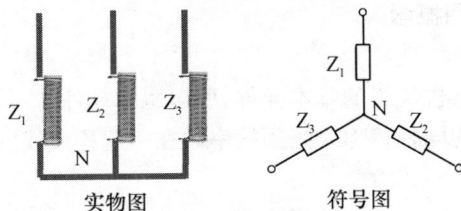

实物图　　　　　符号图

图 1-14　三相电路星形连接

把 3 个电器的每个首端分别与另一个的末端连接在一起而形成的连接方法,称为角接(△接),如图 1-15 所示。此时相与线的关系为

$$U_L = U_P$$
$$I_L = \sqrt{3} I_P$$

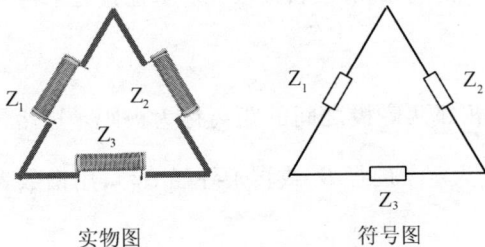

实物图　　　　　符号图

图 1-15　三相电路角形连接

三相电路的视在功率为

$$S = \sqrt{3} U_L I_L = 3 U_P I_P$$

19. 绝缘

电阻率很大的物体称为绝缘体,又称电介质,如玻璃、云母等。

电介质在电场的作用下发生剧烈放电或导电的现象称为击穿。

表示物质绝缘能力特性的一个系数称为介电常数,用字母 ε 表示,单位为法拉/米(F/m)。

11

任一物质的介电常数 ε 与真空介电常数 ε_0 的比值称为相对介电常数，用符号 ε_r 表示。

电介质不被击穿所能承受的极限电场强度，称为绝缘强度，又称击穿电场强度。

1.1.2　绕组基本知识

1. 绕组的常用概念

1）线圈

线圈是构成电机绕组的基本元件，所以也称元件。

将同一极下的同相相邻线圈顺接串联在一起构成线圈组，也称极相组，如图1-16所示。

图1-16　极相组

将电机每极下的同相线圈组，按极性要求连接起来构成一相绕组，简称相绕组。

2）极距

沿电枢表面相邻两磁极之间的距离称为极距。极距用线性长度表示时，有 $\tau = \dfrac{\pi D_i}{2p}$（$D_i$ 为定子内径 D_{i1} 或转子外径 D_{i2}）；用槽数表示时，有 $\tau = \dfrac{Q}{2p}$（Q 为槽数）。

3）节距

一个线圈的两个边所在槽的相隔齿距数称为线圈节距，用字母 y 表示，通常以槽数表示。

绕组节距等于极距的绕组称为整距绕组。

绕组节距小于极距的绕组称为短距绕组。

绕组节距大于极距的绕组称为长距绕组。

4）槽距角

电机铁芯两相邻槽之间的电角度称为槽距角，用 α 表示，$\alpha = p \times 360°/Z$。

12

5）每极每相槽数

每相绕组在每个磁极所占的槽数称为每极每相槽数，用 q 表示，$q = \dfrac{Z}{2mp}$。

若 q 为整数，称为整数槽绕组；若 q 为分数，称为分数槽绕组。

若 $q > 1$，称为分布绕组；若 $q = 1$，称为集中绕组。

6）相带

每相绕组在一个磁极下所连续占有的宽度（用电角度表示）称为相带。

在三相绕组中每个磁极占 180° 电角度，每相占 60°，又称 60° 相带。

7）换向器

由若干彼此绝缘的导电件构成的组件，经电刷滑动接触，使电流在旋转绕组和电路静止部分中流通，并可使旋转绕组中某些线圈换接的构件，称为换向器。

与绕组上相应的线圈单元之间的公共端相连接的换向器上的导电件称为换向片。

单个线圈单元的始端与终端之间的换向片数称为换向器节距。

2. 绕组的分类

1）单层绕组

沿槽深方向每槽只有一个线圈边的分布绕组称为单层绕组，如图 1-17 所示。

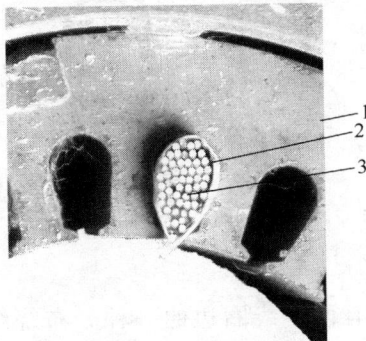

图 1-17　单层绕组

1—铁芯；2—槽绝缘；3—导体。

单层绕组又分为单层链式绕组、单层交叉式绕组、单层同心式绕组。

（1）链式绕组：各线圈的形状和节距都相同的一种分布绕组称为链式绕组，如图 1 – 18 所示，有单层和双层两种形式。

（2）交叉式绕组：各线圈的形状相同但节距不等，每极线圈数不等，按规律交叉排列的一种分布绕组，称为交叉式绕组，如图 1 – 19 所示，仅用于单层。

图 1 – 18　链式绕组　　　　图 1 – 19　交叉式绕组

（3）同心式绕组：每个极相组的各个线圈同心布置，具有不同的节距的一种分布绕组，称为单层同心式绕组，如图 1 – 20 所示，有单层、双层和单双层混合 3 种。单双层混合绕组大圈匝数是小圈的一半。

（4）同心交叉式绕组：将交叉式绕组的两个相同绕组改为同心式绕组，这种绕组称为单层交叉同心式绕组，如图 1 – 21 所示，用于单层绕组。

图 1 – 20　同心式绕组　　　　图 1 – 21　同心交叉式绕组

2）双层绕组

沿槽深方向每槽有两个线圈边的一种分布绕组称为双层绕组，如图 1 – 22 所示。

分布在一对主极下面的所有线匝依次连接，相邻主极对下面的线圈按极对的顺序彼此连接的一种绕组，称为叠绕组，如图 1 – 23 所示。

14

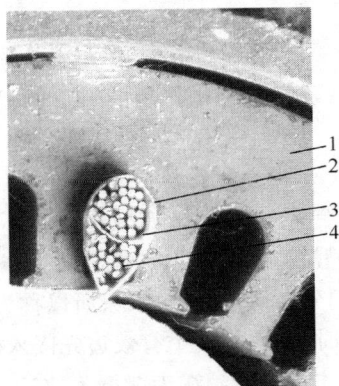

图 1 – 22 双层绕组

1—铁芯；2—槽绝缘；3—层间绝缘；4—导体。

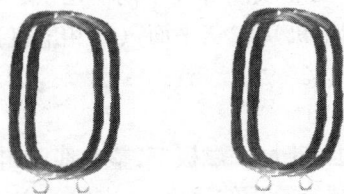

图 1 – 23 叠式绕组

1.1.3 电动机修理常用名词术语

1. 起末头

对于一支线圈而言，它的引出线是没有极性的，只有嵌入铁芯中，与其他线圈相连，才有确定的极性——起头、末头。通常把铁芯内每支线圈靠左手侧的引线设定为起头，另一根是末头。

对于极相组而言，同样设定左手侧那个为起头，也称面线；另一个称为末头，也称底线。

2. 线圈边的称谓

双层绕组一个线圈先嵌入的有效边处于槽的下层，称为下层边，也称底边。后嵌入的有效边处于槽的上层，称为上层边。

单层绕组在槽内没有层次之分，但先嵌入的有效边端部会被后嵌入的压住，所以把先嵌入的有效边称为沉边，而后嵌入边被视为浮在上边，因此

15

称为浮边。

3. 前后端

电机的负荷侧在嵌线时,位于操作者的右手侧,称为前端,也就是接线端,另一侧称为后端。

4. 嵌线方法

先嵌一支线圈的一个有效边,另一有效边暂时不嵌(也称吊起来)。当先嵌的下层边(或前一槽沉边)嵌入后,才能将另一线圈的上层边(浮边)嵌入。这样一来,其端部的分布层次呈交叠状,所以称为交叠法。

在采用交叠法嵌线时,线圈的一个有效边先嵌入槽内,另一边要等到该槽下层边或沉边嵌入后才能嵌线。在未能嵌入之前,为防止该边与铁芯摩擦损坏,要把这些线圈边吊起来,所以称为吊边,也称吊把。

把整个线圈的两个有效边相继嵌入相应槽内的方法,称为整嵌法,主要用于同心式绕组。由于每相线圈都处于同一层次,因而使绕组的端部呈现明显的"双平面"(单相电机)或"三平面"(三相电机)状态,因而也称"双平面布线"或"三平面布线"。

5. 接线方法

一个线圈的两个边位于同一磁极下,整个线圈组占 120°电角度的接线方法,称为显极接线。要点是面线接面线,底线接底线。

一个线圈的两个边位于相邻两个磁极下,每组线圈一边占 120°电角度的接线方法,称为庶极接线。要点是面线接底线,底线接面线。

1.2 感应电动机基本知识

1.2.1 分类和用途

1. 分类

感应电动机按转子结构分为鼠笼式和绕线式,其中鼠笼式又可分为单鼠笼、双鼠笼和深槽式。

感应电动机按定额工作方式可分为连续定额工作、短时定额工作和断续定额工作 3 种。

感应电动机按防护类型分为开启式、防护式(防滴、网罩)、封闭式、密闭式和防爆式。

感应电动机按尺寸范围分为大型、中型和小型。

三相感应电机型号采用汉语拼音字母,以及国际通用符号和阿拉伯数字组成。产品型号的构成部分及其内容的规定,按下列顺序排列:

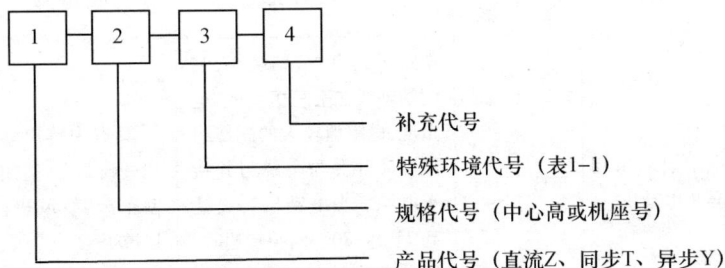

|1|2|3|4|

补充代号

特殊环境代号(表1-1)

规格代号(中心高或机座号)

产品代号(直流Z、同步T、异步Y)

主要产品型号举例:

小型异步电动机

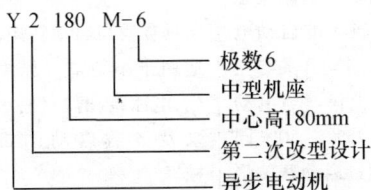

Y 2 180 M-6

极数6
中型机座
中心高180mm
第二次改型设计
异步电动机

中型异步电动机

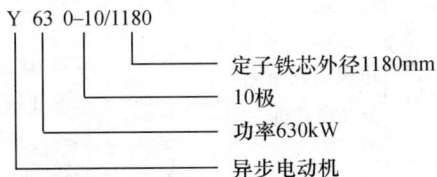

Y 63 0-10/1180

定子铁芯外径1180mm
10极
功率630kW
异步电动机

防爆电动机

YB160M-4WF

户外防腐
4极
中机座
中心高 160 mm
异步隔爆

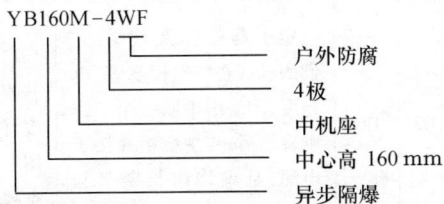

单相感应电动机按启动方式分为电容运转电动机、电容启动与运转电动机、罩极式电动机和分相启动电动机,而分相启动电动机又分为电阻分相电动机和电容分相电动机。

2. 用途

感应电动机结构简单牢固,工作可靠,维修方便,价格便宜,广泛应用于工业、农业、交通等行业。

单相感应电动机型号及用途见表1-1,三相感应电动机型号及用途见表1-2。

17

表 1-1　单相感应电动机型号及用途

序号	名称	型号		结构特点	应用场所
		新	老		
1	电阻启动单相异步电动机	BO2	BO	定子具有主、副绕组,它们的轴线在空间相差90°电角度,电阻值较大的副绕组经启动开关与主绕组并接于电源。当电动机转速达到75% ~80%同步转速时,通过启动开关将副绕组切除,由主绕组单独工作	具有中等启动转矩和过载能力,适用于小型车床、鼓风机、医疗器械等
2	电容启动单相异步电动机	CO2	CO	定子主、副绕组分布与电阻启动电动机相同,副绕组和一个容量较大的启动电容器串联,经启动开关与主绕组并接于电源。当电动机转速达到75% ~80%同步转速时,通过启动开关将副绕组切除,由主绕组单独工作	具有较高启动转矩,适用于小型空气压缩机、电冰箱、磨粉机、水泵及满载启动的机械等
3	电容运转异步电动机	DO2	DO	定子具有主、副绕组,它们的轴线在空间相差90°电角度,副绕组串联一个工作电容器后,与主绕组并接于电源,且副绕组长期参与运行	启动转矩较低,但有较高的功率因数和效率,体积小,质量小,适用于电风扇、通风机等空载启动的机械
4	电容启动运转异步电动机			定子绕组与电容运转电动机相同,但副绕组与两个并联的电容器串联。当电动机转速达到75% ~80%同步转速时,通过启动开关将启动电容器切除,工作电容器参与运行	具有较高的启动性能、过载能力、功率因数和效率,适用于家用电器、泵、小型机床等

18

序号	名称	型号 新	型号 老	结构特点	应用场所
5	罩极式异步电动机			一般采用凸极定子，主绕组是集中式，并在极靴的一小部分上套有短路环。另一种是隐极定子，其冲片形状与一般电动机相同，主绕组和罩极绕组均为分布绕组，它们的轴线在空间相差一定的电角度	启动转矩、功率因数和效率均较低，适用于小型风扇、电动模型及各种轻载启动的小功率电动设备

表 1-2　三相感应电动机型号及用途

序号	名称	型号 新	型号 老	汉字含义	机座号与功率范围	结构特点及应用场所
1	小型三相异步电动机（防护式）	Y2（IP54）	Y JO2	异	H63~355 0.12~315kW	IP54（IP44）型外壳防护结构为封闭式，能防灰尘、水滴进入电动机内部，适用灰尘多，水土溅飞的场所。IP23 型外壳防护结构为防护式，能防止直径大于 12mm 杂物或水滴从垂直线成 60°角范围内进入电动机内部，适用于周围环境较干净、防护要求较低的场所。Y 系列为 B 级绝缘结构，Y2 系列为 F 级绝缘结构。均为一般用途笼型三相异步电动机，用于无特殊要求的各种机械设备，如金属切削机床、水泵、鼓风机、运输机械、农业机械
2	小型三相异步电动机（防护式）	Y（IP23）	J2	异	H160~315 11-250kW	

序号	名称	型号		汉字含义	机座号与功率范围	结构特点及应用场所
		新	老			
3	高效率三相异步电动机	YX（IP44）	—	异效	H100～280 1.5～90kW	在Y（IP44）基本系列基础上，采用较好的磁性材料，增加有效材料用量，采取工艺措施降低损耗等改进设计导出的派生系列。电动机效率指标较Y基本系列平均高3%，适用于运行时间长、负荷率较高的各种机械设备配套
4	绕线转子三相异步电动机（封闭式）	YR（IP444）	JRO2	异绕	H132～280 4～75kW	转子为绕线式，在Y（IP44）、Y（IP23）基本系列基础上派生，功率等级与安装尺寸的关系比基本系列降低1～2级。可以通过调节转子回路中增接的外加电阻，以获得启动电流小、启动转矩大的优点，并可在一定范围内分级调节电动机转速，因而适用于电源容量不足以启动笼型转子电动机，并要求启动电流小、启动转矩更高、小范围调速等场合
5	绕线转子三相异步电动机（防护式）	YR（IP23）	JR2	异绕	H160～280 7.5－132kW	
6	变极多速三相异步电动机	YD（IP44）	JDO2	异多	H180～280 1.5～90kW	在Y（IP44）基本系列上派生利用改变定子绕组的接法以改变电动机的极数，来达到电动机的变速。电动机具有可随负载的不同要求而有级的变化转速，从而达到功率的合理匹配和简化变速系统的特点，适用于各种万能、组合、专用切削机床及需要逐级调速的传动机构

20

（续）

序号	名称	型号 新	型号 老	汉字含义	机座号与功率范围	结构特点及应用场所
7	高转差率三相异步电动机	YH(IP44)	JHO2	异、高转差率	H80~280 0.55~90kW	在Y(IP44)基本系列上派生,除转子槽形采用深槽(梯形槽、圆底槽或凸形槽)及转子导电材料采用高电阻率铝合金外,其他均与Y系列(IP44)相同。电动机具有转差率高、堵转转矩大、堵转电流小、机械特性软、能承受冲击负载的特性。其负载持续率(FC)分别为15%、25%、40%、60%四种,适用于传动飞轮力矩较大和不均匀冲击负荷以及反转次数较多的机械设备,如锤击机、剪切机、冲压机、煅冶机等
8	电磁制动三相异步电动机	YEJ(IP54)		异、制动附加电磁制动器	H80~225 0.55~4.5kW	Y(IP44)基本系列电动机的非轴承端的端盖上安装一个直流圆盘制动器组合而成的派生产品。适用于要求快速停止、准确定位、往复运转、频繁启动、防止滑行的各种机械中作传动用,如升降机、运输机械、包装机械、食品机械、建筑机械等
9	立式深井泵用三相异步电动机	YLB	JLB2 DM JTB	异立泵	H132~280 5.5-132kW	用于驱动JC/K型长轴立式深井泵的专用电动机。除H132机座在Y(IP44)系列上派生,其余5种机座均在Y(IP23)系列上派生。安装时将水泵轴通过电动机的空心轴与顶上端联轴器相连,采用钩头键连接传动。适用于工矿企业、农村及高原地带吸取地下水用

（续）

序号	名称	型号		汉字含义	机座号与功率范围	结构特点及应用场所
		新	老			
10	低振动低噪声三相异步电动机	YZC	JJO2	异振噪	H180～160 0.55～18.5kW	在Y（IP44）基本系列上采用提高加工精度、提高转子平衡度、选用低噪声专用轴承及改进电磁设计等措施而制成。适用于要求低噪声、低振动的机械传动场合，如精密机床、磨床、低噪声风机、油泵、液压泵等
11	增安型三相异步电动机	YA（IP44）	JAO2	异安	H80～280 0.55～75kW	在Y（IP44）基本系列上对结构和防护上采取了加强措施，电动机主体外壳的防护等级为IP54，接线盒为IP55，定子绕组配有保护装置，适用于Q2、Q3类爆炸危险的场合
12	隔爆型三相异步电动机	YB	BJO2	异爆	H80～H315 0.55～200kW	在Y（IP44）基本系列上派生，电动机主体外壳防护等级IP44，也可制成IP54。接线盒为IP54。采用F级绝缘，温升按B级考虑，机座、端盖、轴承盖均采用高强度灰铸铁制成。隔爆结构制成KB、B2d、B3d三级，分别适用于煤矿及工厂有1、2或3级a、b、c、d组可燃性气体与空气形成的爆炸性混合场合
13	户外型三相异步电动机	Y－W	JO2－W	异外	H80～315 0.55～160kW	由Y（IP44）基本系列派生，采取加强结构密封和材料工艺防腐等措施，防护等级IP54或IP55

22

序号	名称	型号		汉字含义	机座号与功率范围	结构特点及应用场所
		新	老			
14	防腐型三相异步电动机	Y－F	JO2－F	异腐	H80～315 0.55～200kW	Y－W系列电动机适用于户外环境用的各种机械配套;Y－F系列电动机适用于在一种或一种以上化学腐蚀介质环境中的各种机械配套,如石油、化工、化肥、制药企业用水泵、鼓风机、排风扇等;Y－WF系列电动机适用于存在少量化学腐蚀介质的户外环境中的各种机械配套,如石油、化工、制药及印染等企业户外用水泵、油泵等一般机械设备
15	户外防腐三相异步电动机	Y－WF	JO2－WF	异外腐	H80～315 0.55～160kW	
16	船用三相异步电动机	Y－H	JO2－H	异船	H80～315 0.55～200kW	在Y(IP44))基本系列上派生,根据船上使用特点,机座、端盖和轴承盖采用高强度灰口铸铁铸成,电动机绕组和外部金属零部件、紧固件均经特殊的"三防"工艺处理,整机或部件须经严格的湿热试验,适用于海洋、江河船舶上各种机械,如泵、通风机、分离器、液压机械及辅助设备等作驱动
17	起重冶金用三相异步电动机	YZ	JZ2	异重	H112～250 1.5～30kW	YZ系列为笼型转子电动机,YZR系列为绕线转子电动机。一般环境用电动机外壳防护级Y(IP44),冶金环境用为IP54。绝缘等级分F、H两种,分别用于环境温度不超过40℃和60℃的场所,常用的工作制S3～S5四种类型。适用于各种形式的起重机械及冶金辅助设备的动力传送
18	起重冶金用三相异步电动机	YZR	JZR2	异重绕	H112～400 1.5～200kW	

序号	名称	型号 新	型号 老	汉字含义	机座号与功率范围	结构特点及应用场所
19	井用潜水三相异步电动机	YQS2	JQS	异潜水	井径150～300 3～185kW	YQS2系列电动机为冲水式密封结构,与潜水泵组合,立式运行。电动机外径尺寸小,细长,导线采用耐水漆包线,电机内墙密封充满清水或防锈液,专供驱动井用潜水泵
20	木工用三相异步电动机	YM	JM2 JM3	异木	H71～100 0.55～7.5kW	YM系列电机为全封闭自扇冷式笼型电动机,均为2极电动机,适用于驱动木工机械
21	锥形转子制动三相异步电动机	ZD		锥动	ZD1: 0.1～18.5kW ZDY1: 0.1～0.8kW ZDR: 1.5～8kW ZDD: 0.4/0.1～ 7.5/2.0kW	ZD型电动机定转子内外圆均为锥形,机座不带底脚,防护等级IP44。ZD1型电动机适用于起重运输机械的提升机构或要求启动转矩较大的驱动装置;ZDY型电动机适用于电动葫芦的小车运行或启动转矩较小的机械装置的驱动;ZDR型电动机为绕线转子且与减速机配套,用于驱动起重运输机械
22	激振三相异步电动机	YJZ YZO		异激振	H160～280 7.5～132kW	激振电动机是通过安装在转轴两侧的偏心块,旋转产生离心力,此离心力再通过电动机底脚传递给振动机械做机械的激振元。适用于振动各类机械,如振动给料机、振动输送机、振动落砂机、振动筛分机、振动干燥机、料仓的振动防闭塞装置

24

序号	名称	型号		汉字含义	机座号与功率范围	结构特点及应用场所
		新	老			
23	振动桩锤用耐振三相异步电动机	YNZ	J	异耐振	H280~420 30~150kW	耐振电动机的机座与端盖均以优质钢板焊接而成，转子采用深槽结构，导条用高电阻率材料，定子绕组采用真空压力整浸渍漆。它适用于驱动沉拔桩机等剧烈振动的机械
24	夯实用三相异步电动机	YZH		异振夯	H145~155 2.2~4kW	YZH型夯实电动机采用铸钢支撑式端盖和双轴伸，卧式安装，具有耐冲击抗震强的特点，该电动机与WGYZH－Ⅰ、Ⅱ型可逆式电动振动夯实机配套使用，适用于建筑行业及其他夯实作业
25	电动阀门用三相异步电动机	YDF		异电阀	1~5#机座 0.025~30kW	YDF系列电动机采用无风扇、无散热筋的自冷结构。转子采用高电阻铝合金，电动机引线从端盖端面印出。适用于启动转矩大、最大转矩大的场合，如启动阀门
26	制冷机用耐氟利昂异步电动机	YSR（三相）YLRB（单相）YSR－Za			0.6~180kW	YSR、YLRB系列电动机基本为装入式结构。装入式的定子、转子铁芯均经防腐处理。电动机绝缘结构、所选电磁线、引出线、浸渍漆等绝缘材料均能保证在相应的R12、R22、R502等制冷机和冷冻机的混合物的制冷系统中，可靠、安全使用。该电动机专供全封闭和半封闭制冷压缩机特殊配套用

序号	名称	型号		汉字含义	机座号与功率范围	结构特点及应用场所
		新	老			
27	抛光专用三相异步电动机	YSP		异三抛	H112～132 4～7.5kW	YSP系列电机是Y（IP44）基本系列电机的派生产品，两端出轴，轴伸两端带锥螺纹，适用于电镀零件及其他需要光亮处理的零件磨光、抛光
28	干式潜污水三相异步电动机	YWQ		异污潜	2.2kW	YWQ型电动机与潜污泵组合成机泵合一产品，电动机各密封面装有橡胶密封圈，下部轴伸装有可靠的双端面机械密封装置，电动机出线电缆插入出线盒胶套中，用环氧树脂整体浇注。适用于建筑工程、工业污水的排放与处理
29	油泵专用三相异步电动机	YYB		异油泵	H90～280 0.75～90kW	YYB系列电机是Y（IP44）基本系列电机的派生产品，仅轴伸端端盖、轴伸不同外，其余均相同，电机防护等级为IP44，安装形式为B3。适用于CY－Y油泵机组、齿轮泵叶片及其他类型的柱塞泵机组的电动机配套
30	交流变频调速三相异步电动机	YVP		异变频	0.55～45kW	YVP型电机采用笼型结构、单独装有轴流风机，转子采用特殊设计，确保电动机低速运行时输出转矩保持恒定。与YVPZ变频调速装置配套，具有调速性能好、节能效果明显等优点

26

序号	名称	型号		汉字含义	机座号与功率范围	结构特点及应用场所
		新	老			
31	炉用密封三相异步电动机	YLM1		异炉密	0.75~1.5kW	YLM1 型电机在定子与转子之间安装一个不锈钢制成的密封套,使定子与外界隔开,提高电动机的密封性能。轴伸端端盖内有空腔,可通冷却水,冷却轴和轴承,电机采用 F 级绝缘,防护等级 IP44,安装形式为 V1,适用于炉温 950℃以下的井式回火炉、退火炉、氮化炉

1.2.2 三相感应电动机的结构和工作原理

1. 三相感应电动机结构

交流感应电动机主要由定子、转子两个基本部分组成,此外还有机壳、端盖、转轴、轴承、风扇、风罩(单相感应电动机还有启动装置)等部件。YB系列三相感应电动机典型结构如图 1-24 所示。

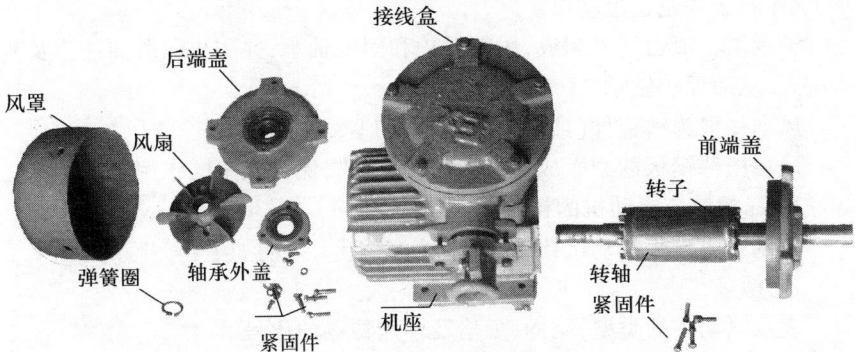

图 1-24　YB 系列三相异步电动机结构

1)定子

定子主要由铁芯、定子绕组、机座组成。

定子铁芯是电动机磁路的一部分,用 0.35~0.5mm 厚的硅钢片冲叠而成,硅钢片间涂有绝缘漆,以减少涡流损耗。铁芯内圆表面冲有均应分布的槽,用以嵌放定子绕组。定子铁芯的槽形有半闭、半开口和开口等几种形式。

定子绕组一般采用高强度聚酯漆包圆铜线绕制成各种形式的线圈后嵌入定子槽内,大功率三相感应电动机的绕组则多用玻璃丝聚酯漆包扁铜线绕制成成型线圈,经过绝缘处理后再嵌放于定子槽内。

机座一般用铸铁或铝铸成,是定子铁芯的固定件,它的两端固定的端盖是转子的支撑件。端盖和轴承盖也由铸铁制成。

2)转子

转子主要由转子铁芯、转子绕组、转轴(绕线式还有滑环)组成。

感应电动机转子铁芯由 0.35~0.5mm 厚的硅钢片冲叠而成,为了改善电动机的启动性能,转子铁芯通常采用斜槽、双鼠笼和深鼠笼结构。

转子绕组嵌放转子铁芯槽内,导条由铸铝条、裸铜条制成时,这种转子称为鼠笼型转子;导条由带绝缘的导条按一定规律连接并通过滑环、电阻器等短接时,这种转子称为绕线型转子。

滑环和电刷是绕线式转子与外电路的连接部件,通过滑环和电刷使启动变阻器或频敏变阻器与转子绕组连接,改善电动机的启动性能。

3)其他部件

端盖一般由铸铁制成,用螺栓固定在机座两端,其作用是安装固定轴承、支撑转子和遮盖电动机。

轴承盖一般由铸铁制成,用来保护和固定轴承,并防止润滑油外流及灰尘进入,从而保护轴承。

风扇一般为铸铝件(或塑料件),起通风冷却作用。

风罩由薄钢板冲制而成,主要起导风散热,保护风扇的作用。

2. 三相感应电动机的铭牌

常见三相异步电动机铭牌如图 1-25 所示,说明如下:

1)型号

表示电动机的类型、结构、规格及性能特点的代号。

2)功率

指电动机按铭牌规定的额定运行方式运行时,轴端上输出的额定机械功率,用字母 P_N 表示。

3)电压、电流和接法

电压、电流指额定电压和额定电流。感应电动机的电压、电流和接法三者是相互关联的。

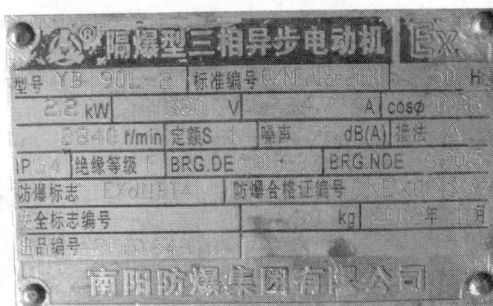

图 1-25 三相异步电动机铭牌

额定电压是指电动机额定运行时,定子绕组应接的线电压,用字母 U_N 表示。

额定电流是指电动机外接额定电压、输出额定功率时,电动机定子的线电流,用字母 I_N 表示。

接法是指三相感应电动机绕组的 6 根引出线头的接线方法,接线时必须注意电压、电流、接法三者之间的关系,例如标有电压 220/380V,电流 14.7/8.49,接法 △/Y,说明可以接在 220V 和 380V 两种电压下使用,220V 时接成 △,380V 时接成 Y。

4)频率

频率指额定频率。铭牌上注明 50Hz,表明电动机应接在频率为 50Hz 的交流电源上。

5)转速

指电动机的额定转速。

6)其他

定额、产品编号、温升、标准编号同直流电动机。

3. 三相交流感应电动机工作原理

三相异步电动机的旋转磁场,是指三相交流电通入定子绕组时,沿定、转子气隙空间按一定规律分布的不断旋转的磁场。

由于三相绕组在定子铁芯上的空间位置按互差 120°分布,当对称的三相交流电通入定子绕组时,就会在空间产生一个旋转磁场,这个磁场的转向就是三相交流电的相序方向,其转速则为同步转速 $n_0 \frac{60f}{p}$。

这个旋转磁场在转子绕组中产生感应电动势并产生电流,电动势的方向可由右手定则确定,载有感应电流的转子绕组在磁场中受到电磁力的作用,受力方向可由左手定则确定,这些力对轴形成转矩,从而使转子转动。

1.2.3 单相感应电动机的结构与原理

三相正弦交流电通入三相感应电动机绕组中,产生的磁场是旋转的,如果把两相正弦交流电通入三相电动机绕组,仍然可以产生旋转磁场。但如果把一相交流电通入三相电动机绕组,产生的磁场将是脉振的、不移动的,将其中的一套绕组中加入电抗,使其中流过的电流超前或滞后原电流,那么就形成了类似于两相交流电的旋转磁场,这就是单相感应电动机总的工作原理。

1. 电容分相电动机结构

电容分相电动机定子由空间相差90°机械角度的主、副绕组构成,副绕组串接两个电容:一个启动电容与离心开关串接后与主绕组并接于电源;另一个运行电容直接与副绕组串接后并接于电源。启动时,当转速达到75%~85%同步转速时,离心开关断开启动电容,副绕组串接运行电容与主绕组一起工作。这种电容分相电动机称为电容启动运转电动机,结构如图1-26所示。

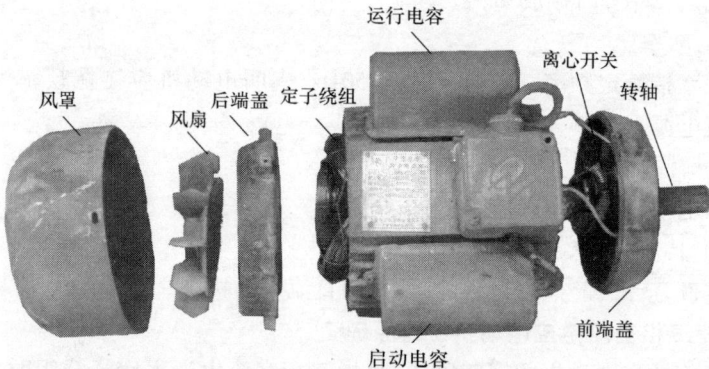

图1-26 电容分相启动运转电动机结构

把离心开关和启动电容去掉,只保留运行电容,那么启动和运行都由一个电容完成,这种电容分相电动机称为电容运转电动机,结构如图1-27所示。

只把运行电容去掉,保留离心开关和启动电容,那么启动完成后,将只有主绕组运行,这种电容分相电动机称为电容启动电动机。

30

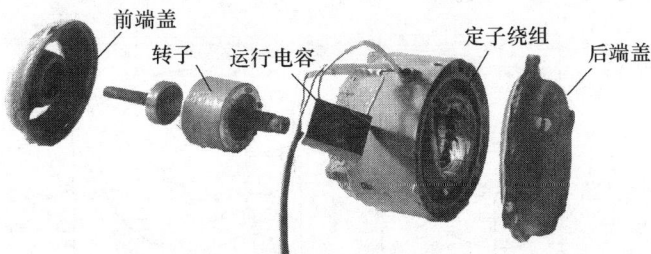

前端盖　转子　运行电容　　　　定子绕组　后端盖

图 1-27　电容分相运转电动机结构

2. 电容启动运转电动机的调速

这种电动机可采用抽头改变主、副绕组阻抗或串联外接电抗器的方法调速。图 1-28 所示为电风扇电动机的电抗器调速接线图,这种调速电动机广泛应用于台扇、吊扇中。图 1-29 所示为自耦变压器调速接线图,该方法广泛应用于落地扇中。

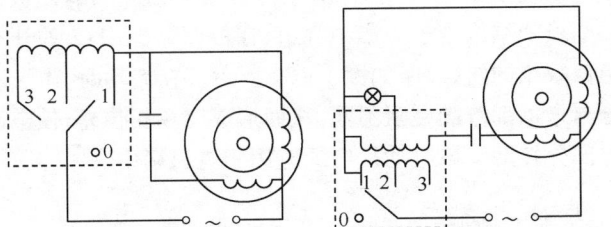

（a）电抗器调速接线图　　　（b）带指示灯的电抗器调速接线图

图 1-28　电风扇电动机的电抗器调速接线图

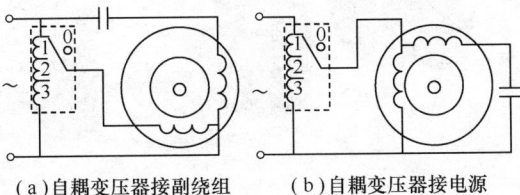

（a）自耦变压器接副绕组　　　（b）自耦变压器接电源

图 1-29　电风扇电动机的自耦变压器调速接线图

图 1-30 所示为抽头式接线图,该方法广泛应用于台扇、排烟罩中。另外还有电容调速方法,在图 1-30（a）中只需将电抗线圈换成相应电容器即可。

31

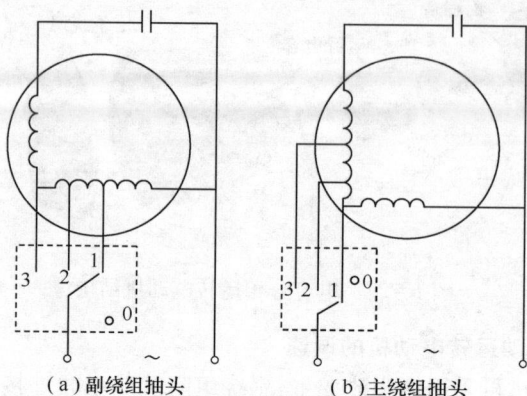

（a）副绕组抽头　　　　　　（b）主绕组抽头

图 1-30　电风扇电动机的 L 型抽头调速接线图

3. 罩极式电动机结构

罩极式电动机由定子、转子组成，转子是笼型绕组。有凸极式和隐极式两种结构。凸极式结构定子为集中绕组，在极面 1/3～1/2 处开有一凹槽套有一只电阻值很小的短路环，如图 1-31 所示。在启动时，由于磁极中被罩短路环部分与未罩部分的磁阻不同，从而形成磁场相位差，使电动机由未罩部分向被罩部分转动。该电动机广泛应用于电风扇中。

图 1-31　凸极式罩极电动机结构

隐极式结构定子采用分布正弦绕组，在槽中嵌有短路绕组，用于电动机启动，如图 1-32 所示。

罩极式电动机可用外接电感线圈和抽头两种方法调速，接线如图 1-33 所示，该电动机广泛应用于电风扇中。

32

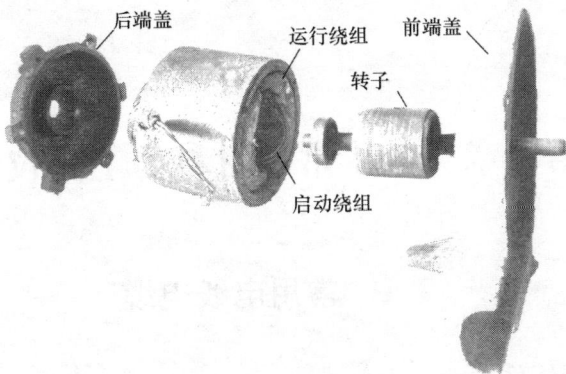

图 1 - 32　隐极式罩极电动机结构

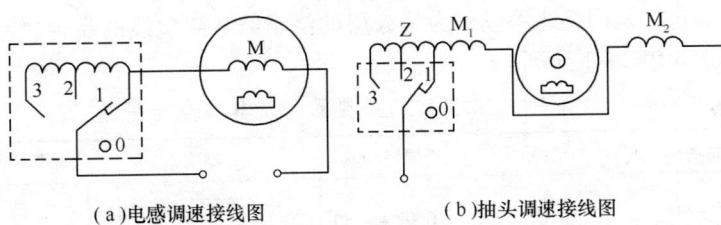

（a）电感调速接线图　　　　（b）抽头调速接线图

图 1 - 33　罩极式电动机的调速接图

第2章 电工常用材料与工具仪表

2.1 常用电线电缆

2.1.1 绕组线

1. 漆包线

漆包线是用绝缘漆膜作为绝缘层的绕组线。漆包线的品种、特点和主要用途如表2-1所列。

表2-1 漆包线的主要品种及其特点与用途

产品名称	型号	规格/mm	主要用途	部分产品图形
油性漆包线	Q	0.02 ~ 2.50	中、高频线圈及仪表、电器的线圈	
缩醛漆包圆铜线 缩醛漆包扁铜线	QQ-1 QQ-2 QQ-3 QQB	0.02 ~ 2.50 a边 0.8 ~ 5.6 b边 2.0 ~ 18.0	普通中小电动机、微电动机绕组,油浸变压器线圈、电器仪表用线圈	漆包圆线
聚氨酯漆包圆铜线	QA-1 QA-2	0.015 ~ 1.00	要求 Q 值稳定的高频线圈、电视线圈和仪表用的微细线圈	
聚酯漆包圆铜(扁)线	QZ(B)-1/155/ I QZ(B)-2/155/ I QZ(B)-1/155/ II QZ(B)-2/155/ II	0.02 ~ 2.50 a边 0.8 ~ 5.6 b边 2.0 ~ 18.0	通用中小型电动机绕组、干式变压器和电器仪表的线圈	

产品名称	型号	规格/mm	主要用途	部分产品图形
改性聚酯亚胺漆包圆铜线 改性聚酯亚胺漆包扁铜线	QZYH-1 QZYH-2 QZYHB	0.06~2.50 a 边 0.8~5.6 b 边 2.0~18.0	高温电动机、制冷装置中电动机的绕组、干式变压器线圈、仪器仪表的线圈	
聚酰胺酰亚胺漆包圆铜线 聚酰胺酰亚胺漆包扁铜线	QXY-1 QXY-2	0.06~2.50	高温、重负载电动机、牵引电动机、制冷装置的绕组、干式变压器和仪器仪表的线圈	
聚酰亚胺漆包圆铜线	QY-1/220 QY-2/220	0.02~2.50	耐高温电动机、干式变压器线圈、密封继电器及电子元件	
耐冷冻剂漆包圆铜线	QF	0.6~2.5	空调设备和制冷设备电机的绕组	
自黏性漆包圆铜线	QAN	0.10~0.44	电子元件和无骨架线圈	
耐热型自黏性漆包圆铜线 自熄型自黏性漆包圆铜线	QZN —	0.05~0.80 0.05~0.50	微型电动机、仪表、电视、无骨架线圈电器和无骨架线圈	漆包扁线
改性聚酯亚胺-聚酰胺酰亚胺复合漆包圆铜线 改性聚酯亚胺-聚酰胺酰亚胺复合漆包扁铜线	QZYH/QXY QZYHB/QXYB	0.06~2.50 a 边 0.8~5.6 b 边 2.0~18.0	高温电动机,制冷装置电动机的绕组,干式变压器线圈	

2. 绕包线

绕包线是用纤维状或带状材料紧密缠包在导线(裸的或漆包线)上所制成的一种绕组线。其中大部分产品尚需用黏结漆(剂),使绝缘之间、绝缘与导体之间进行黏结处理,以提高绕组线的机械、电气、导热性能以及耐潮、耐化学腐蚀等性能,绕包线的品种、特点和主要用途如表2-2所列。

表 2 - 2　绕包线的品种、特点和主要用途

类别	产品名称	型号	耐热等级	生产范围	主要用途	部分产品图形
丝包线	双丝包铜圆线	SE	A（105℃）	0.05 ~ 2.50	无线电、仪表等高频绕组	
	单丝包漆包铜圆线　双丝包漆包铜圆线	SQ　SEQ	依漆包线耐温等级而定	0.05 ~ 2.50		
双玻璃丝包线	双玻璃丝包铜圆线　双玻璃丝包铝圆线	SBE　SBEL	B（130℃）	0.30 ~ 2.50	高低压大、中、小容量的电器产品绕组	
	双玻璃丝包铜扁线　双玻璃丝包铝扁线	SBEB　SNELB	F（155℃）　H（180℃）	a 边：0.80 ~ 5.60　b 边：2.00 ~ 16.00		
玻璃丝包漆包线	单玻璃丝包漆包铜圆线	SBQ	B（130℃）	0.30 ~ 2.50	高低压大、中、小容量的电器产品绕组	
	单玻璃丝包漆包铜扁线　双玻璃丝包漆包铜扁线　单玻璃丝包漆包铝扁线　双玻璃丝包漆包铝扁线	SBQB　SBEQB　SBQLB　SBEQLB	F（155℃）　H（180℃）	a 边：0.80 ~ 5.60　b 边：2.00 ~ 16.00		
玻璃丝包薄膜绕包线	单玻璃丝包薄膜绕包铜扁线　双玻璃丝包薄膜绕包铜扁线	SBMB　SBEMB	B（130℃）　F（155℃）　H（180℃）	a 边：0.80 ~ 5.60　b 边：2.00 ~ 16.00	耐高温、耐高压的直流电动机、牵引电动机、潜油泵电动机、使用环境比较恶劣的电动机电器绕组	

2.1.2　J系列电动机、电器引出线

　　J系列电动机、电器引出线的导电线芯一般采用镀锡铜绞线,其绝缘层按耐热等级配套要求选择绝缘材料,J系列电动机、电器引出线型号、名称、规格和用途如表2-3所列。

表2-3　J系列电动机、电器引出线的型号、规格和用途

型号		名称	导线截面 /mm²	主要用途	部分产品图形
JBF		丁腈聚氯乙烯复合物绝缘引接线	0.030~50	供交流电压500V及以下B级绝缘电动机、电器作引接线	
JBQ	500V	橡皮绝缘丁腈护套引接线	0.20~120	供交流电压1140V及以下B级绝缘电动机、电器作引接线	
	1140V		0.50~120		
JBHF		橡皮绝缘氯丁护套引接线	6~120	供交流电压6kV,B级绝缘电动机、电器作引接线	
JBYH	500V	氯磺化聚乙烯橡皮绝缘引接线	0.2~120	供交流电压1140V及以下B级绝缘电动机、电器作引接线	
	1140V		0.5~120		
	6000V		6~120		电机引线
JBYH		硅橡皮绝缘电动机引接线	0.75~240	供交流电压500V或直流1000V及以下电动机、电器引出线	
JFFB JCFB		氟玻璃绝缘电动机引接线	0.25~95.0	供电压500V及以下F级、C级绝缘用四氟玻璃绝缘引接线	
JFE	500V	乙丙橡皮绝缘引出线	0.75~6	供交流电压500V、1140V F绝缘电动机、电器作引接线	
	1140V				
JBYS	10kV	氯磺化聚乙烯绝缘高压电动机引接线	6.0~95	适用于交流电压10kV及以下B级绝缘电动机、电器作引接线	

（续）

型号		名称	导线截面 /mm²	主要用途	部分产品图形
JFEM	500V	乙丙橡皮绝缘氯酰护套 F 级引接线	0.75~120	适用于交流电压 500V、1140V、6000V 及以下 F 级绝缘电动机、电器作引接线	
	1140V		0.75~120		
	6000V		6~120		

2.1.3 常用电刷

电刷是用于电动机的换向器或集电环上传导电流的滑动导流体。它具有良好的导电性和抑制电刷下火花的性能,同时对换向器(集电环)和电刷自身的磨损要小,运行噪声低,使用寿命长。常用电刷分为石墨类电刷(S系列)、电化石墨类电刷(D 系列)、金属石墨类电刷(J 系列)3 类。常用电刷的技术性能和应用范围如表 2-4 所列。

表 2-4 电刷的品种主要用途

类别	材质	型号	电阻率 /(μΩ·m)	一对电刷接触电压降/V	应用范围	部分产品图形
石墨电刷	天然石墨	S3	13	2.1	电压为 80~120V 的直流电动机	
		S27	27	2.5	汽轮发电机集电环	
电化石墨电刷	石墨基	D104	10	2.4	整流正常,负荷均匀,电压为 80~230V 的直流电动机	金属石墨电刷
		D172	13	2.7	整流正常的直流电动机、汽轮发电机集电环	
	焦炭基	D213	29	2.5	有机械振动的直流电动机、汽车发动机及牵引电动机等	
		D214	28	2.4	整流困难,电压为 220V 以上具有冲击负荷的直流电动机,如轧钢电动机、励磁机	
		D215	30	2.3		

类别	材质	型号	电阻率/(μΩ·m)	一对电刷接触电压降/V	应用范围	部分产品图形
电化石墨电刷	焦炭基	D252	15	2.5	整流困难,电压为80～230V牵引电动机、直流电动机、功率放大机	
	炭黑基	D308	40	2.6	整流困难的直流电动机、高速直流电机、小型直流电动机和功率扩大机	
		D309	39	2.9		
		D374	44	2.7	整流困难的内燃电力机车牵引电动机、高速直流电动机、轧钢电动机、励磁机等	
		D374B	57	2.6		
		D374D	45	2.7		
		D374F	50	2.9	牵引电动机和换向困难的直流电动机	
		D374L	45	3.4	小型高速串激电动机	
		D374DL	45	2.8		
		D374N	58	2.8	机车牵引电动机和主发电机、汽轮发电机和高速励磁机,整流困难且有机械振动和冲击负荷的轧钢电动机	
		D376	80	2.9		
		D376N	62	2.9		
金属石墨电刷	不带黏结剂铜石墨	J101	0.12	0.25	低电压、高电流密度、绕线式电动机集电环	
		J102	0.23	0.5		
		J113	0.13	≤0.5		
		J151	0.09	0.3		
		J164	0.09	0.3		

类别	材质	型号	电阻率/(μΩ·m)	一对电刷接触电压降/V	应用范围	部分产品图形
金属石墨电刷	带黏结剂铜石墨	J204	0.6	1.1	电压 40V 以下的大电流直流电动机，汽车、拖拉机启动机，异步电动机集电环	
		J213	0.55	0.7		
		J230	1.2	0.8		
		J241	2.5	1.2		
		J240	2.5	1.3	汽车启动机和异步电动机集电环	
		J205	6	≤2		
		J201	3.5	1.5	直流发电机和直流电焊机	
		J206	4	1.5	电压在 25～80V 的小型直流电机	
		J220	6	1.4	电压为 80V 以下充电发动机、电压较低的小型牵引电动机	电化石墨电刷
		J203	8.8	1.8		
人造树脂黏结电刷	人造树脂黏结电刷	R104	120	3.7	用于交流整流子电动机和小型高速串激电动机	
		R211	210	4.8		
		R155	160	4.0		
		R201	225	4.0		

2.2 常用绝缘材料

2.2.1 常用油漆

1. 有溶剂浸渍漆

有溶剂浸渍漆具有渗透性好，储存期长，使用方便等优点；缺点是浸渍和烘焙时间长，固化慢，有溶剂挥发而造成环境污染和浪费。常用有溶剂浸渍漆的名称、组成、特点及主要用途如表 2-5 所列。

表 2 - 5 常用有溶剂漆的品种、组成、特性和用途

产品名称	型号	耐热等级	特性和用途	部分产品图形
沥青漆	1010 L30 - 10	A	耐潮性好。供浸渍不要求耐油的电动机线圈	
油改性醇酸漆	1030	B	耐油性和弹性好。供浸渍在油中工作的线圈和绝缘零件	
丁基酚醛醇酸漆	1031	B	耐潮性、内干性较好。机械强度较高。供浸渍线圈,可用于湿热地区	
三聚氰胺醇酸漆（包括改性漆）	1032 A30 - 1 1038	B	耐潮性、耐油性、内干性较好。机械强度较高,且耐电弧。供浸渍在湿热地区使用的线圈	三聚氰胺醇酸漆
环氧脂漆（包括高固体量漆）	1033 H30 - 2 1039	B	耐潮性、内干性好。机械强度较高,黏结力强。可供浸渍用于湿热地区的线圈	
环氧醇酸漆	H30 - 6 8340	B	耐热性、耐潮性较好。机械强度高,黏结力强。可供浸渍用于湿热地区的线圈	
聚酯浸渍漆	155 Z30 - 2	F	耐热性、电气性能好,黏结力强。供浸渍 F 级电动机、电器线圈	
有机硅浸渍漆	1053 W30 - 1	H	耐热性和电气性能好,但烘干温度较高。供浸渍 H 级电动机电器线圈和绝缘零部件	有机硅浸渍漆
低温干燥有机硅漆	9111	H	耐热性较 1053 差,但烘干温度低,干燥快,用途同 1053	
聚酯改性有机硅漆	931 W30 - P	H	黏结力强。耐潮性和电气性能好,烘干温度较 1053 低,若加入固化剂可在 150℃ 固化。用途同 1053	
有机硅玻璃丝包线漆	1152	H	漆膜柔软,机械强度高。供浸渍 H 级玻璃丝包线	
聚酰胺酰亚胺浸渍漆	PA1 - Z	H	耐热性优于有机硅漆,电气性能优良,黏结力强,耐辐照性好。供浸渍耐高温或在特殊条件下工作的电动机、电器线圈	

2. 无溶剂漆

无溶剂浸渍漆与有溶剂漆的区别主要是所用溶剂是活性溶剂,参与无溶剂浸渍漆基合成树脂的反应,溶剂挥发少。其特点是固化快,黏度随温度变化快,流动性和浸透性好,绝缘整体性好,固化物挥发少。常用无溶剂漆的名称、组成、特点及主要用途如表2-6所列。

表2-6 常用无溶剂漆的品种、组成、特性和用途

产品名称	耐热等级	特性和用途	部分产品图形
环氧无溶剂漆110	B	黏度低,击穿强度高,储存稳定性好。可用于沉浸小型低压电动机、电器线圈	
环氧无溶剂漆672-1	B	挥发物少,固化快,体积电阻高。适用于滴浸小型电动机、电器线圈	
环氧无溶剂漆9102	B	挥发物少,固化较快。可用于滴浸小型电动机、电器线圈	
环氧无溶剂漆111	B	黏度低,固化快,击穿强度高。适用于滴浸小型电动机、电器线圈	环氧无溶剂漆110
环氧无溶剂漆H30-5	B	性能用途与111相同	
环氧无溶剂漆594	B	黏度低、体积电阻高。储存稳定性好。可用于整浸中型高压电动机、电器线圈	
环氧无溶剂漆9101	B	黏度低,固化较快,体积电阻高。储存稳定性好。可用于整浸中型高压电动机、电器线圈	环氧聚酯无溶剂漆
环氧聚酯无溶剂漆1034	B	挥发物较少,固化快,耐霉性较差。用于滴浸小于低压电动机、电器线圈	
聚丁二烯环氧聚酯无溶剂漆	B	黏度较低,挥发物少,固化较快。储存稳定性好,耐热性较1034高。用于沉浸小型低压电动机、电器线圈	
环氧聚酯无溶剂漆5152-2	B	黏度低,击穿强度高,储存稳定性好用于沉浸小型低压电动机、电器线圈	改性环氧树脂无溶剂漆
环氧聚酯无溶剂漆EIU	F	黏度低,挥发物少,击穿强度高,储存稳定性好。用于沉浸小型F级低压电动机、电器线圈	

42

产品名称	耐热等级	特性和用途	部分产品图形
聚酰胺酰亚胺浸渍漆	F	黏度较低,电气性能好,储存稳定性好。用于沉浸小型 F 级低压电动机、电器线圈	
改性环氧树脂无溶剂漆 1140、1140 - 1	F	机械,电气性能较好,耐热性和防潮性能较高。用于浸渍 F 级中、小型电动机绕组	

2.2.2 电动机常用薄膜、胶黏带、柔软复合材料

1. 电工用薄膜

主要是采用不同高分子聚合物所制成的具有不同特性和用途的薄膜。常用制备方法有定向拉伸、流涎、浸涂、车削碾压和吹塑法等。利用这些不同方式所制成的电工薄膜,其分子排列产生定向、半定向和不定向 3 种情况。一般来讲,同一种材料所制成的薄膜,定向薄膜比不定向的薄膜具有较高的电气性能和抗张强度。电工用薄膜具有厚度薄、柔软、耐潮、电气性能和力学性能好。它主要用作电机、电器和变压器线圈及电线电缆的浇包绝缘,也可以用作某些中小型电动动机、电器的槽间绝缘以及电容器的介质。常用薄膜的名称、规格及主要用途如表 2 – 7 所列。

表 2 – 7　常用电工薄膜的型号、规格、特点和主要用途

类别	型号	耐热等级	特点和主要用途	部分产品图形
聚丙烯薄膜	6010	A	用作电力电容器的介质和电线电缆的包扎带	
聚酯薄膜	6020	E	具有较高的机械强度、弹性和介电性能,耐化学性较差,易醇解和水解,适用于中小型低压电动机作槽绝缘、匝间绝缘等	
聚酰亚胺薄膜	6050	C	具有良好的耐酸、耐溶剂、耐高温、耐寒、耐电弧、抗辐射、抗燃及介电性能。适用于航空、船舶、牵引耐高温电动机、电器作槽衬和绕组外包绝缘,不宜作高电压绝缘	

类别	型号	耐热等级	特点和主要用途	部分产品图形
聚氯乙烯（带）薄膜		Y	具有较高的机械强度和较强的抗水性，耐热性不高。适用于电信电缆绝缘及安装线绝缘	
聚四氟乙烯薄膜	SFM-3	C	介电损耗较小，介电和耐电弧性优良，不吸水，耐气候变化和耐化学腐蚀性和耐热、耐寒性均好。适用于电器、电工仪表绝缘	
	SFM-4		主要特点与SFM-3相同，供电器和无线电装置作衬垫绝缘	
聚萘酯薄膜		F	可用作F级电动机槽绝缘，导线绕包绝缘和线圈端部绝缘	
芳香族聚酰胺薄膜		H	可用作F、H级电动机槽绝缘	
全氟乙丙烯薄膜		C	可用作电线、同轴电缆的包覆层和印刷电路板	
聚苯乙烯薄膜		Y以下	可用作高频电信电缆绝缘和电容器介质	
聚乙烯薄膜		Y以下	可用作电信电缆绝缘及工作温度不超过70℃的电缆绝缘护层	

聚氯乙烯薄膜

聚苯乙烯薄膜

聚四氟乙烯薄膜

2. 电工用胶黏带

目前分为薄膜胶黏带、织物胶黏带和无底材胶黏带3种类型。常用胶黏带的名称、组成、性能及主要用途如表2-8所列。

表2-8　常用电工胶黏带的品种、性能和用途

产品名称	厚度/mm	特征和用途	部分产品图形
聚乙烯薄膜黏带	0.22～0.26	有一定的电气性能和机械性能，柔软性好，黏结力强，但耐热性低（低于Y级），可用于一般电线接头包扎绝缘	
聚乙烯薄膜纸黏带	0.10	包扎服帖，使用方便，可代替黑胶布带作电线接头包扎绝缘	

44

产 品 名 称	厚度/mm	特征和用途	部分产品图形
聚氯乙烯薄膜黏带	0.14 ~ 0.19	有一定的电气性能和机械性能,较柔软,黏结力强,但耐热性低(低于 Y 级)。可用于电压为 500 ~ 6000V 电线接头包扎绝缘	
聚酯薄膜胶黏带	0.055 ~ 0.17	耐热性较好,机械强度高。可用于半导体元件密封绝缘和电动机线圈绝缘	聚酯薄膜胶黏带
聚酰亚胺薄膜黏带	0.045 ~ 0.07	电气性能和机械性能较高,耐热性优良,但成型温度较高(180 ~ 200℃)。可用于 H 级电动机线圈绝缘和槽绝缘	
聚酰亚胺薄膜黏带	0.05	电气性能和力学性能较高,耐热性优良,但成型温度更高(300℃以上)。可用于 H 级或 C 级电动机、潜油电动机线圈绝缘和槽绝缘	聚酰亚胺薄膜黏带
环氧玻璃黏带	0.17	具有较高的电气性能和力学性能。作变压器铁芯绑扎材料,属 B 级绝缘	
有机硅玻璃黏带	0.15	有较高的耐热性、耐寒性和耐潮性,以及较好的电气性能和力学性能,可用于 H 级电动机。电器线圈绝缘和导线连接绝缘	有机硅玻璃黏带
硅橡胶玻璃黏带	—	有较高的耐热性、耐寒性和耐潮性,以及较好的电气性能和力学性能,柔软性也较好。可用于 H 级电动机、电器线圈绝缘和导线连接绝缘	
自黏性硅橡胶带	—	具有耐热、耐潮、抗震动、耐化学腐蚀等特性,但抗张强度较低。可用于半叠包法高压电机线圈绝缘。但需注意胶带保持清洁才能粘牢	自黏性硅橡胶带
自黏性丁基橡胶带	—	有硫化型和非硫化型两种。胶带弹性好,伸缩性大,包扎紧密性好。主要用于电力电缆连接和端头包扎绝缘	

3. 电工用柔软复合材料

由两种或多种不同的绝缘材料粘叠在一起组成在常态下为柔软的电工绝缘材料。由于是复合材料,性能上能弥补单一材料的不足,更能适合电动机电器的技术要求,一般用于中小型电动机槽绝缘,电动机、电器线圈端部绝缘和相间绝缘。常用柔软复合材料的名称、组成及主要用途如表2-9所列。

表2-9 常用电工柔软复合材料的品种、组成和用途

产品名称	厚度/mm	耐热等级	用途	部分产品图形
聚酯薄膜绝缘纸复合箔6520	0.15~0.30	E	用于中小型电动机E级	
聚酯薄膜玻璃漆布复合箔6530	0.17~0.24	B	用于湿热带中小型电动机E、B级槽、相绝缘	
聚酯薄膜与聚酯纤维纸复合箔DMD	0.20~0.25	B	用于中小型电动机B级槽、相绝缘	
聚芳酰胺纤维纸与聚酯薄膜复合箔NMN	0.20~0.35	F	用于F级电动机槽、相绝缘	聚芳酰胺纤维纸与聚酯薄膜复合箔
聚酯纤维与芳酰胺纤维混抄纸与聚酯薄膜复合箔642、AdMAd	0.20~0.35	F	用于F级电动机槽、相绝缘	
聚砜酰胺纤维纸与聚酯薄膜复合箔SMS	0.20~0.25	F	用于F级电动机槽、相绝缘	
聚酯纤维与聚砜酰胺混抄纸与聚酯薄膜复合箔SdMSd	0.20~0.35	F	用于F级电动机槽、相绝缘	
含粉云母聚芳聚酯纤维混合纸与聚酯薄膜复合箔643	0.20~0.35	F	用于F级电动机槽、相绝缘	
聚芳酰胺纤维纸与聚酰亚胺薄膜复合箔NHN	0.20~0.35	H	用于H级电动机槽、相绝缘	聚酯薄膜与聚酯纤维纸复合箔
聚砜酰胺纤维纸与聚酰亚胺薄膜复合箔SHS	0.20~0.25	H	用于H级电动机槽、相绝缘	
652聚芳酰胺纤维纸聚酰亚胺薄膜复合单面箔(带)NH	0.10~0.15	H	用于H级电动机衬垫绝缘,电器线圈对地、匝间绝缘	

2.2.3 浸渍纤维材料

1. 漆绸、漆布和玻璃漆布

主要用于电动机槽绝缘、端部层间绝缘和电器线圈、绕组绝缘等。各种漆绸、漆布和玻璃漆布的特性和用途如表 2-10 所列。

表 2-10 各种漆绸、漆布和玻璃漆布的特性及用途

名称	型号	标称厚度 /mm	耐热等级	用途	部分产品图形
油性漆布（黄漆布）	2010 2012	0.15~0.24 0.17~0.24	A	2010 可用于一般电动机、电器的衬垫或线圈的绝缘；2012 可用于在有变压器油或汽油气侵蚀的环境中工作的电动机、电器的衬垫或线圈绝缘	
油性漆绸（黄漆绸）	2210 2212	0.04~0.15 0.08~0.15	A	2210 适用于电动机、电器薄层衬垫或线圈绝缘；2212 耐油性好，适用于有变压器油或汽油气侵蚀的环境中工作的电动机、电器的薄膜衬垫或线圈绝缘	油性漆布
油性玻璃漆布（黄玻璃漆布）	2412	0.11~0.24	E	适用于一般电动机、电器的衬垫和线圈绝缘，以及在油中工作的变压器、电器的线圈绝缘	
沥青酸醇玻璃漆布	2430	0.11~0.24	B	适用于一般电动机、电器的衬垫和线圈绝缘	
醇酸玻璃漆布	2432	0.11~0.24	B	可用作油浸变压器、油断路器等线圈绝缘	
醇酸薄玻璃漆布		0.04~0.08	B	可代替漆绸作电器线圈绝缘	

名称	型号	标称厚度 /mm	耐热等级	用途	部分产品图形
环氧玻璃漆布	2433	0.13 ~ 0.17	B	具有良好的耐化学药品腐蚀性,良好的耐湿热性和较高的力学性能和电气性能,适用于化工电动机、电器槽绝缘、衬垫和线圈绝缘	
环氧玻璃 – 聚酯交织漆布	2433 – 1				
有机硅玻璃漆布	2450	0.06 ~ 0.13 0.15 ~ 0.24	H	适用于 H 级电动机、电器的衬垫和线圈绝缘	
有机硅薄玻璃漆布			H	适用于 H 级特性电器线圈绝缘	
硅橡胶玻璃漆布	2550	0.1 , 0.23	H	适用于特种用途的低压电器端部绝缘和导线绝缘	醇酸玻璃漆布
聚酰亚胺玻璃漆布	2560	0.10 ~ 0.20	C	适用于工作温度高于 200℃ 的电动机槽绝缘,以及电器线圈和衬垫绝缘	
有机硅防电晕玻璃漆布	2650		H	适于作高压电动机定子线圈防电晕材料	

注:各种漆布的标定断裂伸长率(沿径向 45°±1°)如下:油性漆布为 6% ;油性漆绸为 20% ;醇酸玻璃漆布和沥青醇酸玻璃漆布为 15% ;油性玻璃漆布和有机硅玻璃漆布为 10%

2. 绝缘漆管

绝缘漆管有棉漆管、涤纶漆管和玻璃漆管等几种,分别由不同的纤维管浸以相应的绝缘漆烘干而成,漆管的长度一般为 250 ~ 1000mm。各种漆管的性能及用途如表 2 – 11 所列。

表 2 - 11 各种漆管的性能及用途

名称及型号	标准编号	耐热等级	常态击穿电压/kV	用途	部分产品图形
油性漆管 2710	JB 883 - 75	A	5 ~ 7	可作电动机、电器和仪表等设备引出线和连接线绝缘	
油性玻璃漆管 2714	JB 1550 - 75	E	> 5		
聚氨酯涤纶漆管	—	E	3 ~ 5	适用于电动机、电器、仪表等设备的引出线和连接线绝缘	
醇酸玻璃漆管 2730	JB 1551 - 75	B	5 ~ 7	可代替油性漆管作电动机、电器和仪表等设备的引出线和连接线绝缘	
聚氯乙烯玻璃漆管 2731	JB 1552 - 75	B	5 ~ 7	适用作电动机、电器、仪表等设备的引出线和连接线绝缘	黄蜡管
有机硅玻璃漆管 2750	JB 1553 - 75	H	4 ~ 7	适用作 H 级电动机、电器等设备的引出线和连接线绝缘	
硅橡胶玻璃丝管 2751	JB 1554 - 75	H	4 ~ 9	适用于在 -60 ~ 180℃工作的电动机、电器和仪表等设备的引出线和连接线绝缘	

2.2.4 电动机常用层压制品

电工层压制品是以有机或无机纤维作底材,浸涂不同的胶黏剂,经热压或卷制而成的层状结构绝缘材料。层压制品的性能取决于底材和胶黏剂的性能及其成型工艺。可制成具有优良电气、力学性能和耐热、耐油、耐雷、耐

49

电弧、防电晕等性能的制品。

1. 层压板

层压板是选用经浸涂合成树脂的坯料,堆叠整齐热压制成的板材,包括层压纸板、层压布板、层压玻璃布和防电晕层压板等。常用层压板的名称、组成、特性和主要用途如表2-12所列。

表2-12　层压板制品的品种、组成、特性和用途

名称	型号	耐热等级	用途	部分产品图形
酚醛层压纸板	3020	E	电气性能较好,耐油性好。适于作电工设备中的绝缘结构件,并可在变压器油中使用	
	3021		机械强度高,耐油性好。适于作电工设备中的绝缘结构件,并可在变压器油中使用	
	3022		有较高的耐潮性。适于作高温条件下工作的电工设备中的绝缘结构件	
	3023		介质损耗低。适于作无线电、电话和高频设备中的绝缘结构件	
			外观好,具有良好的冷冲剪性能。适于作无线电和其他电器设备冷冲剪绝缘结构件	
酚醛层压布板	3025		机械强度高。适于作电器设备中的绝缘结构件,并可在变压器油中使用	有机硅层压玻璃布板
	3027		电气性能好,吸水性小。适于作高频无线电装置中的绝缘结构件	
酚醛层压玻璃布板	3230	B	力学性能、耐水和耐热性比层压纸、布板好,但黏合强度低。适于作电工设备中的绝缘结构件,并可在变压器油中使用	
苯胺酚醛层压玻璃布板	3231		电气性能和力学性能比酚醛玻璃布板好,黏合强度与棉布板相近,可代替棉布板作电动机、电器中的绝缘结构件	

50

名称	型号	耐热等级	用途	部分产品图形
环氧酚醛层压玻璃布板	3240	F	具有很高的机械强度,电气性能好,耐热性和耐水性较好,浸水后的电气性能较稳定。适于作要求高机械强度、高介电性能以及耐水性好的电动机、电器绝缘结构件,并可在变压器油中使用	
有机硅环氧层压玻璃布板	3250		电气性能好,机械强度高。可作耐热和湿热地区 F 级电动机、电器绝缘结构件	
有机硅层压玻璃布板	3251	H	耐热性好,电气性能和力学性能与 3230 相近,并耐化学药品腐蚀,耐辐照。可用作 H 级电动机、电器绝缘结构件	
聚二苯醚层压玻璃布板			具有优良的耐热性和力学性能,耐辐照,耐腐蚀等理化性能。适于作 H 级电动机、电器绝缘结构件	酚醛层压纸板
聚胺酰亚胺层压玻璃布板			具有良好的力学性能、电气性能和耐热、耐辐照性。适于作 H 级电动机、电器绝缘结构件	
聚胺亚胺层压玻璃布板	—	C	具有很好的耐热性,耐辐照。可用作 H 级电动机电器绝缘结构件	
酚醛纸复铜箔板	3420（双面） 3421（单面）	F	具有高的抗剥强度、较好的力学性能、电气性能和机械加工性。适于作无线电、电子设备和其他设备中的印制电路板	
环氧酚醛玻璃布复铜箔板	3440（双面） 3441（单面）		具有较高的抗剥强度和机械强度,电气性能好。用于制造工作温度较高的无线电、电子设备及其他设备中的印制电路板	

51

2. 层压管

层压管是选用浸涂合成树脂的坯料,经卷制和热处理制成的管状绝缘材料。常用层压管的名称、组成、特性和主要用途如表2-13所列。

表2-13 常用层压管的名称、组成、特性和主要用途

名称	型号	耐热等级	特性和用途	部分产品图形
酚醛纸管	3520		电气性能好。适于作电动机、电器绝缘结构件,可在变压器油中使用	酚醛纸管
	3522	E	电气性能好,介质损耗较小。适于作无线电和电信装置中的绝缘结构件	
	3523		具有良好的机械加工性。适于作电动机、电器等绝缘结构件,可在变压器油中使用	
酚醛布管	3526	E	具有较高的机械强度和一定的电气性能。适用于电动机、电器绝缘结构件,可在变压器油中使用	
环氧酚醛玻璃布管	3640	B～F	具有高的电气性能和力学性能,耐潮性和耐热性较好。适于作电动机、电器、仪表绝缘结构件,可在高电场强度、潮湿环境或变压器油中使用	环氧酚醛玻璃布管
有机硅玻璃布管	3650	H	具有高的耐黏性,耐潮性好。适于作H级电动机、电器绝缘结构件	

2.2.5 云母及云母制品

1. 云母带

云母带是由胶黏剂粘合云母片或云母粉与补强材料,经烘干而成。常用云母带及粉云母带的名称、组成、特性和主要用途如表2-14所列。

52

表 2－14　云母带及粉云母带的品种、性能和用途

名称	型号	耐热等级	厚度/mm	特性和用途	部分产品图形
沥青绸云母带	5032	A～E	0.13,0.16	柔软性、防潮性和介电性能好,储存期较长(6个月),作线圈绕组绝缘,易嵌线,但绝缘厚度偏差大,热寿命较低,可作高压电动机主绝缘	环氧玻璃粉云母带5438
沥青玻璃云母带	5034	B	0.13,0.16		
醇酸纸云母带	5430	B	0.10,0.13,0.16	热寿命较高,但防潮性较差。可作直流电动机电枢线圈和低压电动机线圈的绕组绝缘	
醇酸绸云母带	5432	B	0.13,0.16		
醇酸玻璃云母带	5434	B	0.10,0.13,0.16		
环氧聚酯玻璃粉云母带	5437－1	B	0.14,0.17	热弹性较高,在室温下储存期可达6个月,但介质损耗大。可代替醇酸云母带作电动机匝间绝缘和端部绝缘,不宜作高压电动机主绝缘	
环氧玻璃粉云母带	5438－1	B	0.14,0.17	含胶量大,厚度均应,固化后电气、力学性能好,但储存期较短(半个月)。适于模压或液压成型的高压电动机线圈绝缘	
钛改性环氧玻璃粉云母带	9541－1	B	0.14,0.17	柔软性好,绕包工艺性好,由于胶黏剂流动性大,故固化时间长。适于作液压成型的高压电动机的主绝缘	

名称	型号	耐热等级	厚度/mm	特性和用途	部分产品图形
环氧玻璃粉云母带		B	0.11,0.13	储存期长。适于整浸式中型高压电动机的主绝缘	
有机硅玻璃云母带	5450	H	0.10,0.13,0.16	热寿命好。主要用于要求耐高温电动机或牵引电动机线圈绝缘	
有机硅玻璃粉云母带	5450-1	H	0.14,0.17	耐热性好。主要用于要求耐高温电动机或牵引电动机线圈绝缘	
有机硅玻璃金云母带	5450-2	H	0.10,0.13,0.16	耐热性好。主要用于要求耐高温电动机或牵引电动机线圈绝缘	

环氧聚酯玻璃
粉云母带 5446

2. 云母板

云母板是由胶黏剂粘合云母片和粉云母纸经烘焙热压而成。由不同的材料组合,可制成具有不同特点的云母板。柔软云母板和塑型云母板的名称、组成、特性和主要用途如表 2 – 15 所列。

表 2 – 15　柔软云母板及塑型云母板的品种、性能和用途

名称	型号	耐热等级	特性和用途	部分产品图形
醇酸纸柔软云母板	5130	B	用于低压交直流电动机槽衬和端部层间绝缘	
醇酸纸柔软粉云母板	5130-1	B		
醇酸玻璃柔软云母板	5131	B	用于低压电动机槽绝缘	
醇酸玻璃柔软粉云母板	5131-1	B		

醇酸柔软云母板

名称	型号	耐热等级	特性和用途	部分产品图形
沥青玻璃柔软云母板	5135	E	用于低压电动机槽绝缘	
环氧纸柔软粉云母板	5136	B	用于电动机槽绝缘及匝间绝缘	
环氧玻璃柔软粉云母板	5137-1	B	用于低压电动机槽绝缘和端部层间绝缘或外包绝缘	
环氧薄膜玻璃柔软粉云母板	5138-1	B	用于高压电动机定子线圈匝间绝缘和换位绝缘或其他衬垫绝缘	
醇酸柔软云母板	5133	B	用于高压电动机定子线圈绝缘和换位绝缘或其他衬垫绝缘	
有机硅柔软云母板	5150	H		
有机硅玻璃柔软云母板	5151	H	用于H级电动机槽部或端部层间绝缘	醇酸塑型云母板
有机硅玻璃柔软粉云母板	5151-1	H		
醇酸塑型云母板	5230	B	用于电动机整流子V形环和电器绝缘结构件	
虫胶塑型云母板	5231	B		
醇酸塑型云母板	5235	B	用于温升较高、转速较快的电动机整流子V形环及绝缘结构件	
虫胶塑型云母板	5236	H		
有机硅塑型云母板	5250	B	用于耐热电动机、电器、仪表绝缘结构件	

2.3 常用工具

2.3.1 通用工具

1. 低压验电器

低压验电器,简称电笔,有氖泡改锥式和感应(电子)笔式两种,外形如图2-1所示。

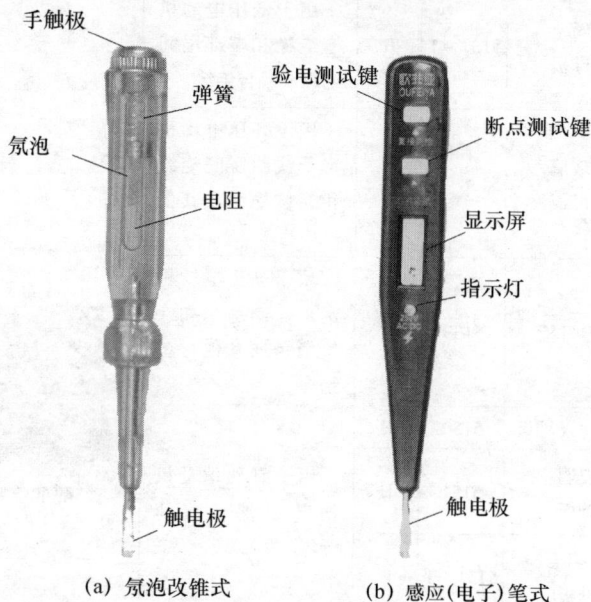

(a) 氖泡改锥式　　　　(b) 感应(电子)笔式

图2-1　常用验电器

1)低压验电器的使用方法

(1)氖泡改锥式:中指和食指夹住验电器,大拇指压住手触极,触电极接触被测点,氖泡发光说明有电、不发光说明没电,如图2-2(a)所示。

(2)感应(电子)笔式:中指和食指夹住验电器,大拇指压住验电测试键,触电极接触被测点,指示灯发光并有显示说明有电、指示灯不发光说明没电,如图2-2(b)所示。

2)使用注意事项:

(1)氖泡改锥式验电器使用时应注意手指不要靠近笔的触电极,以免通过触电极与带电体接触造成触电。

（2）在使用低压验电器时还要注意检验电路的电压等级,只有在500 V以下的电路中才可以使用低压验电器。

（3）在使用低压验电器时,不能戴手套。因为验电器工作中,人体作为测量电路的一部分,如果戴手套验电器将不能正常工作。

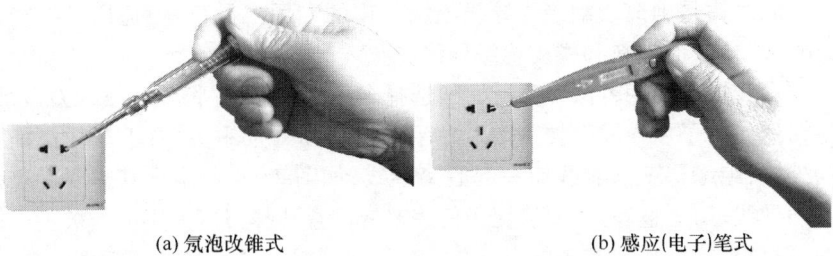

(a) 氖泡改锥式   (b) 感应(电子)笔式

图 2-2　验电器的使用

2. 钳子

钳子可分为钢丝钳(克丝钳)、尖嘴钳、圆嘴钳、斜嘴钳(偏口钳)、剥线钳等多种。几种钳子的外形图如图 2-3 所示。

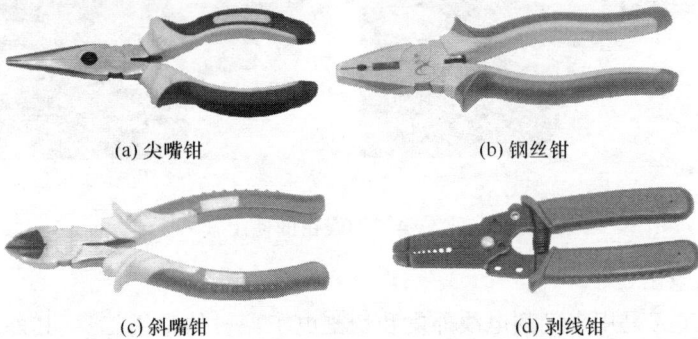

(a) 尖嘴钳   (b) 钢丝钳

(c) 斜嘴钳   (d) 剥线钳

图 2-3　钳子

1）圆嘴钳

圆嘴钳主要用于将导线弯成标准的圆环,常用于导线与接线螺丝的连接作业中,用圆嘴钳不同的部位可做出不同直径的圆环。

2）钢丝钳

钢丝钳可用于夹持或弯折薄片形、圆柱形金属件及切断金属丝。对于较粗较硬的金属丝,可用其轧口切断。使用钢丝钳(包括其他钳子)不要用

57

力过猛,否则有可能将其手柄压断。

3)斜嘴钳

斜嘴钳主要用于切断较细的导线,特别适用于清除接线后多余的线头和飞刺等。

4)剥线钳

剥线钳是剥离较细绝缘导线绝缘外皮的专用工具,一般适用于线径在0.6~2.2mm的塑料和橡皮绝缘导线。

剥线钳的使用方法:打开销子,选择合适的刀口,并将导线放入刀口,压下钳柄使钳子在导线上转一圈。左手大拇指向外推钳头,右手压住钳柄并向外拨,绝缘层就随剥线钳一起脱离导线,如图2-4所示。其主要优点是不伤导线、切口整齐、方便快捷。使用时应注意选择刀口大小应与被剥导线线径相当,若小则会损伤导线。

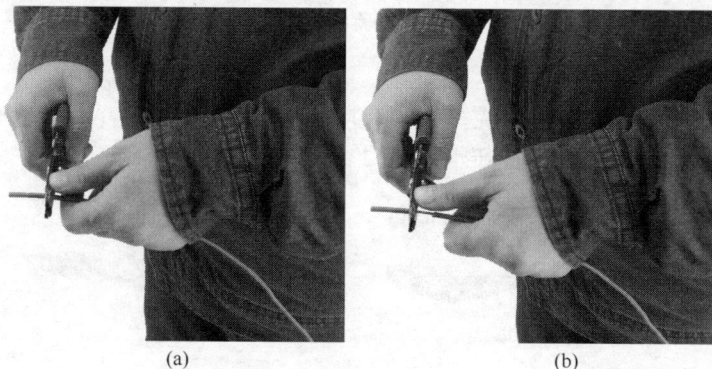

(a)　　　　　　　　　　　(b)

图2-4　剥线钳的使用

3. 电工刀

电工刀是用来剖削电线外皮和切割电工器材的常用工具,其外形如图2-5所示。

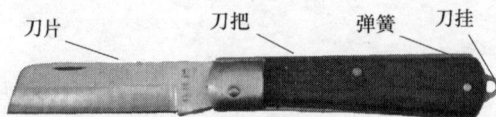

刀片　　刀把　　弹簧　　刀挂

图2-5　常用电工刀

使用电工刀进行剖削时,刀口应朝外,用毕应立即把刀身折入刀柄内。电工刀的刀柄是不绝缘的,不能在带电的导线或器材上进行剖削,以防

58

触电。

电工刀的使用方法：

将电工刀以近于 90°切入绝缘层,将电工刀以 45°角沿绝缘层向外推削至绝缘层端部,将剩余绝缘层折回切除,如图 2-6 所示。

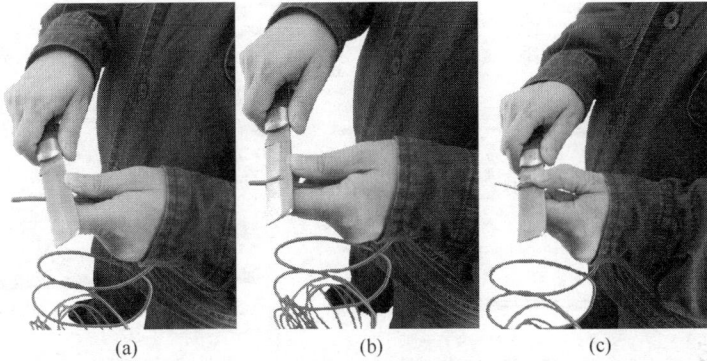

(a)   (b)   (c)

图 2-6　电工刀的使用

使用注意事项：

(1) 使用电工刀时应注意避免伤手,不得传递未折进刀柄的电工刀。

(2) 电工刀用毕,随时将刀身折进刀柄。

(3) 电工刀刀柄无绝缘保护,不能带电作业以免触电。

4. 扳手

扳手又称扳子,分活扳手和死扳手(呆扳手或傻扳手)两大类,死扳手又分单头、双头、梅花(眼镜)扳手、内六角扳手、外六角扳手等多种,如图 2-7 所示。

活扳手的使用方法:将扳手打开,插入被扭螺钉,扭动涡轮靠紧螺钉。按住蜗轮,顺时针扳动手柄,螺钉就被拧紧,如图 2-8 所示。

使用时应注意：

(1) 死扳手的口径应与被旋螺母(或螺母、螺杆等)的规格尺寸一致,对外六角螺母、螺帽等,小是不能用,大则容易损坏螺帽的棱角,使螺母变圆而无法使用。内六角扳手刚好相反。

(2) 活扳手旋动较小螺钉时,应用拇指推紧扳手的调节涡轮,防止扳口变大打滑。

(3) 使用扳手应注意用力适当,防止用力过猛,紧固时应适可而止,否则可造成螺钉的损伤,严重时会使其螺纹损坏而失去压紧作用。

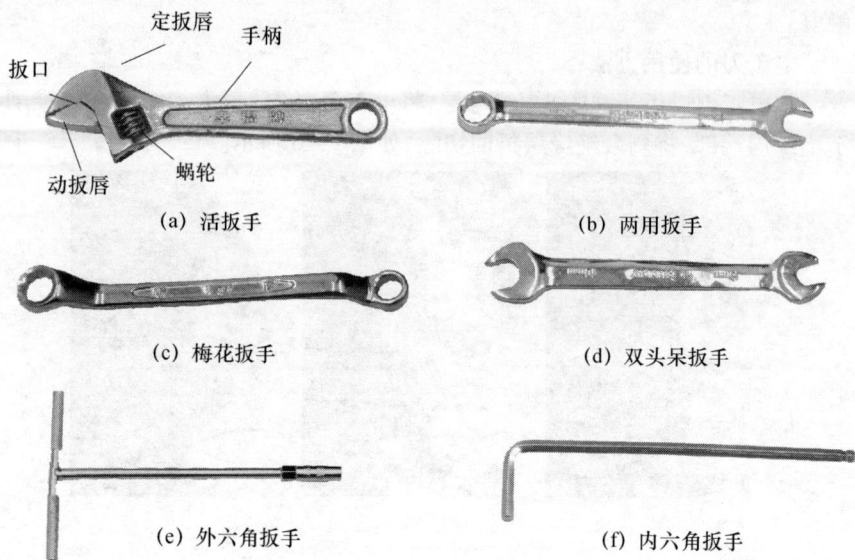

图 2-7 常用电工扳手

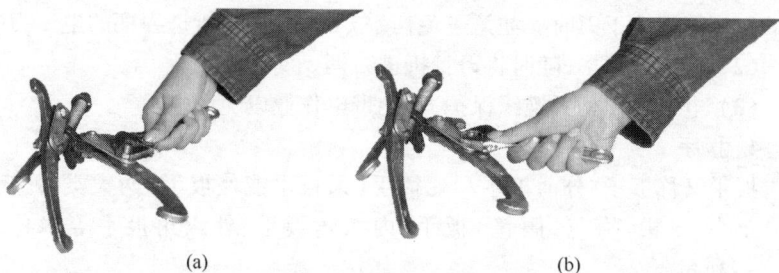

图 2-8 活扳手的使用

5. 螺丝刀

螺丝刀又称改锥、起子，是一种旋紧或松开螺钉的工具，按照头部形状可分为一字形和十字形两种，其外形和使用方法如图 2-9 所示。使用时应选用合适的规格：以小带大，可能造成螺丝刀刃口扭曲；以大代小，会损坏电器元件。

使用注意事项：

（1）电工不可使用金属杆直通柄顶的螺丝刀，否则易造成触电事故；

（2）使用螺丝刀紧固或拆卸带电的螺钉时，手不得触及螺丝刀的金属

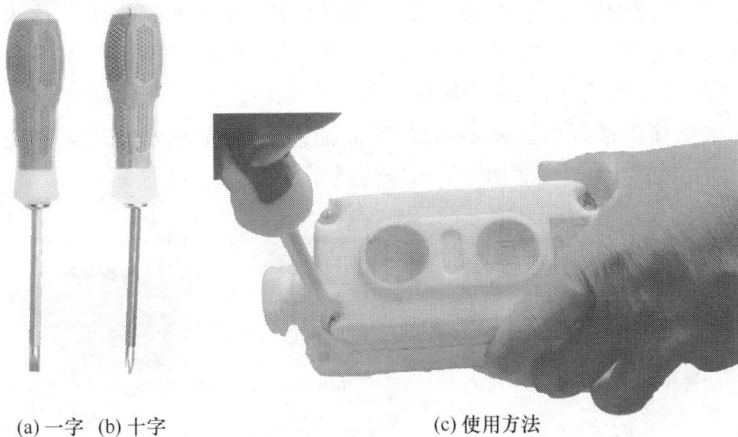

(a) 一字 (b) 十字　　　　　　　　　　(c) 使用方法

图 2 - 9　常用螺丝刀及使用方法

杆,以免发生触电事故。

（3）为了避免螺丝刀的金属杆触及皮肤或临近带电体,应在金属杆上穿套绝缘管。

6. 喷灯

喷灯是火焰钎焊的热源,用来焊接较大铜线鼻子大截面铜导线连接处的加固焊锡,以及其他电连接表面的防氧化镀锡等,如图 2 - 10 所示。按使用燃料的不同,喷灯分为煤油喷灯和汽油喷灯两种。

图 2 - 10　喷灯外形

使用方法：

先关闭放油调节阀，给打气筒打气，然后打开放油阀用手挡住火焰喷头，若有气体喷出，说明喷灯正常。关闭放油调节阀，拧开打气筒，分别给筒体和预热杯加入汽油，然后给筒体打气加压至一定压力，点燃预热杯中的汽油，在火焰喷头达到预热温度后，旋动放油调节阀喷油，根据所需火焰大小调节放油调节阀到适当程度，就可以焊接了，如图 2－11 所示。

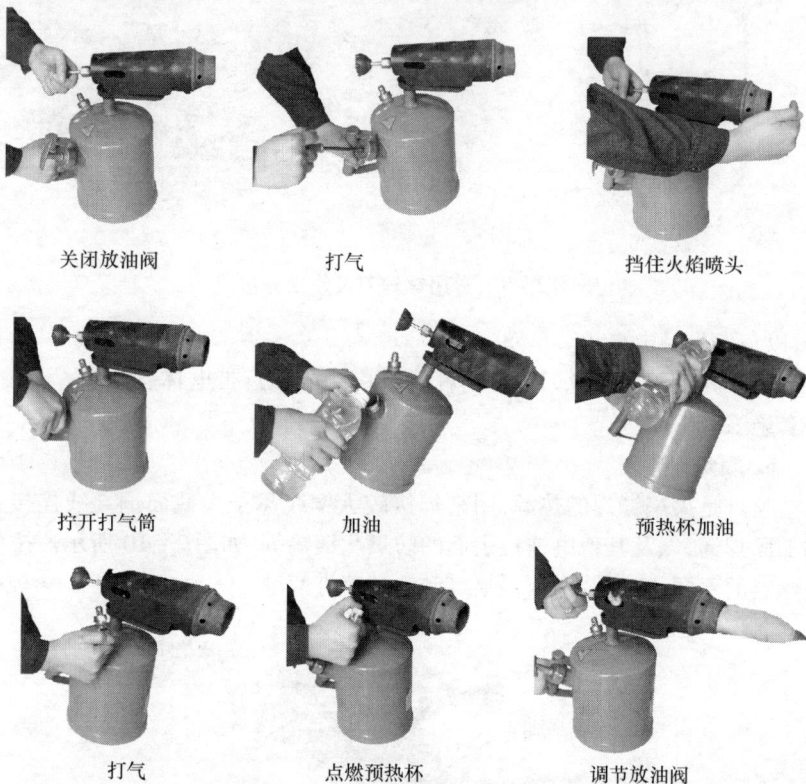

关闭放油阀　　　　　　　打气　　　　　　　挡住火焰喷头

拧开打气筒　　　　　　　加油　　　　　　　预热杯加油

打气　　　　　　　点燃预热杯　　　　　　　调节放油阀

图 2－11　喷灯的使用

使用时注意打气压力不得过高，防止火焰烧伤人员和工件，周围的易燃物要清理干净，在有易燃易爆物品的周围不准使用喷灯。

7. 台虎钳

台虎钳又称虎钳或台钳，是常用的夹持工具，用于配合锯割、锉削等工作。台虎钳分为固定式和回转式两种，如图 2－12 所示。

台虎钳的使用：

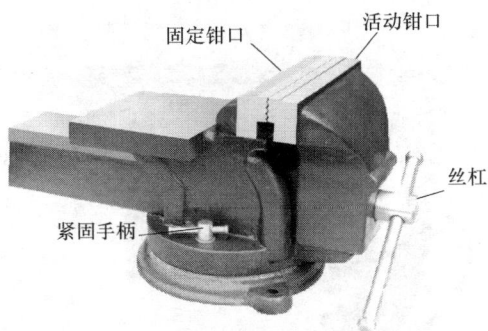

图 2 - 12　台虎钳外形

转动丝杠打开钳口,将工件按需要放好,再转动丝杠将工件夹紧。要想改变台虎钳与支架的相对位置,可以松开紧固手柄,利用台虎钳上的平面可以平直弯曲工件,如图 2 - 13 所示。

工件夹紧　　　　　　改变位置　　　　　　平直工件

图 2 - 13　台虎钳的使用

使用时应注意,台虎钳必须牢固地固定在工作台上,活动部分要经常加油保持润滑;夹持工件不可过大、过长,否则需支架支持;不可用钢管接长柄或用手锤敲击摇柄来加大夹持力。

8. 电锤钻

电锤钻是一种手持方式工作的电钻,外形如图 2 - 14 所示。常用的是手枪式电锤钻,使用电源为 220V 或 36V。主要用于固定设施的钻孔和打孔。

使用时要特别注意安全。使用前要检查外壳接地是否可靠,通电后要检查外壳是否带电,并使用漏电保护器,以防触电。

9. 丝锥

丝锥主要用于攻螺纹,粗牙 M6 ~ M24 的手用丝锥 2 支一套,M6 以下及 M24 以上的均为 3 支一套,按攻丝的先后次序分别称为头锥、二锥和三锥。

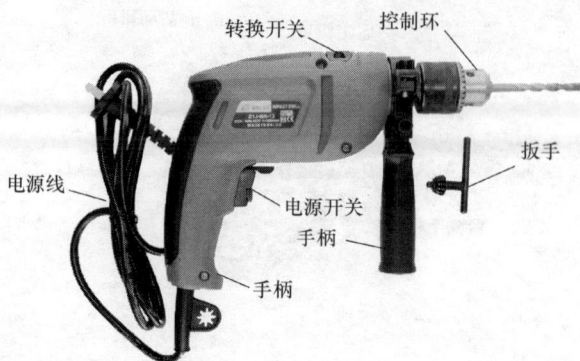

图 2 – 14　电锤钻外形

外形如图 2 – 15 所示。

(a) 头锥　　　　　　　　　　(b) 二锥

图 2 – 15　丝锥的外形

用丝锥加工内螺纹时,需先钻出底孔。底孔直径的大小还要考虑工件的塑性大小,用头锥攻一遍,再用二锥攻一遍,如图 2 – 16 所示。加工低碳钢和紫铜等塑性较大的材料时,钻头直径为

$$D_0 = D - P$$

(a) 钻底孔　　　　　　　　　　(b) 攻丝

图 2 – 16　攻丝锥的方法

64

加工铸铁和黄铜等塑性较小的材料时,钻头直径为

$$D_0 = D - (1.05 \sim 1.1)P$$

式中:D_0 为选用钻头直径;D 为内螺纹外径;P 为螺距。

10. 手锯

手锯由锯弓和锯条两部分组成,其外形如图 2 - 17 所示。通常的锯条规格为 300mm,还有 200mm、250mm 两种。锯条的锯齿有粗细之分,目前使用的齿距有 0.8mm、1.0mm、1.4mm、1.8mm 等几种。齿距小的细齿锯条适于加工硬材料和小尺寸工件以及薄壁钢管等。

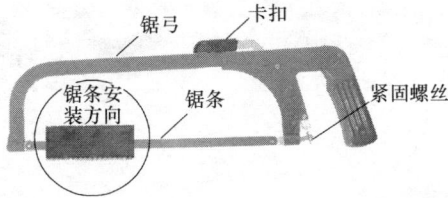

图 2 - 17 手锯外形

手锯锯管的方法:

放上锯条,拧紧坚固螺丝,扳紧卡扣,将锯条对准切割线从下往上进锯。逐渐端平手锯用力锯割,如果锯缝深度超过锯弓高度,可以将锯条翻过来继续锯割,直到将工件锯掉,如图 2 - 18 所示。

使用时锯条绷紧程度要适中。过紧时会因极小的倾斜或受阻而绷断;过松时锯条产生弯曲也易折断。装好的锯条应与锯弓保持在同一中心平面内,这对保证锯缝正直和防止锯条折断都是必要的。

11. 拉马

拉马也称拉子、拉离器,是拆卸皮带轮、联轴器和滚动轴承的专用工具。拉马可分为手力拉马和油(液)压拉马,油压拉马如图 2 - 19 所示。

使用方法:

旋松拉马顶丝,将拉马的三个拉爪拉住轴承外圆,顶丝顶住轴端中心孔。用扳手拧动顶丝,轴承就被缓慢拉出。

使用时应注意要把拉马摆正,丝杠要对准机轴中心,如果所拉部件已经锈死,要在接缝处浸少量松动剂,并用铁锤敲击所拉部件外缘或丝杠顶部,慢慢将工件拉出。如图 2 - 20 所示。

12. 轴承加热器

轴承加热器主要用于加热轴承,其外形如图 2 - 21 所示。

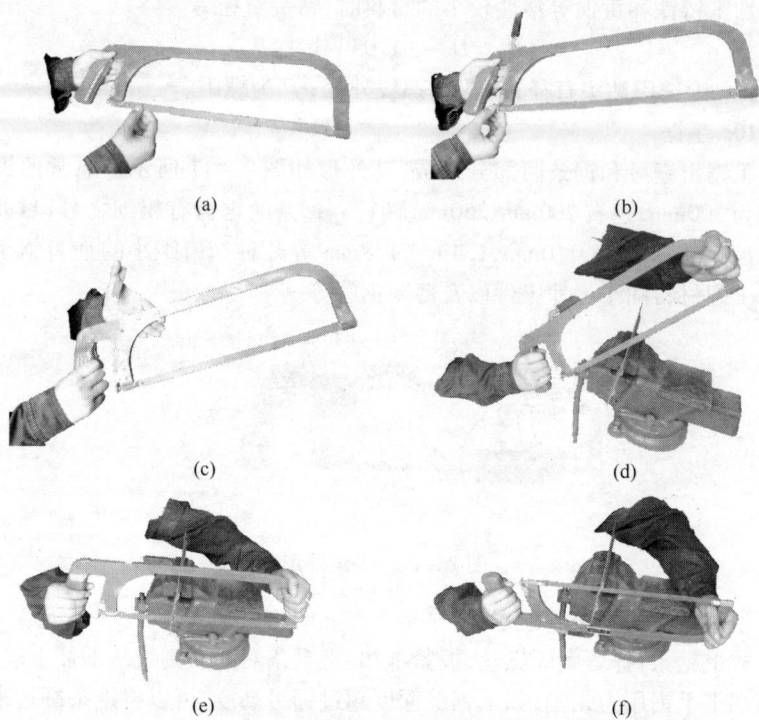

(a)   (b)

(c)   (d)

(e)   (f)

图 2 - 18 　手锯的使用

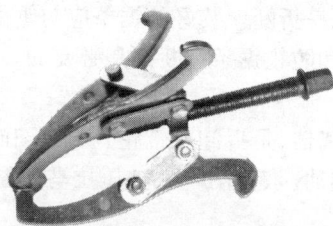

图 2 - 19 　拉马外形

使用方法：

打开活动磁铁，套上轴承，将温度探头吸在轴承上，插上电源线，设定加热温度和时间，按下开始按钮，开始加热，如图 2 - 22 所示。

13. 工具夹的使用

工具夹用来插装螺丝刀、电工刀、验电器、钢丝钳和活扳手等电工常用

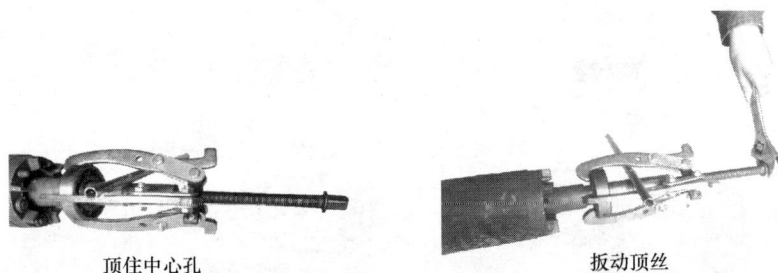

顶住中心孔　　　　　　　　　　　扳动顶丝

图 2 - 20　滚动轴承的拆卸

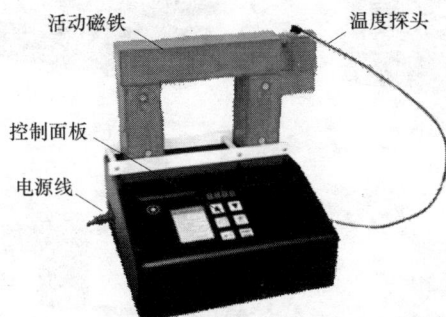

活动磁铁　　　　温度探头

控制面板

电源线

图 2 - 21　轴承加热器

工具,分有插装三件、五件工具等各种规格,是电工操作的必备用品,如图 2 - 23 所示。

使用方法:

将工具依次插入工具夹中,腰带系于腰间并插上锁扣,如图 2 - 24 所示。

14. 电烙铁

电烙铁外形如图 2 - 25 所示。电烙铁的规格是以其消耗的电功率来表示的,通常在 20 ~ 500W 之间。一般在焊接较细的电线时,用 50W 左右的;焊接铜板等板材时,可选用 300W 以上的电烙铁。电烙铁用于锡焊时在焊接表面必须涂焊剂,才能进行焊接。常用的焊剂中,松香液适用于铜及铜合金焊件,焊锡膏适用于小焊件。氯化锌溶液可用于薄钢板焊件。

使用方法(导线焊接):

涂上焊剂,用电烙铁头给镀锡部位加热,待焊剂熔化后,将焊锡丝放在电烙铁头上与导线一起加热,待焊锡丝熔化后再慢慢送入焊锡丝,直到焊锡

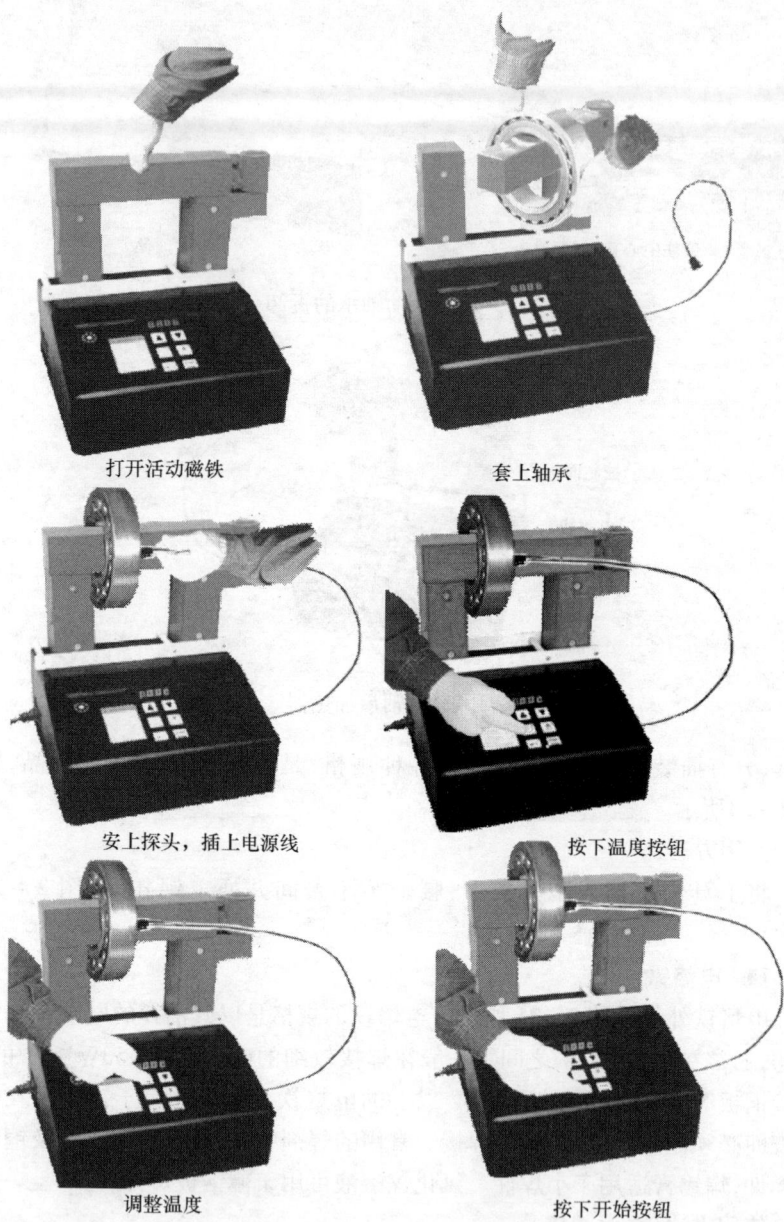

打开活动磁铁　　　　　　　　　套上轴承

安上探头，插上电源线　　　　　按下温度按钮

调整温度　　　　　　　　　　　按下开始按钮

图 2 - 22　轴承加热器的使用

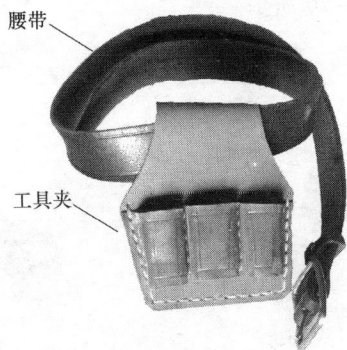

腰带

工具夹

图 2-23 电工工具夹

插入工具

系好

图 2-24 工具夹的使用

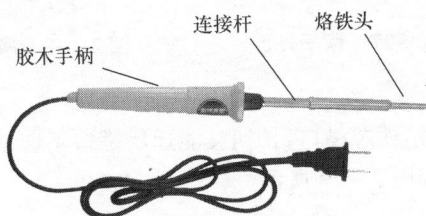

胶木手柄   连接杆   烙铁头

图 2-25 电烙铁外形

灌满导线为止,如图 2 - 26 所示。

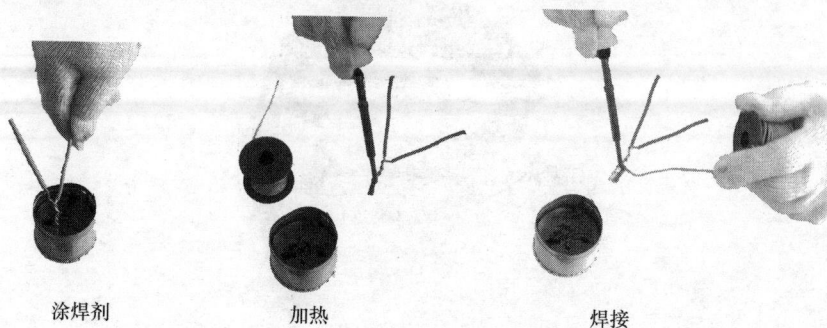

涂焊剂   加热   焊接

图 2 - 26   导线焊接的方法

2.3.2   专用工具

1. 凿子

凿子主要用于绕组的切断,外形如图 2 - 27 所示。

使用方法:

将凿刃对准线圈根部,用手锤敲打凿头,即可将线圈根部切断,切完一侧再切另一侧,如图 2 - 28 所示。

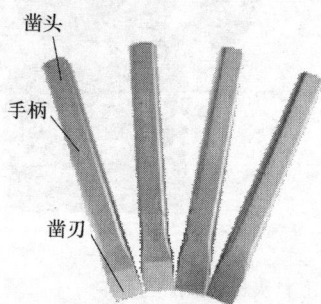

凿头
手柄
凿刃

图 2 - 27   凿子外形   图 2 - 28   凿子的使用

2. 医用剪子

它的剪头能紧贴铁芯槽口,长柄又能远离槽口不会划伤手指,常用来修理槽绝缘纸,外形如图 2 - 29 所示。

使用方法:

将剪头贴紧铁芯,边移动边剪切,直至将整条绝缘子剪掉,如图 2 - 30

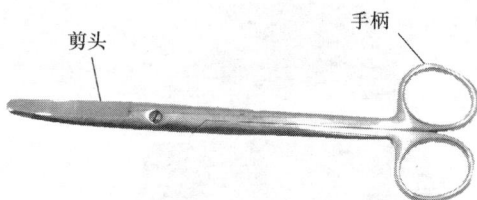

图 2 - 29　医用剪子外形

图 2 - 30　医用剪子的使用

所示。

3. 划线板

划线板用以将漆包线划入槽内并理顺,一般制成多个规格以适合不同槽口需要,如图 2 - 31 所示。

图 2 - 31　划线板

划线板的使用:

将划线板自槽的一侧由压入导线,向另一侧拉出,遇到导线交叉时,要注意理直,如图 2 - 32 所示。

4. 压线板

压线板也称线压子、压线脚。用以压实槽内漆包线,也与划线板配合作为折槽口绝缘的工具,一般大小不同为一组,使用时应根据槽口尺寸来选择,如图 2 - 33 所示。

图 2 - 32　划线板的使用

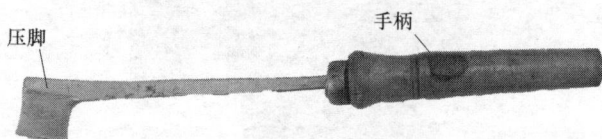

压脚　　　　　　　　　　手柄

图 2 - 33　压线板外形

使用方法：

剪掉多余槽绝缘后，用压线板先将槽绝缘一侧压倒，再将另一侧边压边推进，盖在上面，如图 2 - 34。

5. 榔头

榔头分为木榔头、橡皮榔头。在绕组整形、成型绕组嵌线时使用。橡皮榔头如图 2 - 35 所示。

图 2 - 34　线圈嵌线

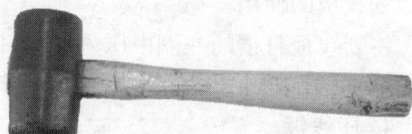

图 2 - 35　橡皮榔头

用榔头圆周敲打线圈端部，使其形成喇叭口形状，如果一次成型困难时,可用木棒辅助敲打,如图2-36所示。

图2-36　橡皮榔头的使用

6. 万用绕线模

万用绕线模有腰圆形和尖角形两种,一般为一组,根据线圈尺寸选用,腰圆形万用绕线模外形如图2-37所示。

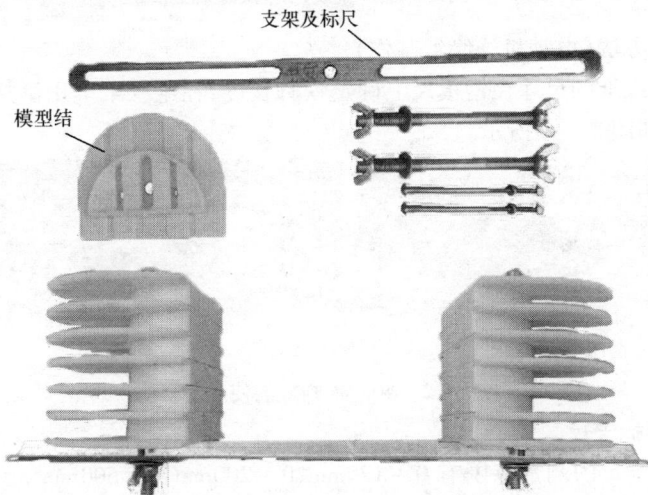

图2-37　腰圆形万用绕线模外形

根据测量数据,选择绕线模类型及调整标尺,将线模固定,如图2-38所示。

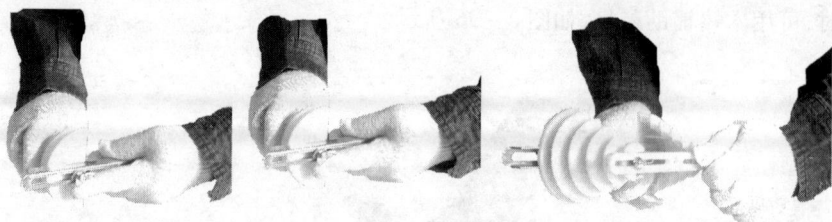

图 2-38 绕线横的使用

2.3.3 常用量具

1. 直线尺和画规

主要用于直线的测量,外形如图 2-39 所示。在电动机修理中,两种工具配合使用,用于绝缘纸的裁剪。

(a)直线尺

(b)铁画规

图 2-39 直线尺和铁画规

使用方法(电动机绝缘纸制作):

按绝缘纸的尺寸在钢板尺上确定铁脚长度,在绝缘纸上用画规依次截取线段,如图 2-40 所示。

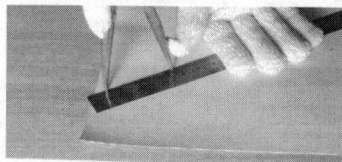

量取

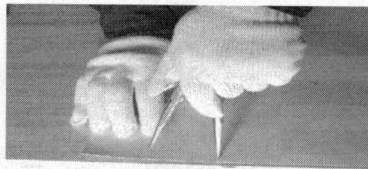

划线

图 2-40 铁画规的使用

2. 游标卡尺

游标卡尺的测量范围有 0～125mm、0～200mm、0～500mm 三种规格。主尺上刻度间距为 1mm,副尺(游标)有读数值为 0.1mm、0.05mm、0.02mm 的三种,如图 2-41 所示。

使用方法:松开主副尺固定螺丝,将钢管放在内径测量爪之间,拇指推动微动手轮,使内径活动爪靠紧钢管,即可读数。图 2-41(b)中先读主尺

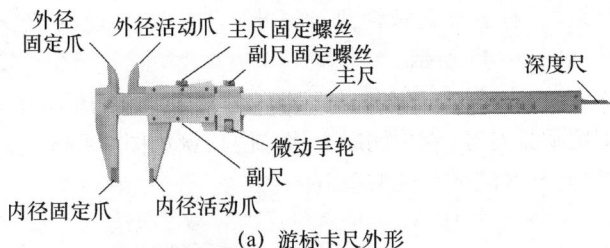

（a）游标卡尺外形

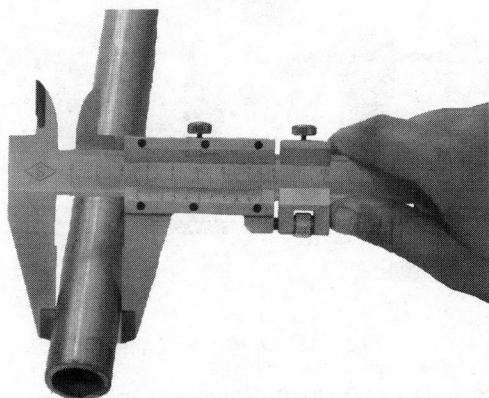

（b）使用方法

图 2-41　游标卡尺外形及使用方法

26,再看副尺刻度 4 与主尺 30 对齐,这样小数为 0.4,加上 26,结果为 26.4mm。

3. 外径千分尺

外径千分尺主要用来测量导线的外径。它有 0 ~ 25mm、25 ~ 50mm、50 ~ 75mm、75 ~ 100mm 四种,如图 2-42 所示。

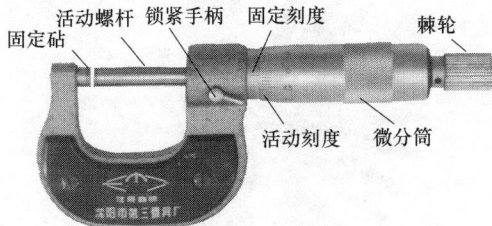

图 2-42　外径千分尺外形

使用方法(测量导线外径):

左手将平直导线置于固定砧和活动螺杆之间,右手旋动微分筒,待活动螺杆靠近导线时,右手改旋棘轮,听到"咔咔"响声时,说明导线已被夹紧,可以读数。如图 2 - 43 所示。

读数的方法:先读固定刻度,例如图 2 - 43 的 1.0,然后看固定刻度尺线与活动刻度哪条对齐(在中间时要估一位),例如图 2 - 43 的 0.085,最后两数相加,得到导线测量直径 1.085mm。

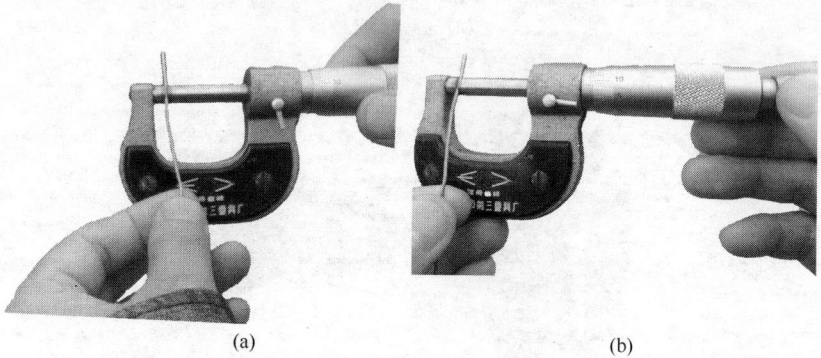

(a)　　　　　　　　　　　　　　　(b)

图 2 - 43　外径千分尺的使用

使用注意事项:使用前应把千分尺的两个测量面擦净,并转动棘轮,使两个测量面接触(不允许有间隙),检查微分筒零位线是否对准固定套筒的零位刻线。

4. 塞尺

塞尺也称厚薄规或间隙规,它由一组薄钢片像扇子一样,把一端钉在一起而构成,每片上都刻有自身的尺寸。其外形如图 2 - 44 所示。主要用于测量电动机的气隙、滚动轴承游隙等。

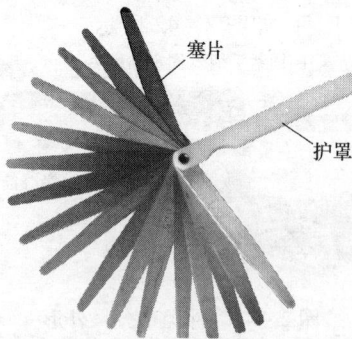

塞片

护罩

图 2 - 44　塞尺外形

使用方法(平面间隙的测量):

根据目测先用一片塞到两平面之间,如果可以塞进去,再选择大一规格塞片(塞不进去相反)继续测量,直到塞不进去时,再选一小规格塞片与上规格塞片叠起来测量,逐渐增加小塞片规格(也可多片叠加),直至塞不进去时,把塞片上数字加起来,就是两平面的间隙,如图2-45所示。

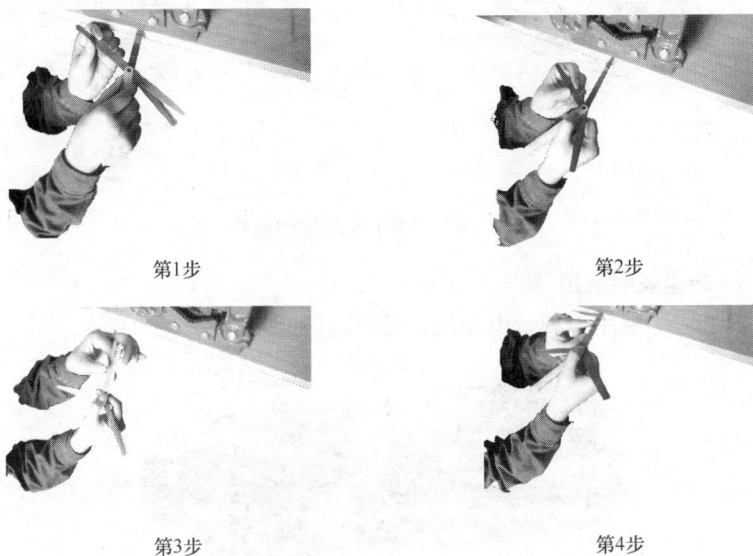

第1步

第2步

第3步

第4步

图2-45 塞尺的使用

2.4 常用仪器仪表

1. 红外测温仪的使用

红外测温仪主要用来远距离测试温度。外形如图2-46所示。

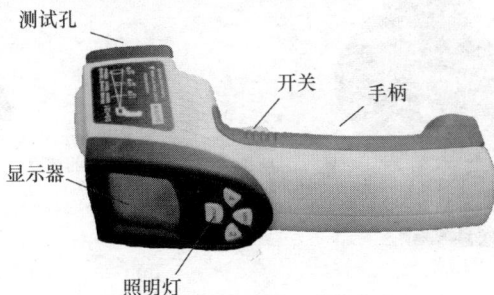

测试孔

开关

手柄

显示器

照明灯

图2-46 红外测温仪外形

77

测试时食指扣动开关,红外线检测口对准被测点,便可在显示屏上读出该点的温度值。如图 2 - 47 所示。

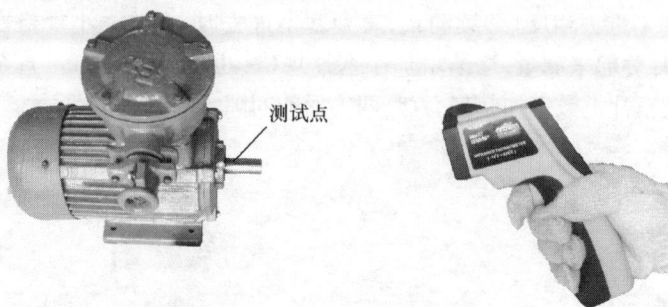

图 2 - 47 红外测温仪的使用

2. 转速表的使用

转速表主要用于测量电动机的转速,其外形如图 2 - 48 所示。

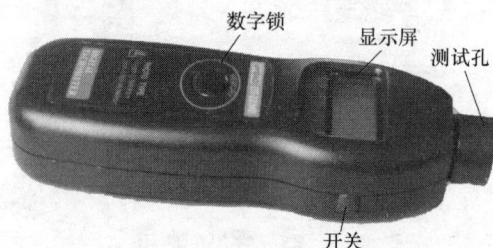

图 2 - 48 转速表的外形

测试时先在转轴上贴上闪光纸,按动开关,红外线检测孔对准被测点,便可在显示屏上读出该点的速度值。如图 2 - 49 所示。

(a)   (b)

图 2 - 49 红外测速仪的使用

78

3. 测振仪的使用

测振仪主要用来测量设备的速度、加速度或位移,外形如图 2 – 50 所示。

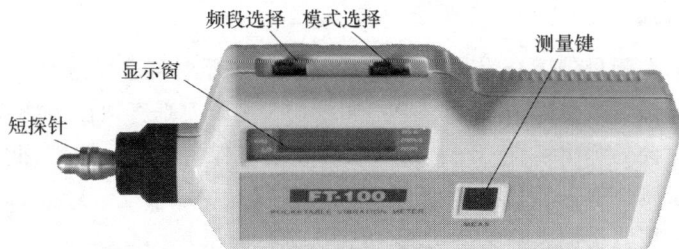

图 2 – 50　测振仪外形图

1）检测电池电压

按测量(MEAS)键,观察液晶是否显示":",若显示,则说明电池电压过低,应更换电池。如图 2 – 51。

图 2 – 51　测振仪电池检测

2）测量模式的选择

用模式选择开关选择测量模式:加速度、速度或位移。加速度采用单位 m/s^2,也可以除以 9.8 转换为 $g(1g = 9.8m/s^2)$,如图 2 – 52 所示。

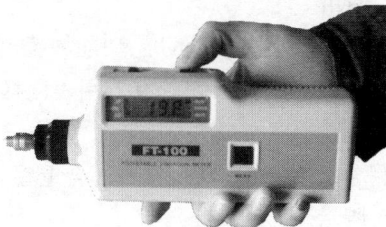

图 2 – 52　测振仪模式选择

3）选择测量频率范围

在进行加速度测量时,可用频率选择开关选择频段范围,选中频率带由显示器左端箭头指示。

4）测量

（1）按测量（MEAS）键,并保持 10s 左右,仪器就可进行测量。

（2）按着测量键,并将探头以 500～1000N 压力垂直顶住被测物体,测量结果就会显示出来,松开测量键,被测数值将保持在显示器上,此时可读取并记录测量值,如图 2 - 53 所示。

（3）按测量键去除保持功能,可再次进行测量。

（4）松开测量键约 10min,仪器将会自动断电。

图 2 - 53　测振仪使用

4. 钳形电流表的使用

钳形电流表主要由钳口、开关、显示屏、功能转换开关组成,VC3266L + 型钳形电流表外形如图 2 - 54 所示,它具有万用表同样的功能。

钳形电流表使用:

打开钳口,将被测导线置于钳口中心位置,合上钳口即可读出被测导线的电流值,如图 2 - 55 所示。

测量较小电流时,可把被测导线在钳口多绕几匝,这时实际电流应除以缠绕匝数。

80

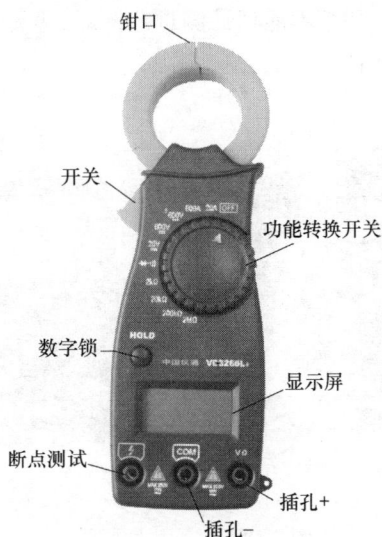

图 2 - 54　钳形电流表外形

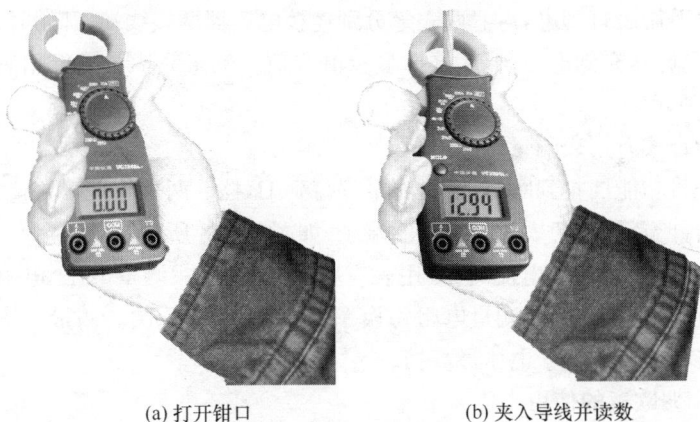

(a) 打开钳口　　　　　　　(b) 夹入导线并读数

图 2 - 55　钳形电流表测电流

5. 万用表的使用

　　万用表主要用来测量直流电流、直流电压、交流电流、交流电压和直流电阻,有的还可用来测量电容、二极管通断等,万用表外形如图 2 - 56 所示。数字式万用表有多个接线柱,红表笔接 + (V, Ω) 线柱,黑色表笔接 −

(COM)线柱,测量电流时红表笔接 10mA 或 10A 线柱。测量中应选择测量种类,然后选择量程。如果不能估计测量范围时,应先从最大量程开始,直至误差最小,以免烧坏仪表。

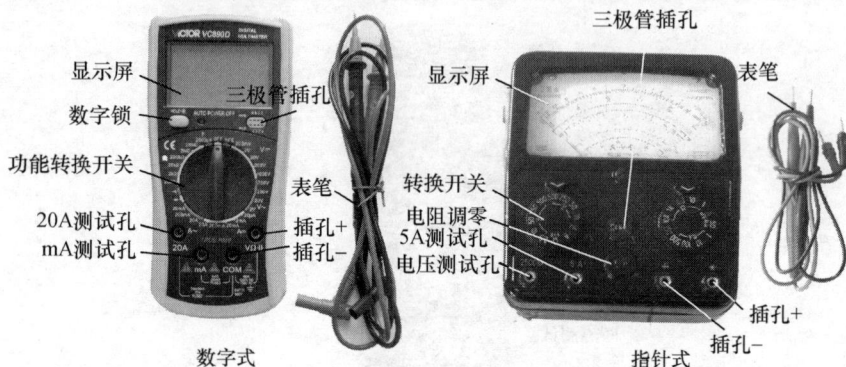

图 2 - 56　万用表外形

数字万用表检测电容器:

将万用表打到电容挡,两表笔分别连接电容器两接线端,开始时没有读数,待电容器充满电后,显示屏即显示电容值。测量完毕关闭万用表,如图 2 - 57 所示。

指针式万用表测量线圈电阻:

先将功能挡打到欧姆挡,再将量程打到 1k 挡。两表笔短接调整零位旋钮使指针至零位,两表笔连接线圈端子,如图 2 - 58 所示。

注意事项:测量电流时,万用表应串联在电路中;测量电压、电阻时,万用表应并联在电路中;测量电阻每换一挡,必须校零一次。测量完毕,应关闭或将转换开关置于电压最高挡。

6. 兆欧表的使用

兆欧表俗称摇表、绝缘摇表。主要用于测量绝缘电阻,有手动和电动两种,手动兆欧表外形如图 2 - 59 所示。

使用方法:

将 L、E 两表笔短接缓慢摇动发电机手柄,指针应指在"0"位置。

L 表笔不动,将 E 表笔接地,由慢到快摇动手柄。若指针指零位不动时,就不要在继续摇动手柄,说明被试品有短路现象。若指针上升,则摇动

82

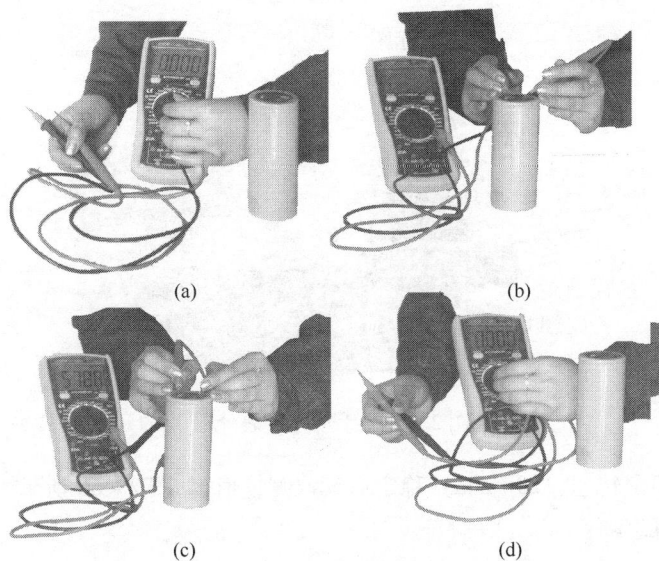

图 2 - 57　电容器的测试

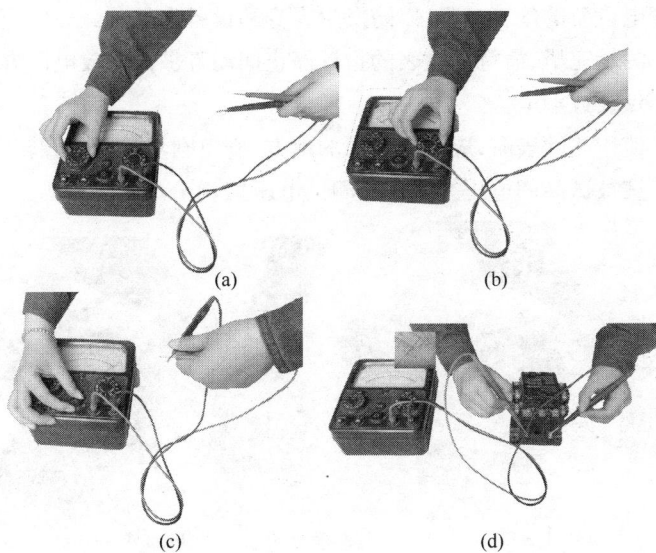

图 2 - 58

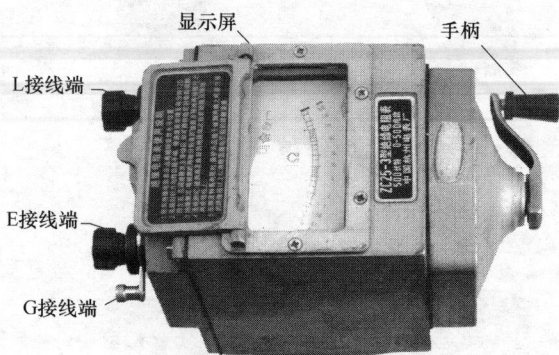

图 2 - 59　手动兆欧表外形

手柄到额定转速(120r/min),稳定后读取测量值,如图2-60所示。

注意事项:

(1)在测量电缆导线芯线对缆壳的绝缘电阻时,应将缆芯之间的内层绝缘物接G(保护环),以消除因表面漏电而引起的误差。

(2)测量前必须切断被测试品的电源,并接地短路放电,不允许用兆欧表测量带电设备的绝缘电阻,以防发生人身和设备事故。

(3)测量完毕,需待兆欧表的指针停止摆动且被试品放电后方可拆除,以免损坏仪表或触电。

(4)使用兆欧表时,应放在平稳的地方,避免剧烈震动或翻转。

(5)按被试品的电压等级选择测试电压挡。

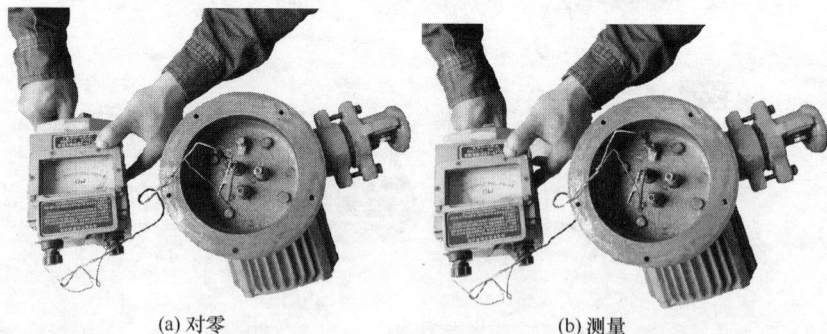

(a) 对零　　　　　　　　　(b) 测量

图 2 - 60　兆欧表使用方法

7. 单臂电桥的使用

常见的 QJ23 型直流单臂电桥面板图如图 2-61 所示,其准确度等级为 0.2 级。比例臂 R_2/R_3 由 8 个电阻组成,分成 10^{-3}、10^{-2}、10^{-1}、1、10、10^2 和 10^3 七挡,由转换开关换接,比例臂 R_3/R_2 的值(称为倍率)示于面板左上方的读数盘上。比例臂 R_4 用 4 个可调电阻箱串联而成,这 4 个电阻箱分别由 9 个 1Ω、9 个 10Ω、9 个 100Ω 和 9 个 1000Ω 的电阻组成,可得到在 0 ~ 99999Ω 范围内变动的电阻值。比例臂 R_4 的值由面板上 4 个形状相同的读数盘所示的电阻值相加而得。

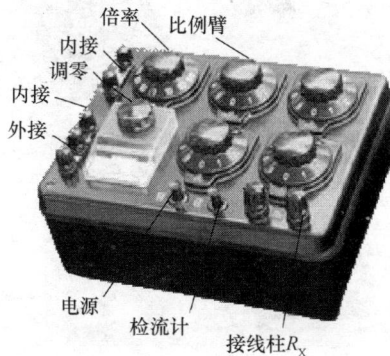

图 2-61　单臂电桥外形

面板的右下方有一对接线柱"R_X",用以连接电阻作为一个桥臂。

电桥内附有检流计,检流计支路上装有按钮开关 G,也可外接检流计。在面板左下方有 3 个接线柱,使用内检流计时,用接线柱上的金属片将下面 2 个接线柱短接。检流计上装有锁扣,可将可动部分锁住,以免搬动时损坏悬丝。需要外接检流计时,用金属片将上面 2 个接线柱短接,并将外接检流计接在下面两个接线柱上。

电桥内附有电源,需装入 3 节 1 号电池。如测量大电阻时,也可外接电源,面板左上方有一对接线柱,标有"+""-"符号,供外接电源用。

面板中下方有 2 个按钮开关,其中"G"为检流计支路的开关,"B"为电源支路的开关。单臂电桥的使用(电动机直流电阻测量):

正确接线并保持接触良好,根据估测值选择倍率。打开检流计锁扣,调整检流计指针至零位。按下电源按钮 B,点动检流计 G 按钮,观察指针偏转情况,正偏则加大比率臂阻值,反偏则减小比率臂阻值(从大向小),两侧摆动时,改用下一挡继续调整,调到最小挡时,按下 G 按钮,直至检流计为零

或指针偏转 ±5°为止，如图 2 - 62 所示。

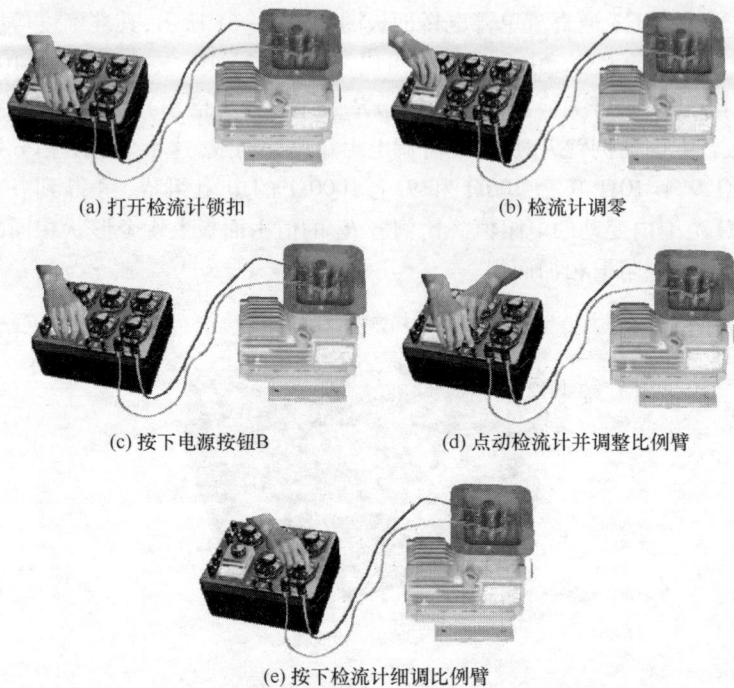

(a) 打开检流计锁扣

(b) 检流计调零

(c) 按下电源按钮B

(d) 点动检流计并调整比例臂

(e) 按下检流计细调比例臂

图 2 - 62　单臂电桥使用方法

第3章 低压电动机修理

3.1 低压电动机常见故障及修理

3.1.1 三相异步电动机常见故障及处理

1. 三相笼型异步电动机常见故障与处理方法（表3－1）

表3－1 三相异步电动机常见故障与处理方法

故障名称	可能原因	查找与处理方法
电动机不启动	① 电源未接通； ② 启动线路和启动设备故障； ③ 负载过重或机械卡阻； ④ 绕组短路、断路、接地； ⑤ 电源电压低	① 检查电源开关、熔丝、控制接触器主触头及电动机引出线，将故障处理； ② 按图纸检查控制线路，校正接线，检查启动参数是否变动，查出原因予以修复； ③ 盘动联轴器灵活说明负载过重；不灵活说明机械卡阻，降低负载或消除机械卡阻； ④ 用电压降法检查相应处理； ⑤ 若线路太长，可增加导线截面，降低线路压降；若电源电压低，可提高变压器二次输出电压
接入电源后断路器跳闸或熔丝熔断	① 断路器或熔丝选得过小； ② 定子绕组严重短路或接地； ③ 单相启动； ④ 负载过大或卡阻； ⑤ 定子绕组接线错误； ⑥ 电源线短路	① 按电动机容量重新选择； ② 用电阻法查找并排除； ③ 用万用表测量各相电压恢复三相电源； ④ 盘动联轴器灵活说明负载过重；不灵活说明机械卡阻，降低负载或消除机械卡阻； ⑤ 用干电池与微安表检查并纠正； ⑥ 用兆欧表测量电源相间绝缘电阻，更换电源线

故障名称	可能原因	查找与处理方法
负载转速低于额定转速	① 绕组电压过低； ② 笼条开焊或断裂； ③ 被拖动设备卡阻； ④ 重绕时线径小、匝数多	① 用万用表检查电动机输入端电源电压大小，进行调整，若是接线错误予以更正； ② 用铁粉感应法查找，予以修复； ③ 盘动联轴器不灵活说明机械卡阻，予以消除机械卡阻； ④ 可重新复查绕组的线径和匝数重绕
运行温升高	① 过载运行； ② 环境温度高或通风不好； ③ 绕组短路； ④ 定、转子相擦； ⑤ 电源电压过高或过低； ⑥ 转子断路	① 降低负载； ② 降低环境温度改善通风条件，必要时可外加风机吹风； ③ 用短路侦察器检查更换损坏绕组； ④ 若是转轴弯曲予以矫正，若是轴承损坏予以更新； ⑤ 恢复正常电压； ⑥ 查明断条或开焊处进行处理
电动机振动	① 轴承磨损，间隙不合格； ② 转子不平衡； ③ 基础强度不够或安装不平； ④ 风扇不平衡； ⑤ 转子开路； ⑥ 转轴弯曲； ⑦ 铁芯变形或松动； ⑧ 联轴器安装不正； ⑨ 电动机地脚松动	① 用塞尺检查轴承间隙，不合格更换； ② 重新找平衡； ③ 加固基础，增加机械强度； ④ 给风扇单独找平衡； ⑤ 用铁粉感应法查找并消除； ⑥ 矫正转轴； ⑦ 用环氧树脂黏结或增加压圈； ⑧ 重新找正； ⑨ 紧固地脚
绕组绝缘电阻低	① 绕组受潮或进水； ② 绕组绝缘粘满粉尘、油灰； ③ 接线板损坏，引出线老化； ④ 绕组绝缘老化	① 干燥； ② 清洗干燥绕组； ③ 更换接线板； ④ 更换绝缘（绕组）

故障名称	可能原因	查找与处理方法
轴承发热	① 润滑油过多或过少； ② 油质不好，含有杂质； ③ 轴承与轴径配合过松或紧； ④ 轴承与端盖配合过松或紧； ⑤ 油封太紧； ⑥ 轴承内盖偏心，与轴相擦； ⑦ 两侧端盖或轴承盖未装平； ⑧ 传动机构连接偏心	① 检查润滑油量，按要求填充至轴承室容积的 $1/2 \sim 1/3$； ② 检查油质，更换洁净润滑油； ③ 过松时用乐泰固化胶粘，过紧时车细轴径； ④ 过松可电镀端盖或热套钢圈，过紧可车削端盖； ⑤ 更换油封； ⑥ 修磨轴承内盖使与轴的间隙适合； ⑦ 安装时要对称把紧螺栓，并不时盘动转轴保证灵活； ⑧ 重新找正校准中心线
异常噪声	① 定转子相擦； ② 转子风叶碰壳； ③ 转子擦绝缘纸； ④ 轴承缺油或磨损； ⑤ 联轴器松动； ⑥ 改极重绕时槽配合不当	① 若是转轴弯曲予以矫正，若是轴承损坏予以更新； ② 校正风叶，拧紧螺丝； ③ 修剪绝缘纸； ④ 清洗轴承、更新油品； ⑤ 检修联轴器； ⑥ 校验定转子槽配合

2. 三相绕线式异步电动机故障与处理方法（表 3-2）

表 3-2　三相绕线式异步电动机常见故障及处理方法

故障名称	可能原因	查找与处理方法
启动转速不平稳	① 控制器或电阻器之间接线错误； ② 转子回路接线松动脱落或电阻器损坏； ③ 控制器个别触点接触不良	① 纠正接线，使启动电阻均衡切除； ② 可将转子回路连线接好，加以紧固；若是电阻器损坏应予更换； ③ 用万用表检查，针对情况予以处理

故障名称	可能原因	查找与处理方法
切除电阻后达不到额定转速	① 启动电阻没有完全切除； ② 电刷压力不足或集电环表面不光滑； ③ 转子绕组与集电环连接螺丝松动，造成转子接触不良； ④ 转子一相绕组断路	① 用万用表检查转子启动电阻随手柄转动的切除情况，调整与手柄连接的轴杆及转动机构，保证在最后位置时能将启动电阻完全切除； ② 用弹簧秤检查并调整电刷压力，修磨集电环接触面； ③ 可用双臂电桥测量绕组与集电环的电阻，稳定后晃动接线头，观察指针，若摆动则说明接触不良； ④ 用兆欧表检查
集电环火花大	① 电刷与刷握配合不当； ② 刷握与集电环距离过大； ③ 电刷与集电环接触压力小； ④ 电刷牌号或尺寸不符； ⑤ 电刷或集电环污秽； ⑥ 集电环表面不平或椭圆	① 电刷过紧应磨掉一些使其能在刷握内自由移动，过松应更换电刷； ② 调整刷握与集电环之间距离使其保持在 2～4mm； ③ 用弹簧秤测量并调整电刷压力为 1500～2500Pa，各刷间的差值不超过 10%； ④ 更换合适电刷； ⑤ 若用抹布擦不掉可粘酒精擦； ⑥ 车光

3. 井用潜水电动机常见故障与处理方法（表 3-3）

表 3-3　井用潜水电动机常见故障与处理方法

故障名称	可能原因	查找与处理方法
电动机不能启动	① 电源电压过低； ② 电源断相或断电； ③ 水泵叶轮卡住； ④ 电缆过细过长； ⑤ 定子绕组烧坏	① 将电源电压调到 342V 以上； ② 修复断电或断相处； ③ 清除杂物、修复水泵； ④ 适当增加电缆截面； ⑤ 修理电动机定子绕组
电动机绝缘电阻下降	① 电缆接头进水； ② 机械密封泄漏； ③ 静密封泄漏； ④ 充油式电动机贫油后进水，油囊两端密封不严或油囊破裂； ⑤ 绕组损伤或损坏	① 重新包扎电缆接头； ② 重新装配或修理； ③ 重装或更换密封胶圈； ④ 重装或更换油囊、更换绝缘油； ⑤ 修理绕组

故障名称	可能原因	查找与处理方法
电动机过载跳闸	① 电源电压过高或过低； ② 电动机两相运转； ③ 水泵受杂物堵塞、磨损严重； ④ 水泵反转； ⑤ 充油式和干式电动机滚动轴承损坏；充水式和屏蔽式电动机水润滑导轴承或推力轴承磨损严重； ⑥ 电动机过载保护误动作	① 调整电压到342V； ② 修复电源； ③ 清除杂物、修复水泵； ④ 将电源任意两相调换； ⑤ 更换轴承或进行修理； ⑥ 校正动作电流
电动机声音不正常	① 电源断相； ② 轴承损坏； ③ 电动机、水泵或出水管固定不好	① 修复电源； ② 更换轴承； ③ 重新连接或固定
泵的流量、扬程下降	① 水泵受杂物堵塞； ② 水泵反转； ③ 水泵潜入深度不够； ④ 井的涌水量小	① 清除杂物、修复水泵； ② 将电源任意两相换接； ③ 加出水管，增加水泵的潜入深度； ④ 减小泵的流量，使其与井的涌水量相适应

4. 潜水电泵常见故障与处理方法（表3-4）

表3-4　潜水电泵常见故障与处理方法

故障名称	可能原因	查找与处理方法
潜水电泵不能启动	① 电源电压过低； ② 电源断相或断电； ③ 泵叶轮卡住； ④ 电缆过细过长； ⑤ 接插件接触不良或损坏； ⑥ 热保护器动作； ⑦ 热保护器损坏； ⑧ 单相电动机离心开关接触不良或损坏	① 将电源电压调到342V以上； ② 检查熔断器、开关和保护装置，修复断电或断相处； ③ 拆检水泵、清除杂物； ④ 适当增加电缆截面； ⑤ 修理或更换接触件； ⑥ 待潜水电泵温度降至正常温度，复位热保护器； ⑦ 更换同型号规格的热保护器； ⑧ 修理或更换离心开关

故障名称	可能原因	查找与处理方法
潜水电泵突然不转	① 电源断电; ② 保护开关跳闸; ③ 电缆断裂; ④ 热保护器动作; ⑤ 潜水电泵堵转; ⑥ 电动机定子绕组烧坏	① 修理断电原因及时排除故障; ② 检查电源电压及使用扬程是否在规定的范围之内,将电压和潜水电泵运行工况调整在允许范围内; ③ 将断裂处重新接好并包绝缘; ④ 检查热保护器动作原因,等待其自动复位或进行修理调整; ⑤ 泵叶轮卡住,应拆检水泵清除杂物,轴承等转动零件损坏时,应加以修理或更换; ⑥ 重新更换定子绕组
潜水电泵出水少	① 使用扬程过高; ② 过滤网堵塞; ③ 旋转方向反; ④ 叶轮或泵体流道堵塞; ⑤ 叶轮或泵盖磨损; ⑥ 水位过低或泵体部分已脱水运行; ⑦ 水中含固体杂质太多或水黏度太高	① 按规定使用范围适当降低扬程或更换合适规格潜水电泵; ② 清除过滤网内外及潜水电泵周围的水草杂物; ③ 调换潜水电泵引出电缆任意两相的位置; ④ 拆检水泵,清除叶轮或泵体流道中的杂物; ⑤ 拆检水泵,修理或更换叶轮或泵盖; ⑥ 调整潜水电泵的潜入深度; ⑦ 适当调整潜水电泵的工作位置或另选合适规格的潜污水泵

3.1.2 单相感应电动机常见故障与处理方法

1. 单相分相感应电动机常见故障与处理方法(表3-5)

表3-5 单相分相感应电动机常见故障与处理方法

故障名称	可能原因	查找与处理方法
电动机不启动	① 熔断器熔体断,空气开关跳; ② 电源未接通或电压低; ③ 引线开路; ④ 主、副绕组故障; ⑤ 电容器损坏; ⑥ 离心开关触点断开; ⑦ 定、转子相擦; ⑧ 负载过大	① 更换熔体或复位空气开关; ② 检查电源恢复正常供电; ③ 用万用表检查; ④ 用兆欧表检查断路与接地,用短路侦察器检查短路,处理故障点; ⑤ 用万用表的最小电阻挡给电容充电,短接两线端,若有放电声说明电容器完好,否则说明已损坏,应更换电容器; ⑥ 若弹簧压力已失效,更换离心开关; ⑦ 检查端盖和轴承做相应处理; ⑧ 降低负载或更换大容量电动机

故障名称	可能原因	查找与处理方法
电动机发热	① 绕组匝间短路或接地； ② 离心开关断不开； ③ 环境温度高； ④ 轴承缺油或油太多； ⑤ 电动机过载启动绕组频繁工作	① 用电压降法查找故障点； ② 拆下离心开关清理烧蚀点，必要时更新； ③ 设法降低环境温度； ④ 按规定填加润滑油； ⑤ 降低负载
振动	① 联轴器中心不准； ② 地脚螺栓松动； ③ 转轴弯曲	① 重新校正中心； ② 紧固螺栓； ③ 矫直或更新

2. 单相罩极电动机常见故障与原因（表 3 - 6）

表 3 - 6　单相罩极电机常见故障与原因

故障名称	可能原因
电动机启动困难	① 启动电压过低，启动功率相应减小； ② 罩极短路绕组断裂，无法形成脉动旋转磁场； ③ 启动阻力过大，主要是机械故障所引起的摩擦阻力过大； ④ 启动时转子正处于启动转矩最低值位置，发生"堵转"
电动机运转无力	① 电压过低导致运行功率达不到额定值； ② 轴承缺油或损坏，导致电动机出力消耗在额外增加的机械摩擦损耗上； ③ 负载机械损坏卡死，导致过载； ④ 罩极电阻值过小，导致磁极被罩部分与未罩部分相位失调； ⑤ 罩极绕组脱焊，使电动机绕组电抗增大，最大转矩下降； ⑥ 转子笼条或端环断裂，使电动机转矩明显降低
罩极绕组过热	① 罩极绕组导线截面过大或线材电阻率过小，使电阻值过小，导致短路电流过大； ② 罩极绕组线材电阻率过大，导致线圈本身消耗的功率过大； ③ 分布式绕组匝数过多，感应电势高，导致功率过大

3.1.3　绕组故障检修

1. 绕组接地故障查找

1）兆欧表法

先将电动机接成 Y 形，用兆欧表测试绕组与外壳绝缘电阻为零的即为接地相,如图 3-1 所示;打开极相组连线,用兆欧表测试绕组与外壳绝缘电阻为零的即为接地极相组;最后打开组内连线,同样方法确定接地点。

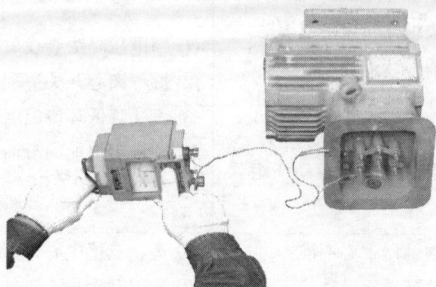

图 3-1 兆欧表法查找接地故障

2）灯泡法

将电动机接成 Y 形,将试灯串联在 36V 调压电源上,地线接在电动机外壳上,如图 3-2 所示。用试灯相线分别接触电动机引线,试灯发光的即为接地相;打开极组连线,同样用试灯相线分别接触绕组引线,试灯发光的即为接地极相组;最后打开组内连线,同样方法确定接地点。

图 3-2 灯泡法查找接地故障

3）冒烟法

先将电动机引出线打开,分别通入 220V 交流电,如图 3-3 所示。注意观察电动机,有火花产生的部位即为接地点。

4）电压法

电动机接成 Y 形,将 36V 调压电源分别接入引出线与机壳之间,用电压表测量绕组对机壳的电压,电压值最小的即为接地相,如图 3-4 所示;然后将电源接入接地相的起末头,准确测量对地电压值,由 $U = U_1 + U_2$,可计

94

算得到接地点的准确位置。

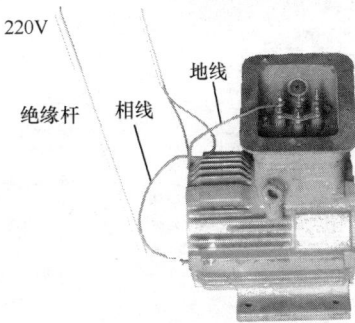

图 3 – 3   冒烟法查找接地故障   图 3 – 4   电压法查找接地故障

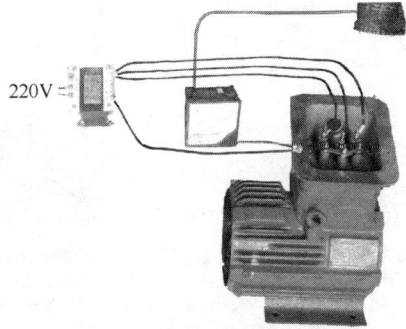

5）电流法

将电动机接成 Y 形，将 36V 调压电源的相线串入电流表，地线接外壳，手持相线分别接触引出线，电流表有读数的一相即为接地相，如图 3 – 5 所示；然后电源相线分别接入接地相的起末头，准确读取此时的电流值，根据 $I = U/Z$ 可比例计算得到接地点的准确位置。

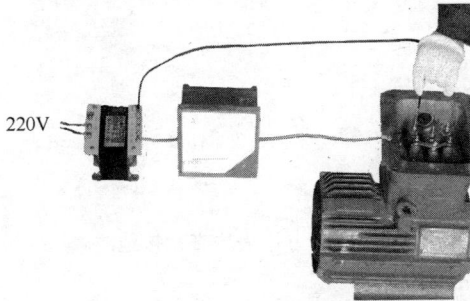

图 3 – 5   电流法查找接地故障

6）电笔法

先将电动机引出线打开，分别通入 220V 交流电，用电笔测试电动机外壳，氖灯发光的即为接地相；打开极相组连线同样通入 220V 交流电，用电笔测试电动机外壳，氖灯发光的即为接地极相组；最后打开组内连线，同样方法确定接地点，如图 3 – 6 所示。

7）万用表法

将万用表选在 200Ω 低阻挡，打开电动机引出线，用万用表测量绕组与

95

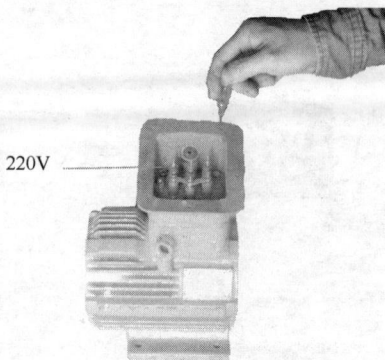

图 3 - 6　验电器法查找接地故障

机壳的直流电阻,最小的一相即为接地相,如图 3 - 7 所示;打开极相组连线,用万用表测量绕组与机壳的直流电阻,最小的一组,即为接地极相组;最后打开组内连线,同样方法确定接地点。

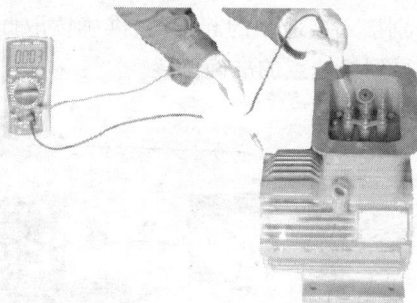

图 3 - 7　万用表法查找接地故障

2. 绕组短路故障查找

首先打开电动机引出线,用兆欧表测量相间绝缘电阻,若绝缘电阻为零说明相间短路,这时用调压器给短路两相间通入低压电流,短时间后用手摸绕组,发热的交叉处即为短路位置。

若相间绝缘电阻不为零,则按以下方法查找:

(1)电流法。将电动机接成 Y 形,分别把各相绕组接到 36 V 电源上,测量每相的电流,如图 3 - 8 所示,较大的一相即为短路相;然后将 36 V 电源分别接在短路相各极相组上,测量每极相组的电流,较大的一相即为短路极相组。按同样的方法可确定短路线圈的位置。

(2)电阻法。用双臂电桥分别测量各相绕组的直流电阻,电阻较小的

96

一相即为短路相;然后再分别测量各极相组的直流电阻,电阻较小的一组即为短路极相组。按同样的方法可确定短路线圈的位置。

(3)触摸法。将电动机接在低压电源上,空转 1~2min 左右,停车后迅速拆开,用手触摸绕组端部,线圈温度较其他线圈高的即为短路线圈。

图 3-8　电流法查找短路故障

3. 绕组断路故障查找

1)万用表法

将万用表选在 220Ω 电阻挡,分别测量三相绕组的直流电阻值,较大的一相绕组即为断路相,如图 3-9 所示;然后再分别测量各极相组的直流电阻,电阻较大的一组即为断路极相组;按同样的方法可确定断路线圈的位置。

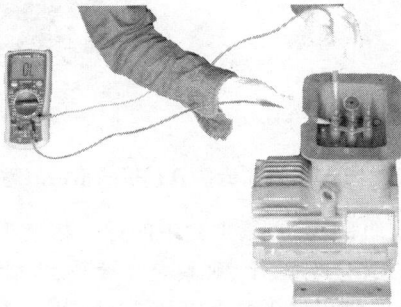

图 3-9　电阻法查找断路故障

2)兆欧表法

将电动机引出线打开,用兆欧表测量绕组的通断,可得断路相,如图

3-10所示;然后再分别测量每极相组的通断。按同样的方法可确定断路线圈的位置。

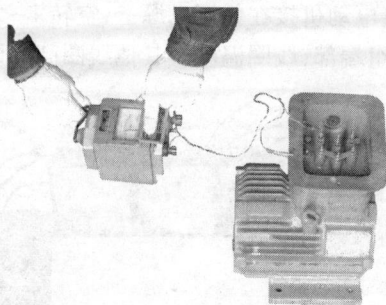

图 3-10 兆欧表法查找断路故障

3）电阻法

将电动机接成 Y 形,用双臂电桥测量绕组的直流电阻,阻值较大的即为断路相;然后再分别测量各极相组的直流电阻,阻值较大的即为断路极相组。按同样的方法可确定断路线圈的位置。

4. 绕组接线错误查找方法

1）万用表法（图 3-11）

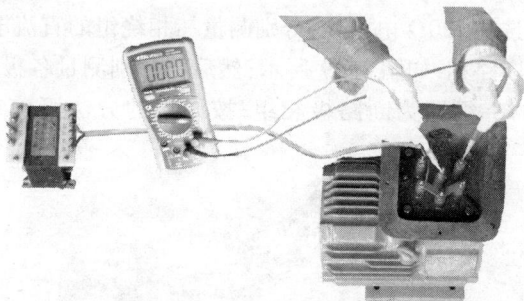

图 3-11 万用表法查找接线错误故障

将电动机三相绕组接成 Y 形,把其中的任一相接头及星点接到 36V 电源上,其他两相接头接在万用表上,观察有无读数。再将另一相接头及星点接到 36V 电源上,另外两相接头接在万用表上,观察万用表读数。如两次均无读数,说明接线正确。如两次均有读数,说明两次均未接电源的那相头尾接反,如两次有一次有读数,说明无读数的那一次接电源的 相接反。

98

2）直流电极性法

将一相绕组两端接在毫安表上，另一相绕组经开关接干电池的两端，手碰接线端子的瞬间观察毫安表的指针，正偏说明电池正极所接线头与毫安表正接线柱所接线头同极性，反偏则反极性，如图 3 – 12 所示。

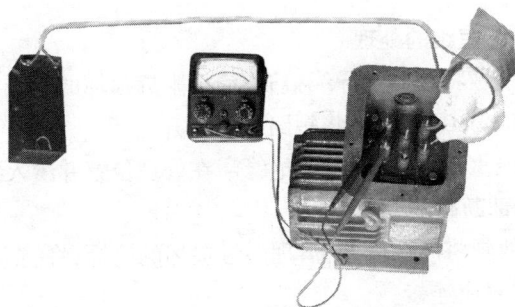

图 3 – 12　直流电极性法查找接线错误故障

3）电压表法

将任意两相绕组按假定头尾串联后接在电压表上，另一相接 36V 电源，如电压表有指示，说明串联的两相首尾是正确的，如无指示说明串联的两相头尾接反，调换一相接头重试，如图 3 – 13 所示。

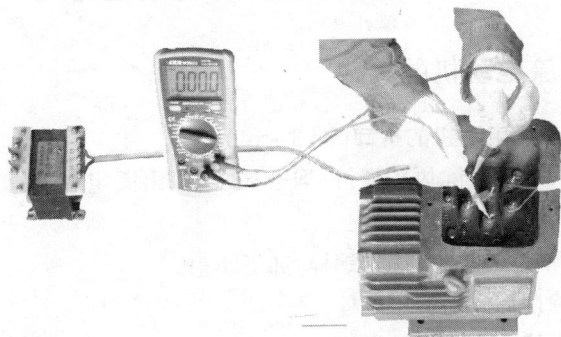

图 3 – 13　电压表法查找接线错误故障

3.1.4　绕组故障的处理

1. 线圈槽口接地故障的处理

（1）将槽楔打出。

99

（2）用木棒将线圈端部橇松。

（3）用划线板将绝缘纸撬起，并用兆欧表测量绕组对地绝缘，大于 0.5MΩ 为合格。

（4）剪一小块 DMD 复合箔塞在接地点，取绝缘漆刷在接地点并渗入铁芯。

2. 线圈端部短路的处理

（1）用划线板将短路点导线橇开，清理附近损坏的绝缘。

（2）剪小块 DMD 复合箔将短路导线隔开。

（3）用绑线重新包扎好，并刷绝缘漆在处理位置并渗入线圈。

3. 线圈端部断路的处理

（1）用划线板将断线撬开，清理附近损坏的绝缘；将绝缘套管套在断线的一头，将导线对应连接。

（2）用兆欧表测量该相绕组通断，确认无断线后，用电烙铁焊好，并用绝缘套管做绝缘。

（3）取绝缘漆刷在故障点并渗入线圈；电动机送入烘箱 120℃ 干燥合格。

3.2　低压电动机机械检修

3.2.1　交流电动机的拆卸

1. 三相交流电动机的拆卸（图 3 - 14）

（1）用螺丝刀拆除风罩螺钉，取下风罩；取出固定卡簧，用螺丝刀轻轻撬出风叶。

（2）拆除轴承室小盖固定螺栓，卸下小盖。

（3）拆除前后端盖固定螺栓。

（4）将木棒一头顶在转轴非负荷端，用铁锤敲打木棒；待前端盖脱离定子后，两手将带前端盖的转子抽出。

（5）将木棒一头顶在后端盖上，用铁锤敲打木棒，直至将后端盖打掉。

注意事项：

（1）拆卸和安装时固定螺栓应对称进行，使拆除物受力均匀。

（2）若使用铁锤敲打时，应垫以铜棒或木棒。

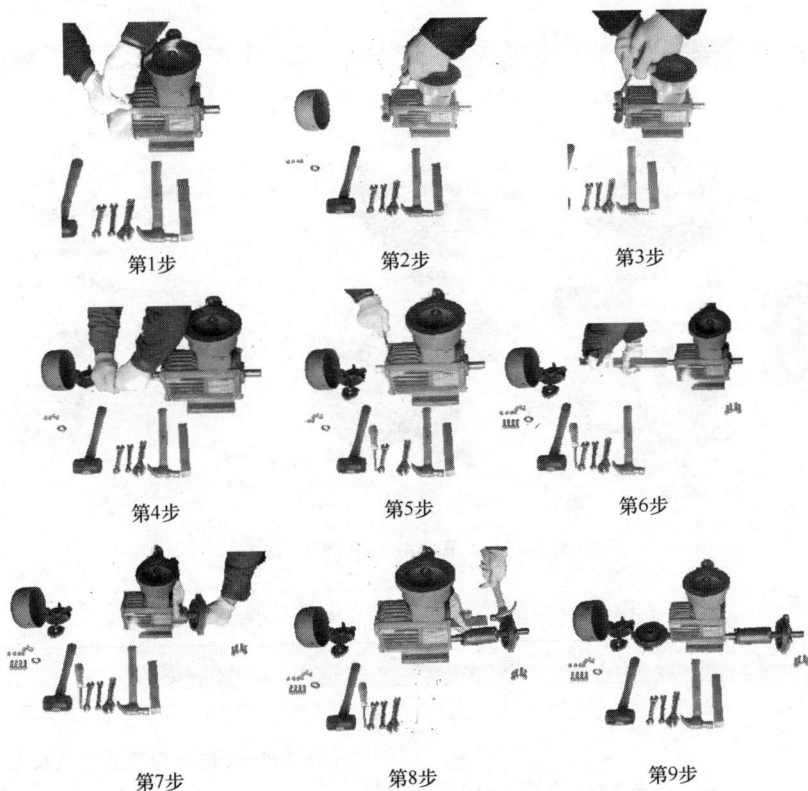

第1步　　　　　　　第2步　　　　　　　第3步

第4步　　　　　　　第5步　　　　　　　第6步

第7步　　　　　　　第8步　　　　　　　第9步

图 3 - 14　三相交流电动机的拆卸

2. 单相电容电动机拆卸（图 3 - 15）

（1）拆除螺丝，取下风罩。

（2）用螺丝刀轻轻撬动风扇，拿下风扇。

（3）拆除后端盖螺丝。用螺丝刀撬动后端盖，将其拆下。

（4）拆除前端盖螺丝，拆下前端盖。

（5）拆除离心开关电源线（电容运转型没有此项）。

（6）将转子抽出。

3.2.2　滚动轴承的检修

1. 滚动轴承常见故障及处理方法

滚动轴承常见故障及处理方法如表 3 - 7 所列。

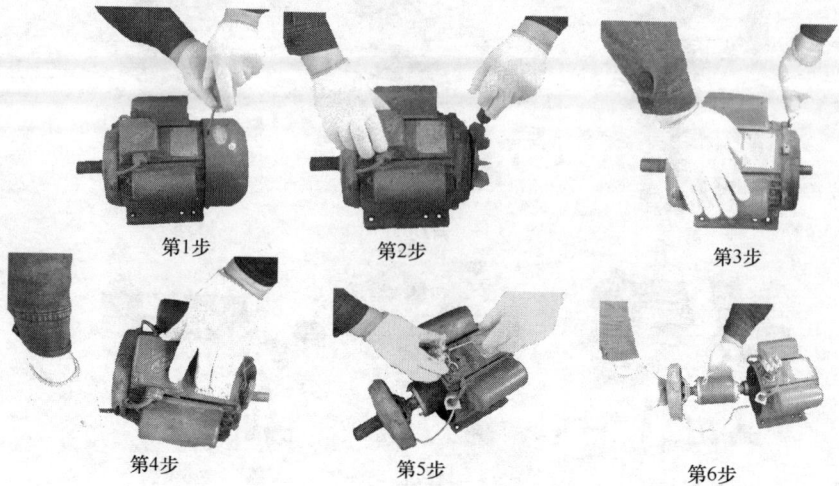

第1步　　　　　　第2步　　　　　　第3步

第4步　　　　　　第5步　　　　　　第6步

图 3 – 15　单相电容电动机拆卸

表 3 – 7　滚动轴承常见故障及处理方法

故　障	产生的原因	处理方法
轴承过热且润滑脂滴落	① 润滑脂过多或过少或质量不好； ② 轴承过松或过紧； ③ 转轴不同心	① 打开轴承外盖，检查润滑脂的数量及质量； ② 检查轴颈与轴承、壳体与轴承外圈配合情况； ③ 检查转轴和轴承与轴承座壳体内孔的同轴度
轴承的噪声大或振动大	① 轴承及润滑脂太脏或混入杂质； ② 轴承磨损、锈蚀或已破坏； ③ 轴承本身质量不好； ④ 电动机转子不平衡或轴弯曲； ⑤ 轴承过松或过紧	① 彻底清洗，更换润滑脂，必要时更换新轴承； ② 更换新轴承； ③ 更换合格的新轴承； ④ 校正或修理； ⑤ 检查轴颈与轴承、壳体与轴承外圈配合情况

（续）

故　障	产生的原因	处理方法
轴转动困难	① 轴承及润滑脂太脏或混入杂质； ② 轴承磨损、锈蚀或已破坏； ③ 缺少润滑脂； ④ 润滑脂不适当或已变质； ⑤ 轴承过松或过紧	① 彻底清洗，更换润滑脂，必要时更换新轴承； ② 更换新轴承； ③ 清洗轴承后，添加润滑脂； ④ 清洗轴承后，改用较软的润滑脂； ⑤ 检查轴颈与轴承、壳体与轴承外圈配合情况

2. 常用电动机的滚动轴承型号

常用电动机的滚动轴承型号如表 3 – 8 ~ 表 3 – 10 所列。

表 3 – 8　Y 系列（IP23）电动机的滚动轴承型号

机座号	极　数	轴承规格		轴承尺寸/mm （内径 × 外径 × 宽度）
		主轴伸端	非轴伸端	
160	2	211Zl	21lZl	55 × 100 × 21
	4、6、8	2311Zl	311Zl	55 × 120 × 29
180	2	212Zl	212Zl	60 × 110 × 22
	4、6、8	2312Zl	312Zl	60 × 130 × 31
200	2	213Zl	213Zl	65 × 120 × 23
	4、6、8	2313Zl	313Zl	65 × 140 × 33
225	2	214Zl	214Zl	70 × 125 × 24
	4、6、8	2314Zl	314Zl	70 × 150 × 35
250	2	314Zl	314Zl	70 × 150 × 35
	4、6、8	2317Zl	317Zl	85 × 180 × 41
280	2	314Zl	314Zl	70 × 150 × 35
	4、6、8	2318Zl	318Zl	90 × 190 × 43
315	2	316Zl	316Zl	80 × 170 × 39
	4、6、8、10	2319Zl	319Zl	95 × 200 × 45

表 3 – 9　Y 系列(IP44)电动机的滚动轴承型号

机座号	极 数	轴承规格		轴承尺寸/mm（内径×外径×宽度）
		主轴伸端	风扇端	
80	2、4	180204Z1	180204Z1	20×47×14
90	2、4、6	180205Z1	180205Z1	25×52×15
100	2、4、6	180206Z1	180206Z1	30×62×16
112	2、4、6	180306Z1	180306Z1	30×72×19
132	2、4、6、8	180308Z1	180308Zl	40×90×25
160	2	309Z1	309Z1	45×100×25
	4、6、8	2309Zl		
180	2	311Z1	311Z1	55×120×29
	4、6、8	2311Z1		
200	2	312Zl	312Z1	60×130×31
	4、6、8	2312Z1		
225	2	313Z1	313Z1	65×140×33
	4、6、8	2313Z1		
2s0	2	314Z1	314Z1	70×150×35
	4、6、8	2314Z1		
280	2	314Z1	317Z1	85×180×41
	4、6、8	2314Z1		
315	2	316Z1	316Z1	80×170×39
	4、6、8、10	2319Z1	319Z1	95×200×45
250	2	314Z1	314Zl	70×150×35
	4、6、8	2314Z1		
280	2	314Zl	317Zl	85×180×41
	4、6、8	2317Z1		
315	2	316Z1	316Z1	80×170×39
	4、6、8、10	2319Z1	319Z1	95×200×45

表 3 - 10　YZR、YZ 系列电动机的滚动轴承型号

机座号	1M1		1M3	
	驱动端	非驱动端	驱动端	非驱动端
112	308	308	308	308
132	309	309	309	309
160	311	311	311	311
180	313	313	313	313
200	32315	315	32315	46315
225	32315	315	32315	46315
250	32316	316	32316	46316
280	32320	320	32320	46320
315	32322	322	32322	46322
355	32326	326	—	—
400	32330	330	—	—

3. 轴承的检查

1）游隙的测量

将焊锡丝插入轴承内外圈之间,固定外圈,另一只手转动内圈,使滚珠碾过焊锡丝,如图 3 - 16 所示。取出焊锡丝,测量被碾过部位的厚度,即为轴承的游隙。

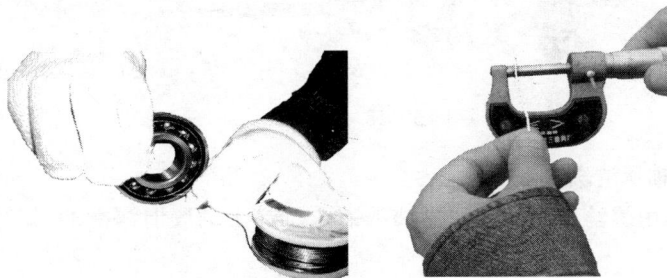

图 3 - 16　轴承游隙的测量

2）轴承摆动的检查

将手指插入轴承内圈,搬动轴承外圈,使其快速转动,好的轴承应响声均匀无杂音。另一种方法是一手捏住轴承内圈,另一只手搬动外圈,如

图 3 - 17 所示。

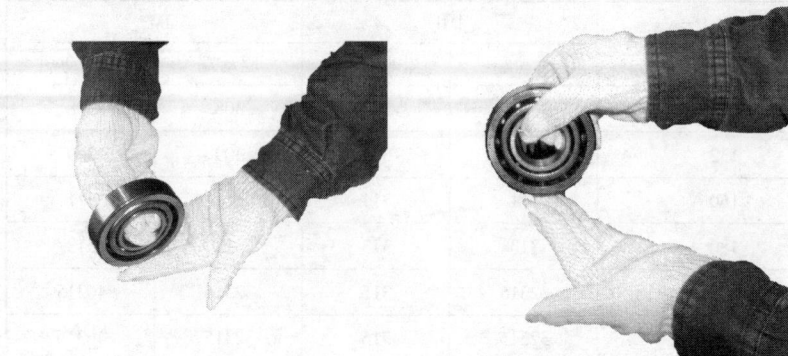

图 3 - 17　轴承摆动的检查

4. 轴承的拆卸

旋松拉马顶丝,将拉马的 3 个拉爪拉住轴承外圆,顶丝顶住轴端中心孔,如图 3 - 18 所示。用扳手拧动顶丝,轴承就被缓慢拉出。

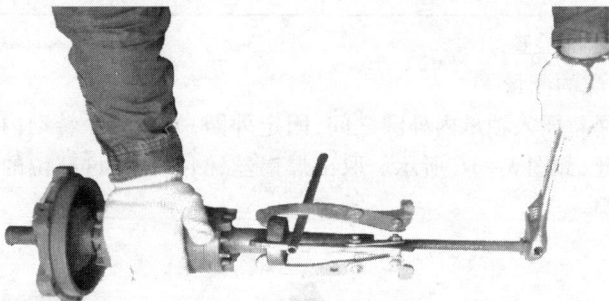

图 3 - 18　轴承的拆卸

5. 轴承清洗方法

(1)用螺丝刀或竹片刮除轴承钢珠(球)上的废旧润滑油,如图 3 - 19 所示。

(2)用蘸有洗油的抹布擦去轴承内的残存废润滑油。

(3)将轴承浸泡在洗油盆内,约 30min,用毛刷蘸洗油擦洗轴承,洗净为止。

(4)更换新洗油,再清洗一遍,力求清洁。最后将洗净的轴承放在干净的纸上,置于通风场合,吹散洗油。

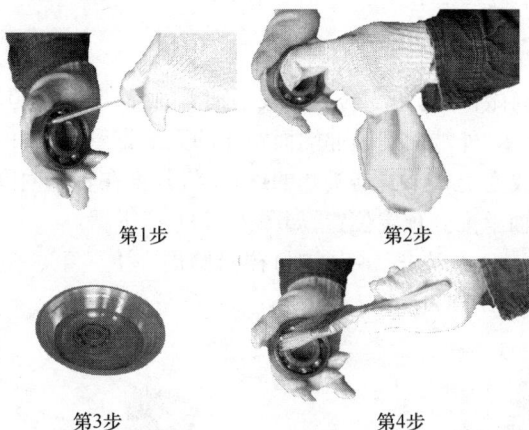

第1步　　　　　　　　　第2步

第3步　　　　　　　　　第4步

图 3 – 19　轴承的清洗

6. 轴承加油方法

（1）用螺丝刀或竹片挑取润滑油,刮入轴承盖内,用量约占油腔60% ~ 70% 即可。

（2）仍用螺丝刀刮取润滑油,将轴承的一侧填满,用手刮抹润滑油,使其能封住钢珠（球）,如图 3 – 20 所示。同样的方法给另一侧加油。

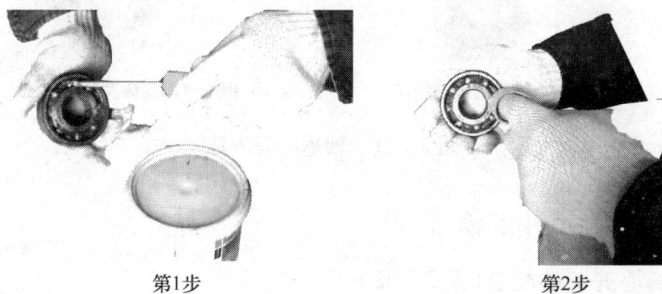

第1步　　　　　　　　　第2步

图 3 – 20　轴承的加油

7. 轴承的安装

1）热装法

通过对轴承加热,使其膨胀,里圈内径变大后,套在轴的轴承挡处。冷却后,轴承内径变小,从而与轴形成紧密配合。轴承加热温度应控制在80 ~ 100℃,加热时间视轴承大小而定,一般 5 ~ 10min。加热方法有油煮法、工频涡流加热法、烘箱加热法 3 种。

2）冷装法

有两种方法：

（1）用套筒敲击：选一段内径略大于轴承内径、厚度略超过轴承内圈厚度、长度大于轴伸、外端面到轴伸端面距离的无缝钢管，将其内圆磨光，一端焊上一块铁板或塞上一个蘑菇头状的铁块，将其抵在轴承内圈上，用锤子击打套筒顶部将轴承推到预定位置，如图 3-21(a)所示。

（2）用木(铜)棒敲击：将木(铜)棒沿圆周一上一下、一左一右的对称点击打，如图 3-21(b)所示。

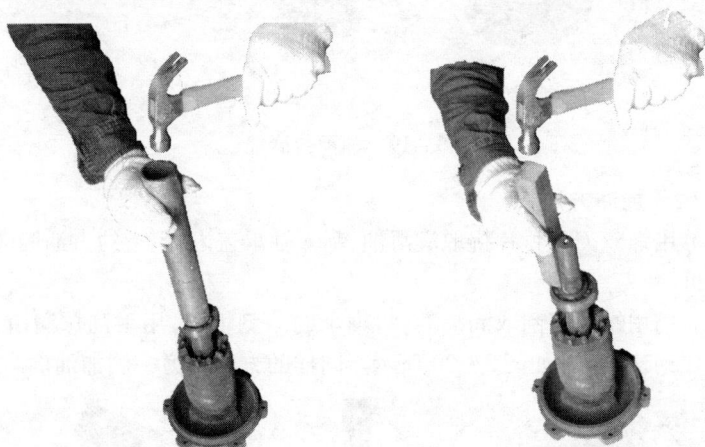

(a) 用套筒安装滚动轴承   (b) 用木 (铜) 棒安装滚动轴承

图 3-21　轴承冷装方法

3.2.3　启动元件的修理

1. 离心开关的检查(图 3-22)

（1）离心开关沿转轴轴向移动应灵活。

（2）离心开关自然状态不闭合，检查弹簧，如有过热现象，可以考虑更换弹簧。

（3）用万用表检测，两接线端子直流电阻应为零。

（4）用器物向里推，再检测直流电阻应为无限大。

2. 触头的检修(图 3-23)

（1）触点有电弧灼伤时，可以将支架从端盖上取下。

108

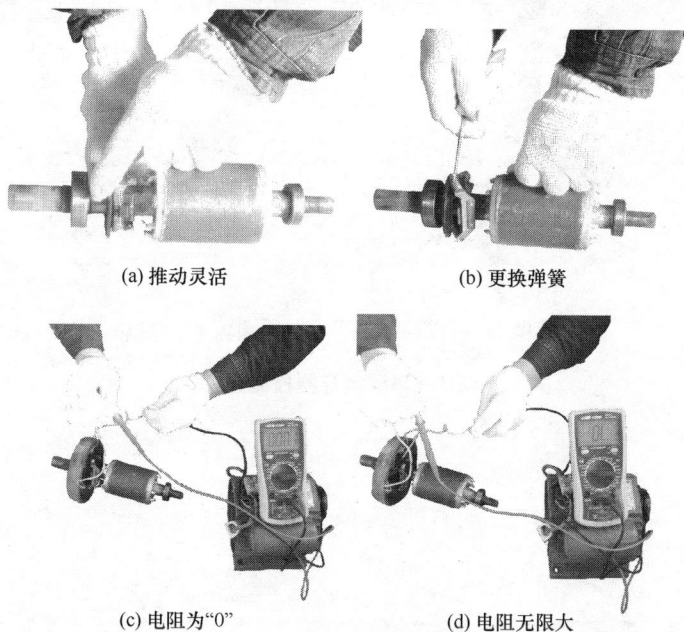

(a) 推动灵活   (b) 更换弹簧

(c) 电阻为"0"   (d) 电阻无限大

图 3 - 22　离心开关的检查

（2）先用锉刀磨平。

（3）再用细砂纸抛光。

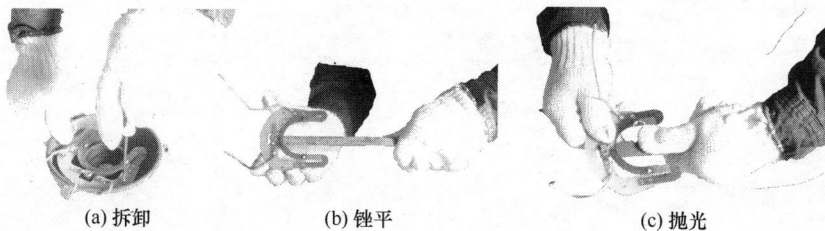

(a) 拆卸   (b) 锉平   (c) 抛光

图 3 - 23　触头的检修

3. 兆欧表检测电容器（图 3 - 24）

（1）将兆欧表两表笔接电容器两引线，摇兆欧表至 120r/min 约 1min。

（2）用导线迅速短接两引线，会发出"啪"的一声放电声，声音越大说明电容器越好。

 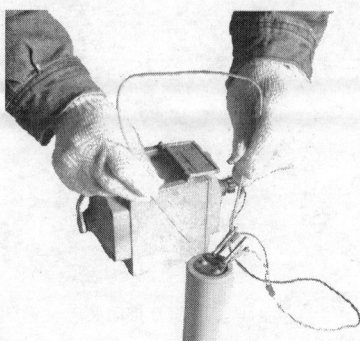

(a) 充电   (b) 放电

图 3 – 24　电容器检测方法

第4章　低压三相电动机重绕

4.1　通用做法[①]

4.1.1　旧绕组拆除

1. 绕组拆除

（1）用电工凿、手锤将线圈一侧沿铁芯凿掉，如图4-1(a)所示。

（2）用自制的槽样棒将线圈从槽中顶出，如图4-1(b)所示。如果线圈不易取出时，可将定子送入烘箱，在200℃加热30min，然后再取出。

（3）取一把线圈端部，用壁纸刀削掉导线绝缘层，如图4-1(c)所示。用千分尺测量导线直径，如图4-1(d)所示。

（4）取一把线圈端部，数出线圈匝数，如图4-1(e)所示。

（5）用自制清槽器，将旧绝缘纸、槽楔清除，如图4-1(f)所示。

（6）用白布带蘸酒精擦拭铁芯各部分，尤其槽内不能有污物，最后用吹风机吹净铁芯。

（7）测量铁芯数据。测量时，每一个数据应测量多点，取其平均值，以消除人为误差。

2. 填写原始记录卡

定子绕组重绕原始数据，填入表4-1，绕线式电动机转子绕组重绕原始数据，填入表4-2。

---

① 本节以三相异步电动机2极30槽同心交叉式绕组为例，兼顾其他电动机。

(a)

(b)

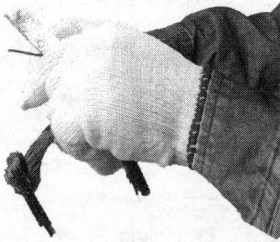

(c)

(d)

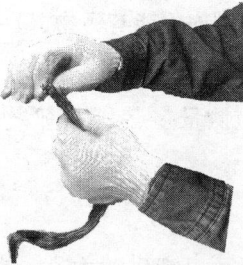

(e)

(f)

图 4 - 1　绕组拆除步骤

表 4-1 三相低压异步电动机定子绕组重绕原始记录卡

铭牌数据			
型号_____	额定功率_____kW	额定电压_____V	额定电流_____A
转速_____r/min	频率_____Hz	接　法_____	运行方式_____
效率_____	功率因数_____	转子电压_____	转子电流_____
耐热等级_____	产品编号_____	出厂日期_____	制造厂_____

定子铁芯数据(mm)	定子绕组数据_____
定子铁芯外径_____	绕组形式_____
定子铁芯内径_____	线圈节距_____
气隙值_____	导线型号_____
定子铁芯总长_____	导线规格_____
通风槽数_____	并绕根数_____
通风道宽_____	每槽匝数_____
槽数_____	线圈伸出芯长
	接线端_____
	非接线端_____
	槽绝缘材料_____
	槽绝缘厚度_____
	槽楔材料_____
	槽楔尺寸_____

表 4-2 绕线式电动机转子绕组重绕原始数据记录卡

(1) 铭牌数据			
型号____	额定容量____kW	定子电压____V	定子电流____A 定子接法____
转速____r/min	频率____Hz	转子电压____V	转子电流____A 转子接法____
绝缘等级____	运行方式____	功率因数____	效率____ 出厂编号____
制造厂____	出厂日期____		

(2) 铁芯数据	(3) 绕组数据
转子槽数	绕组形式____
转子铁芯外径____mm	绕组接法____
气隙____mm	并联路数____
转子铁芯总长____mm	线圈节距____
通风道数	导线规格____
通风道宽____mm	并绕根数____
槽形尺寸____	每槽导体数____
无纬带宽度____mm	每线圈匝数____
无纬带道数____	直线截面尺寸____
钢丝直径____mm	绝缘结构____
钢丝宽度____mm	线圈尺寸____
钢丝下绝缘厚度及材质____	
钢丝材质____	
扣片尺寸及材质____	

4.1.2　三相交流电动机接线图画法

1. 展开图的画法

双层叠式绕组有时采用分数槽绕组,这时要先找出排列规律。下面以 16 极 54 槽三相双层叠绕组,$y = 1 \sim 4$ 为例。极相槽数 $q = 1\frac{1}{8}$,也就是说连续分布的 8 个极相组内有 9 个线圈,循环规律为 1,1,1,1,1,1,1,2,就是第 8 个线圈组有两只线圈。据此绕组下边排列为 U,V,W,U,V,W,U,VV…。

(1)在纸上按实、点画、虚、实、点画、虚、实、点画、点画、虚……规律画出 54 条竖线段,代表 54 个槽内线圈下边,并按节距 $y = 1 \sim 4$ 原则,在每一下边右侧对应画出线圈的上边,端部用斜线连接起来,桥线用短线连接起来,如图 4 - 2(a)所示。

(2) 按面线接面线、底线接底线的规律将每相接成 16 极,最后将绕组数据记录在展开图的下侧,如图 4 - 2(b)所示。

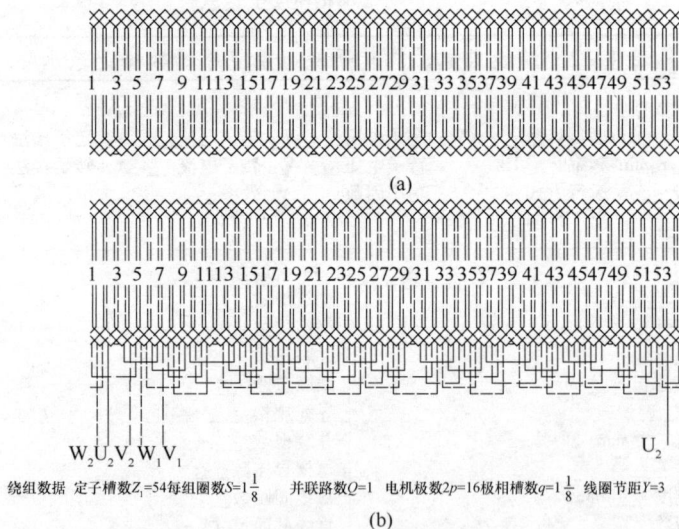

(a)

绕组数据　定子槽数 Z_1=54 每组圈数 S=1$\frac{1}{8}$　　并联路数 Q=1　电机极数 $2p$=16 极相槽数 q=1$\frac{1}{8}$　线圈节距 Y=3

(b)

图 4 - 2　16 极 54 槽双层叠式绕组展开图的画法

2. 三相交流电动机端部布线接线图的画法

(1) 以三相单层同心交叉式绕组端部布线接线图的画法(2 极 30 槽单

114

层同心交叉式绕组)为例。画一圆圈代表定子内径,在圆圈外侧均布 30 个槽形截面表示 30 个槽内的导体截面,用相等的实圆弧线将第 1 – 16、2 – 15、3 – 14、17 – 30、18 – 29 槽形截面连接起来。

(2)在大圆圈内侧按面线接面线,底线接底线的原则将 14 – 29 槽形截面用实圆弧线连接起来,自槽形截面 1 画出一引出线记为 U$_1$,槽形截面 17 画出一引出线记为 U$_2$,如图 4 – 3(a)所示。

(3)按此方法将 V 相用虚线、W 用点画线画出来,并做以标记,绘制好的端面布线接线图如图 4 – 3(b)。

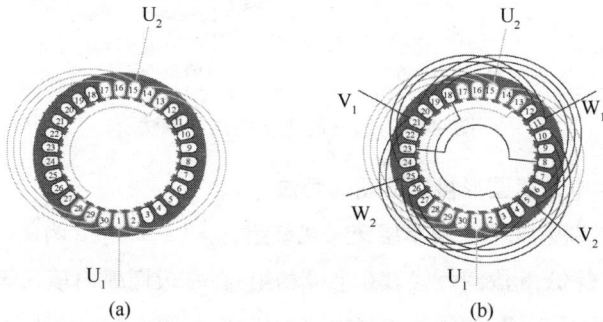

图 4 – 3 2 极 30 槽单层同心交叉式绕组布线接线图

注:交流绕组中以实线代表 U 相,点画线代表 V 相,虚线代表 W 相,
双层绕组中每槽中右侧一根为下层边。下同。

3. 三相电动机圆形简化接线图的画法

圆形简化接线图只能表示电流的方向、磁极位置和连接方法,不能表示绕组的形式和线圈位置,因此只能用于接线和故障的查找。现以 2 极 18 槽三相单层交叉式绕组为例。

(1)将一圆圈等分 6 等份,6 段圆弧代表 6 个极相组,按 U、V、W 的顺序在其内侧用圆弧箭头标注电流方向并标注序号,如图 4 – 4(a)所示。

(2)在圆弧外侧按面线接面线,底线接底线的原则将 1、4 段圆弧用实圆弧线连接起来,引出线记为 U$_1$、U$_2$。

(3)按此方法将 V 相、W 相用实圆弧线连接起来,引线分别标记为 V$_1$、V$_2$、W$_1$、W$_2$,绘制成的圆形简化接线图如图 4 – 4(b)。

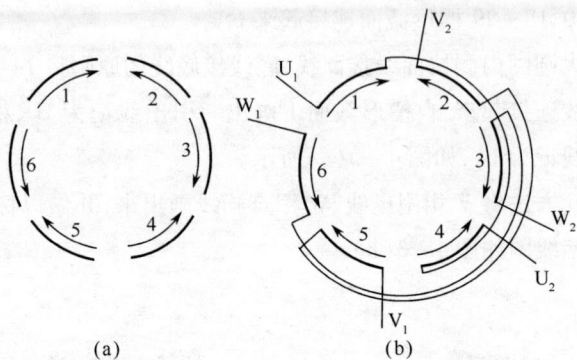

(a)　　　　　　　　(b)

图 4 – 4　圆形简化接线图的画法

4. 三相电动机圆形接线草图的画法

（1）以 2 极 18 槽三相单层交叉式绕组，$y = 1 - 9, 1 - 8$ 为例。将一同心圆环等分 6 等份，6 段圆弧代表 6 个极相组，在每段圆弧内填入该极相组下的槽号，并按 U、V、W 的顺序在其内填入相别，如图 4 – 5(a) 所示。

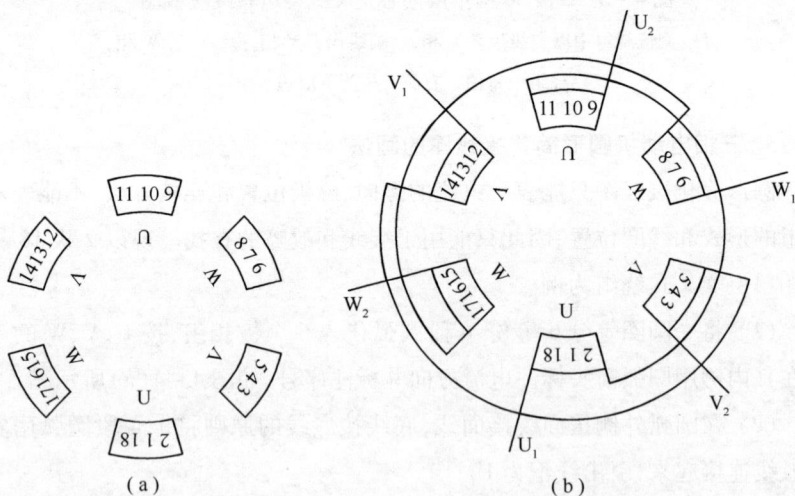

（a）　　　　　　　　（b）

图 4 – 5　2 极 18 槽单层交叉式绕组圆形接线草图的画法

116

（2）在圆弧外侧按面线接面线，底线接底线的原则将 U 相圆弧用实圆弧线连接起来，引出线记为 U_1、U_2。

（3）按此方法将 V 相、W 相用实圆弧线连接起来，引线分别标记为 V_1、V_2、W_1、W_2，绘制成的圆形简化接线图如图 4-5(b)所示。

注意事项：

（1）绕组圆形简化接线草图用于交流电动机绕组，由于没有线圈存在，使用时更加直观、便利。

（2）使用时应该注意，圆弧内的数字为极相组槽号，嵌线时可与绕组相关数据配合使用。

（3）单双层混合绕组、双层绕组每极相组下的槽号为下层线圈元件边所在槽号。

5. 三相电动机平展式简化接线图画法

（1）以 2 极 24 槽三相单层同心式绕组为例。在演算纸上按等距绘制 6 个小方块，6 个方块代表 6 个线圈组，按 U、V、W 的顺序在其上侧用箭头标注电流方向并标注极相组序号，如图 4-6(a)。

（2）在方块下侧按面线接面线，底线接底线的原则将 U 相圆弧用实线连接起来，引出线记为 U_1、U_2。

（3）按此方法将 V 相、W 相用实圆弧线连接起来，引线分别标记为 V_1、V_2、W_1、W_2，绘制成的圆形简化接线图如图 4-6(b)所示。

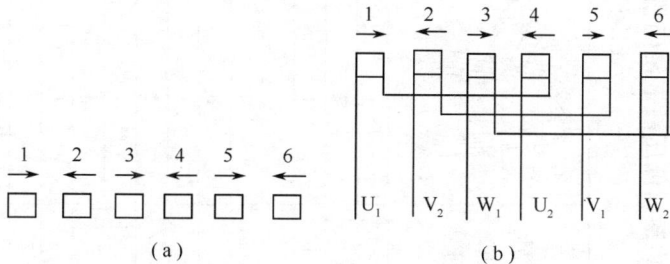

（a）　　　　　　　　（b）

图 4-6　平展式简化接线图的画法

4.1.3 绝缘材料的选择

1. Y 系列低压散嵌绕组绝缘常用典型结构形式（表 4-3）

表 4-3　Y 系列低压散嵌绕组槽绝缘常用典型结构形式

耐热等级	结构方案标号		绝缘材料名称	型号	层数	每层厚度/mm	总厚度/mm	电压等级/V
E	a	1	聚酯薄膜绝缘纸复合箔	6520	1	0.25	0.4	380
		2	油性玻璃漆布	2412	1	0.15		
	b	1	聚酯薄膜绝缘纸复合箔	6520	1	0.25~0.35	0.35	
B	a	1	醇酯玻璃漆布	2432	1	0.15	0.45	
		2	醇酸柔软云母板	5133	1	0.15		
		3	醇酸玻璃漆布	2432	1	0.15		
	b	1	聚酯薄膜玻璃漆布复合箔	6530	1	0.2	0.35	
		2	醇酸玻璃漆布	2432	1	0.15		
	c	1	聚酯薄膜聚酯纤维复合箔	DMD	1	0.25	0.4	
		2	醇酸玻璃漆布	2432	1	0.15		
	d	1	聚酯薄膜聚酯纤维纸复合箔	DMD	1	0.25~0.35		380
F	a	1	聚酯薄膜聚酯纤维纸复合箔	NMN	2	0.25	0.5	660
	b	1	F 级聚酯薄膜聚酯纤维纸复合箔	F 级 DMD	1	0.35	0.35	380

（续）

耐热等级	结构方案标号		绝缘材料名称	型号	层数	每层厚度/mm	总厚度/mm	电压等级/V
H	a	1	有机硅玻璃漆布	2450	1	0.15	0.5	1140
		2	有机硅柔软云母板	5150	1	0.15		
		3	聚酯亚胺薄膜		1	0.05		
		4	有机硅玻璃漆布	2450	1	0.15		
	b	1	有机硅玻璃漆布	2450	1	0.15	0.45	
		2	聚酯亚胺薄膜		3	0.05		
		3	有机硅玻璃漆布	2450	1	0.15		
	c	1	聚酯亚胺薄膜芳香胺聚酰胺纤维纸复合箔	NHN	2	0.25	0.5	
C	a	1	聚酰亚胺玻璃漆布		1	0.15	0.25	380
		2	聚酯亚胺薄膜		2	0.05		

2. Y2 系列低压散嵌定子绕组下级绝缘规范

表 4-4 Y2 系列低压散嵌定子绕组 F 级绝缘规范

绝缘名称	材料名称	规格	层数	使用范围（中心高/mm）	备注
电磁线	QZY-2/180聚酯亚胺漆包圆铜线			63以上	长度比槽绝缘短4~6mm
	QZ(G)-2/155改性聚酯漆包扁铜线			63~280	
槽楔	环氧酚醛层压玻璃布板3240	1		63~71	
	聚酯纤维引拔槽楔3830-U	2		80~280	
		3		315~355	
槽绝缘	聚芳酰胺、聚芳砜	0.2	1	63~71	伸出铁芯长度 / 5mm
		0.25		80~112	7mm
	聚酯薄膜聚酯纤维非织布柔软合材料	0.3	1	132~160	10mm
		0.35		180~280	12mm
		0.4		315~355	15mm
层间绝缘	与槽绝缘相同				
相间绝缘	与槽绝缘相同				
鼻端包扎绝缘	R型柔软夹纱聚酯绑扎带	0.15×15	半叠1	63~160	也可用玻璃纤维绑扎带或套管
	BE型聚酯纤维扎带	0.15×15	半叠1	180~355	
引出线接头	聚氨酯玻璃纤维漆管				先用聚酯薄膜黏带包一层
绝缘浸渍漆	1140-U型不饱和聚酯无溶剂浸渍树脂			63~280	浸一遍
	1140-E型环氧无溶剂浸渍树脂			315~355	浸二遍

3. YR 系列低压散嵌转子绕组 B 级绝缘规范（表 4 – 5）

表 4 – 5　YR 系列低压散嵌转子绕组 B 级绝缘规范

绝缘名称	材料名称	规格	层数	使用范围（中心高/mm）	
				YR（IP44）	YR（IP23）
电磁线	QZ – 2 高强度聚酯漆包圆铜线			132～280	160
	QZB 高强度聚酯漆包扁铜线			200～280	180～280
槽楔	环氧玻璃布板	2		132～280	160～225
	环氧玻璃布板	2			250～280
槽绝缘	DMDM、DMD + M	0.35		132～160	160～280
	或 DMD + DMD	0.4		180～280	160～280
层间绝缘	DMDM、DMD + M	0.35		132～160	160～280
	或 DMD + DMD	0.4		180～280	160
	环氧玻璃布板	1.5		200～280	180～280
槽底绝缘	环氧玻璃布板	0.3		200～280	
		0.5			180～280
支架绝缘	DMD 宽度比支撑面宽 3～5mm	0.3	三层	132～280	160～280
	无碱玻璃丝带	0.1×25	扎紧		
相间绝缘	DMD	0.3	三层	132～280	160
	醇酸玻璃漆布带	0.15×25	半叠 2	200～280	180～280
鼻端匝间加强	醇酸玻璃漆布带包至斜边1/3处	0.15×25	半叠 1	200～280	180～280
鼻端包扎绝缘	醇酸玻璃漆布带包至斜边1/3处	0.15×25	半叠 1	200～280	180～280
绝缘垫块	绝缘纸板	1.5 或 2		200～280	180～280
端部打箍	聚酯型无纬带	0.17×25		132～280	160～280
引出电缆	JBQ 型丁腈橡胶电缆			132～280	160～280
相间连接线	相与相间用绝缘套管 在连接线内外圈处醇酸玻璃漆布带			200～280	180～280
中点连接环	醇酸玻璃漆布带		半叠 2	132～280	160～280
引出线接头	醇酸玻璃漆布带		半叠 2	132～280	160～280

绝缘名称	材料名称	规格	层数	使用范围（中心高/mm）	
				YR（IP44）	YR（IP23）
绑扎线	无碱玻璃丝套管	Φ6		132～280	160～280
集电环	酚醛玻璃纤维压塑料			132～280	160～280
绝缘浸渍漆	1032 沉浸二次或 B、F 通用无溶剂漆			132～280	160～280
引出线套管	醇酸玻璃漆管			132～280	160～280

4. 低压散嵌转子绕组 F、H 级绝缘规范（表 4-6）

表 4-6　低压散嵌转子绕组 F、H 级绝缘规范

绝缘部位	F 级绝缘结构	H 级绝缘结构
槽绝缘	F 级 DMCF1 复合绝缘纸加一层聚酰亚胺薄膜	聚酰亚胺薄膜一层（0.05mm）；聚酰亚胺薄膜与聚砜纤维纸一层（0.35mm）
相间、层间		
槽楔	环氧酚醛玻璃布板	双马来聚酰亚胺层压板或二苯醚玻璃层压板
引出电缆	JFEH 乙丙橡胶线	硅橡胶电缆或改性硅橡胶电缆
转子绑扎带	环氧无纬绑扎带	单或双层马来无纬带
套管	2751 硅橡胶玻璃管	硅橡胶玻璃丝套管或定绞玻璃丝套管
插入式绕包	聚酰亚胺薄膜上胶带或双马来聚酰亚胺黏合剂涂在聚酰亚胺薄膜上	

4.1.4　线圈制作

1. 线模制作

1）单层腰圆形端部绕组线模制作

以下所用字母说明：Z_1，定子槽数；D_{i1}，定子内径；h_s，定子槽高；b_{01}，槽口宽度；N，并绕根数；d，导线直径；多根导线并绕时，Nd^2 就是截面积平方和；r，梨形槽底部半径。

（1）尺寸计算：

每极槽数
$$Z_{p1} = \frac{Z_1}{2p}$$

线圈节距　$\tau_{yi} = \frac{\pi(D_{i1} + h_s)}{2p} \cdot \frac{y_i}{Z_{p1}}$ （$i = 1, 2, 3, \cdots$，下同）

线圈端部长 $\qquad l_{di} = K\tau_{yi}$

式中:K 为经验系数,查表 4 – 7。

线模宽度 $\quad \tau_{pi} = \sqrt{\left(\dfrac{D_{i1} + h_s}{2}\right)^2 + \left(\dfrac{D_{i1}}{2}\right)^2 - 2\dfrac{D_{i1} + h_s}{2} \times \dfrac{D_{i1}}{2}\cos\theta_i} - b_{01}$

式中:$\theta = 2\pi y_i / Z_1$。

线模心高度 $\qquad h_b = 1.05\sqrt{N}d$

模厚 $\qquad b = \dfrac{Nd^2}{h_b}$

线模端部高度 $\qquad h'_i = \sqrt{\dfrac{3}{16}(l_{di}^2 - (\tau_{pi} + h_b)^2)}$

线模端部高度 $\qquad h''_i = h'_i - 0.5h_b$

线模总长 $\qquad L_i = l + 2h''_i$

线圈端部圆弧半径 $\qquad R_i = 0.5h''_i + \dfrac{\tau_{pi}^2}{8h''_i}$

表 4 – 7　经验数据 K 值

极数	2	4	所有
绕组形式	同心	交叉	链式
节距	1 – 12 2 – 11	2(1 – 9) 1 – 8	1 – 6
K 值	1.16	1.2	1.2

同心线模模心尺寸标注如图 4 – 7 所示。

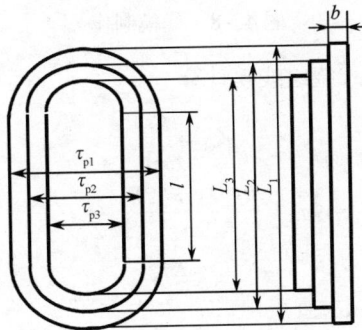

图 4 – 7　同心线模模心尺寸标注

123

(2) 线模制作(图4-8)：

① 先将木板刨平,厚度按模厚 b。在木板中心取点 O,长度方向作直线并两侧截取 $L_i/2$ 得 A_1、A_2 点;自 A_1、A_2 点向内分别量取 R_i,得 O_1、O_2,以 O_1、O_2 为圆心作圆弧;自 O 点两侧沿长度方向作直线,使其与中心线距离为 $\tau_{pi}/2$,这两条直线将与圆弧相交,得交点 B_1、C_1、B_2、C_2,如图4-8(a)所示。

② 用木锯按 C_1、A_1、B_1、B_2、A_2、C_2 锯掉多余木料(留有加工余量,待锯开后核对尺寸,用木锉锉去多余部分),并在中心点 O 钻 $\Phi20$ 孔,最后在 O 点附近将模型锯为两半,模芯制作就完成了。

③ 夹板的制作过程与此相同,尺寸按模芯尺寸各边加 h_b,不要锯开。出线、过线槽要在同一侧。

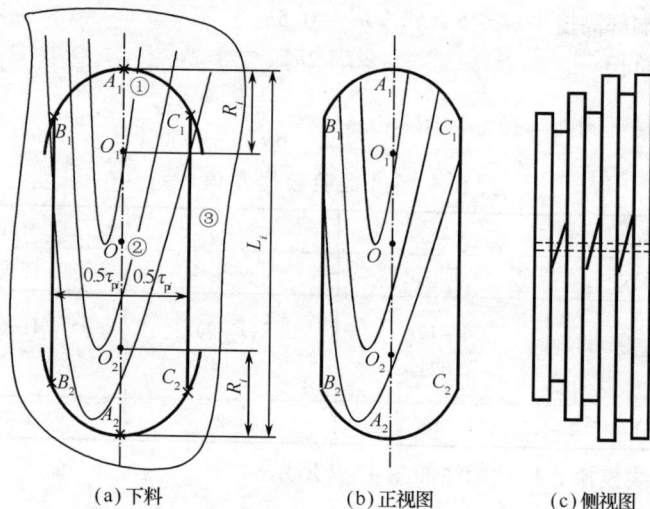

(a)下料   (b)正视图   (c)侧视图

图4-8 线模制作

2)三相单层交叉式绕组线模计算

每极槽数
$$Z_{p1} = \frac{Z_1}{2p}$$

线圈节距
$$\tau_y = \frac{\pi(D_{i1} + h_s)}{2p} \cdot \frac{y}{Z_{p1}}$$

线圈端部长
$$l_d = K\tau_y$$

式中：K 为经验系数,查表4-7。

线模宽度
$$\tau_p = \sqrt{\left(\frac{D_{i1} + h_s}{2}\right)^2 + \left(\frac{D_{i1}}{2}\right)^2 - 2\frac{D_{i1} + h_s}{2} \times \frac{D_{i1}}{2}\cos\theta} - b_{01}$$

124

式中：$\theta = 2\pi y / Z_1$。

线模芯高度 $\qquad\qquad h_b = 1.05 \sqrt{Nd}$

模厚 $\qquad\qquad\qquad b = \dfrac{Nd^2}{h_b}$

线模端部高度 $\qquad h' = \sqrt{\dfrac{3}{16}(l_d^2 - (\tau_p + h_b)^2)}$

线模端部高度 $\qquad h'' = h - 0.5h_b$

线模总长 $\qquad\qquad L = l + 2h''$

式中：l 为线圈直线长，等于铁芯有效长与端部直线长之和。

链式线模模芯尺寸标注如图 4 - 9 所示。

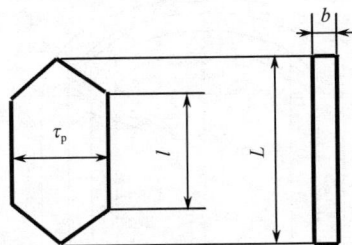

图 4 - 9　链式线模模芯尺寸标注

3）单双层混合绕组线模制作

（1）尺寸计算：

每极槽数 $\qquad\qquad Z_{p1} = \dfrac{Z_1}{2p}$

线圈节距 $\qquad\qquad \tau_{yi} = \dfrac{\pi(D_{i1} + h_s)}{2p} \cdot \dfrac{y_i}{Z_{p1}}$

$\qquad\qquad\qquad\qquad (i = 1,2,3,4)$

线模芯高度 $\qquad\qquad h_b = 1.05 \sqrt{Nd}$

模厚 $\qquad\qquad\qquad b = \dfrac{Nd^2}{h_b}$

齿宽 $\qquad\qquad\qquad b_{r1} = \dfrac{\pi(D_{i1} + h_s - r)}{Z_1} - 2r$

端部直线夹角 $\qquad \sin\alpha = \dfrac{b_{s1} + 2r}{b_{s1} + 2r + 2b_{r1}}$

$\qquad\qquad\qquad\qquad \alpha = \arcsin\alpha$

125

直线长
$$L = l + 40$$

（2）作图确定其他尺寸：

如图 4 - 10 所示，在横轴上截取 $1/2\tau_{y1}$、$1/2\tau_{y2}$、$1/2\tau_{y3}$、$1/2\tau_{y4}$ 各点，分别表示为 B_1、2、3、4、5、6、7、8，以 B_1 为始点，向纵轴作角 α 交纵轴于 C 点，得直线 B_1C 并量取其长度；在纵轴上取点 O，以 OB_1 为半径作弧 B_1D_1，使 $B_1D_1 = 2B_1C$，此时

$$R_2 = OB_1 - 2 \times 1.25 \times r = 178 \quad （单层线圈）$$
$$R_3 = R_2 - 2 \times 1.15 \times r = 160 \quad （双层线圈）$$
$$R_4 = R_3 - 2 \times 1.15 \times r = 142 \quad （双层线圈）$$

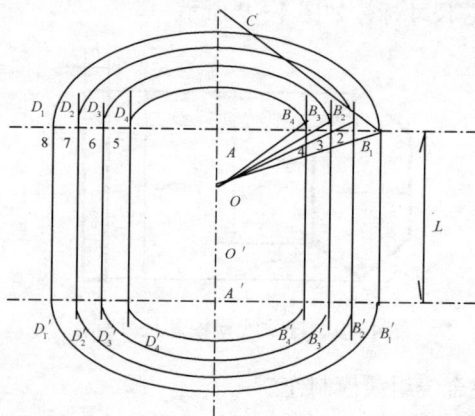

图 4 - 10　单双混合线圈模芯尺寸的确定

再以 O 为圆心，以 R_2、R_3、R_4 为半径分别作弧，各圆弧与相应的线圈的直线边的交点为 B_2、D_2、B_3、D_3、B_4、D_4，同样地在纵轴上量取线段 $AA' = L$，取 $A'O' = AO$，以 O' 为圆心，以 OB_1、R_2、R_3、R_4 为半径作圆弧，与对应直线的交点为 B_1'、D_1'、B_2'、D_2'、B_3'、D_3'、B_4'、D_4'，这样 $B_1D_1D_1'B_1'$、$B_2D_2D_2'B_2'$、$B_3D_3D_3'B_3'$、$B_4D_4D_4'B_4'$ 所构成的图形即为对应模芯的图形。量取各圆弧、线段的长度即得模芯各尺寸。

4）双层叠式绕组线模计算

每极槽数
$$Z_{p1} = \frac{Z_1}{2p}$$

节距系数
$$\beta = \frac{y}{Z_{p1}}$$

126

线圈跨距 $\qquad \tau_y = \dfrac{\pi(D_{i1}+h_s)\beta}{2p} \cdot \dfrac{y}{Z_{p1}} - \dfrac{2}{3}h_s$

端部直线夹角 $\qquad \sin\alpha = \dfrac{b_{s1}+2r}{b_{s1}+2r+2b_{r1}}$

$$\alpha = \arcsin\alpha$$

直线长 $\qquad L = l + 40$

模心其他尺寸确定如图 4 – 11 所示,在水平方向作线段 $AB = \tau_y$,由 A、B 向下作两条线段,使其长度等于线圈直线长 L、以两条线段的端点为起点作射线 4 条,使其与线段内侧夹角为 $90° + \alpha$,该射线在两线段内侧共得交点两个,将射线交点以外的部分擦掉,即得模芯图,量取各段长度即得模芯各尺寸。

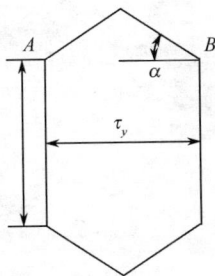

图 4 – 11　双叠绕组模芯尺寸的确定

2. 线圈制作

1) 绕制线圈

(1) 根据线圈尺寸,调整万用绕线模尺寸,如图 4 – 12 所示。

(2) 将模芯固定在支架上。

(3) 将线模固定在绕线机上,在导线上插入蜡管(数量由桥线数确定)。

(4) 计数器归零。

(5) 将线头绑在丝杠上。

(6) 然后按记录数据先绕制一把线圈。

(7) 绕完绑牢。

(8) 导线进入第二个模芯,继续绕制,重复上述方法将一组线圈绕完,取下线圈将绑线绑扎牢固。如果需要连绕,可预留半圈作为跨线,移过一个蜡管,并将线圈绑牢挂在线模上按同样的方法继续绕制,直至绕完本相所有线圈。

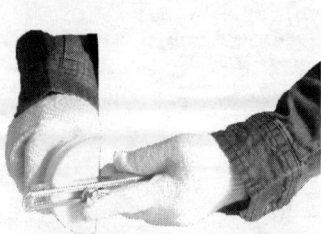

第1步

第2步

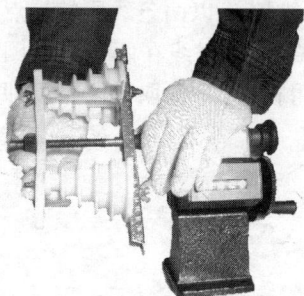

第3步

第4步

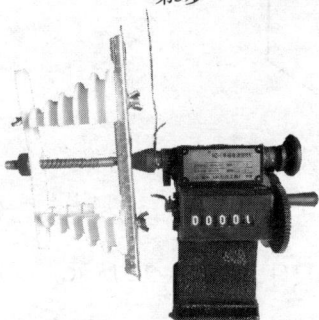

第5步

第6步

第7步

第8步

图 4 – 12　绕制线圈

2）翻线圈

翻把是把偶数线圈组起末头颠倒,达到改变电流方向的目的。方法是将其中一组线圈拿起来,平面翻转180°,使其起末头颠倒,如图4-13所示。

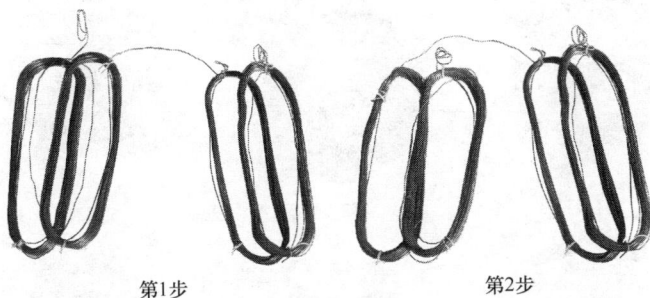

第1步　　　　　　　　　　　　第2步

图4-13　翻线圈

4.1.5　嵌线

1. 嵌线步骤(参照2极30槽单层同心交叉式绕组布线接线图)(图4-14)

(1)取第一组线圈的小圈扭一下,将带沉边嵌入2槽,折回槽绝缘,打入槽楔,另一边暂不嵌入13槽。

(2)将大圈扭一下,将沉边嵌入1槽,折回槽绝缘,打入槽楔,另一边暂不嵌入14槽。

(3)空3槽30、29、28将第二组线圈的小圈沉边嵌入27槽内,另一边暂不嵌入8槽。

(4)将中圈的沉边嵌入26槽内,另一边暂不嵌入9槽。

(5)将大圈的沉边嵌入25槽内,另一边暂不嵌入10槽。

(6)空2槽24、23将第三组线圈的小圈沉边嵌入22槽内,这时由于2槽内已有线圈,直接将浮边嵌入3槽。

(7)同样的将第三组的大圈沉边嵌入21槽,浮边嵌入4槽。

(8)将吊把用布带吊起。以后按嵌2槽空3槽,嵌3槽空2槽的方法继续嵌线,最后将吊把对应嵌入槽内。

2. 端部相间绝缘

先将绝缘纸剪成半月状,然后仔细辨清极相组逐个分别插入绝缘纸,插时必须将绝缘纸塞到槽绝缘处,并与之吻合。最后修剪相间绝缘纸,使绝缘纸边高出线圈3~5mm,如图4-15所示。

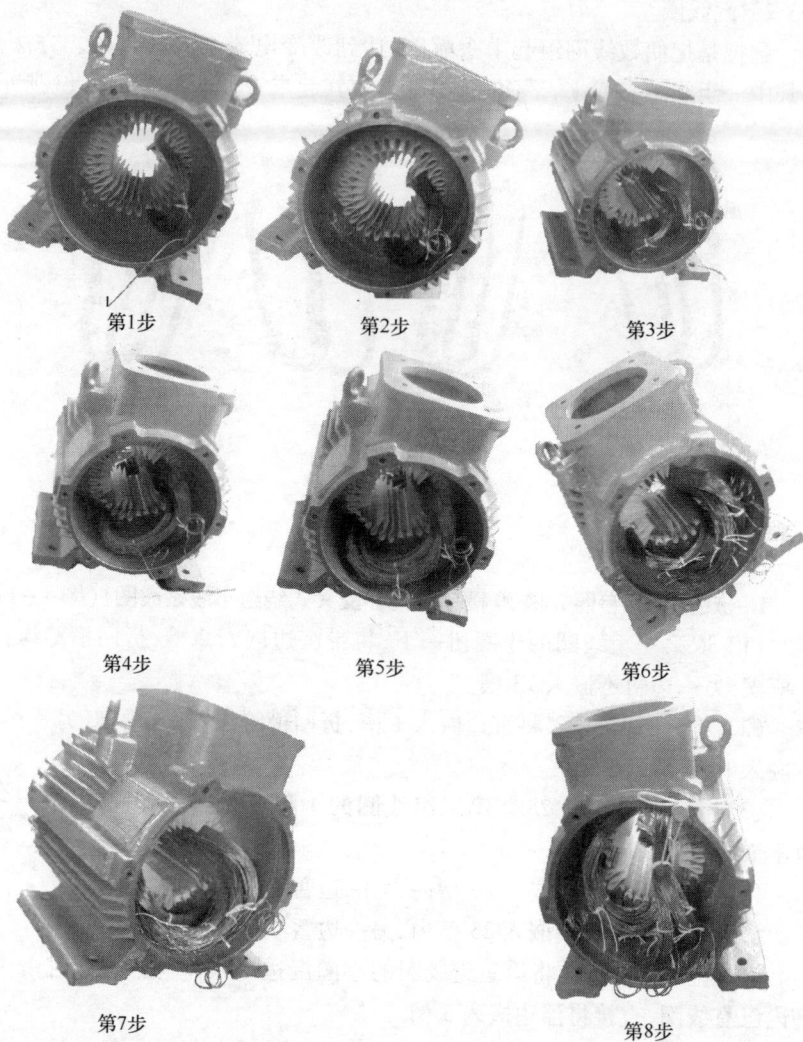

第1步　　　　　　　第2步　　　　　　　第3步

第4步　　　　　　　第5步　　　　　　　第6步

第7步　　　　　　　　　　　　　第8步

图 4 – 14　嵌线步骤

3. 端部造型

如图 4 – 16 所示，一手持橡皮锤，一手拿圆木棒压线端部，用锤敲打木棒，使端部造成一个喇叭口。喇叭口大小要适当，太大会碰机壳，影响绝缘性能，太小会影响通风或转子放不进膛内。造型完毕，把转子放进膛内试一下，观察线圈不碰及转子即可。

130

图 4 - 15　垫入相间纸　　　　　　图 4 - 16　端部造型

4. 绝缘测试

用 2500V 兆欧表测量每极相组对机壳绝缘电阻在 $500M\Omega$ 以上。

5. 端部包扎

对于极少数功率较大的电动机,应按绝缘规范进行端部包扎。

6. 注意事项

(1) 注意槽内绝缘是否偏向一侧,及时纠正复位,防止铁芯露出与导线相碰,产生接地故障。

(2) 嵌入线圈时,两端应与原长度一致,切不可一头长,一头短。

(3) 嵌入线圈时,用力要适当,以免损坏槽绝缘。

(4) 保证同一极相组内的同一侧线圈边具有相同的电流方向。

(5) 整形后应试装端盖,如果线圈碰盖应重新整形。

7. 质量检验

(1) 铁芯清理干净,齿压板完整,无开焊和脱落。

(2) 加强绝缘包扎紧密,全包时,要求绝缘带的完头应包入槽绝缘内部;半包时,要求绝缘带的首尾端排列整齐一致。

(3) 线圈在槽内节距正确,两端伸出铁芯长度相等偏差小于 3mm ;喇叭口成型正确,其内圆大于铁芯内圆表面;其外圆小于铁芯外圆。

(4) 槽绝缘伸出铁芯 6 ~ 15mm,两端伸出长度相等;槽绝缘的封闭,必须将重叠部分压紧,不许露出槽口;端部相间绝缘应整齐、牢固,比线圈端部长出 2 ~ 3mm,并修剪光滑。相间绝缘内部应与槽绝缘靠齐,且与层间绝缘重叠。

（5）电源引出线长度合适,电缆规格正确,接头焊接牢固,标志正确、字迹清晰。

（6）接线正确,出线端板、绝缘子、线夹要完备,固定可靠。

（7）线圈之间的焊接头无毛刺和氧化物,多根并绕的连线,焊接要牢固。

（8）电气试验合格。

4.1.6 接线

1. 单速电动机的接线方法选择

接线就是把每个线圈元件按分配规律接成极相组,然后把属于同相的串、并、混联接成相绕组,再把三相绕组接成三相电动机接线丫、△、人形式,最后将三相6根（9根、12根）引出线接在出线盒的接线板上。在接线时,要考虑引线的位置尽量靠近出线口。

在电磁关系上三相绕组有时可能有多种接法,但在实际工作中考虑多方面因素,受到很多限制,例如4极24槽绕组,在定子绕组中,可按图4－17、图4－18等多种接线方法;而在绕线转子中,考虑平衡和滑环的位置问题,应按图4－19接线。

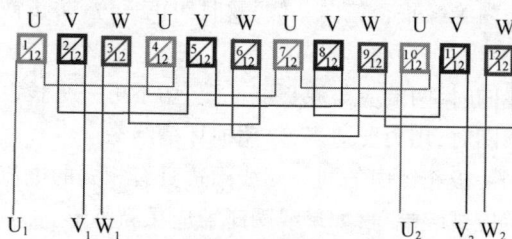

图 4－17　4极24槽平展式接线图之一

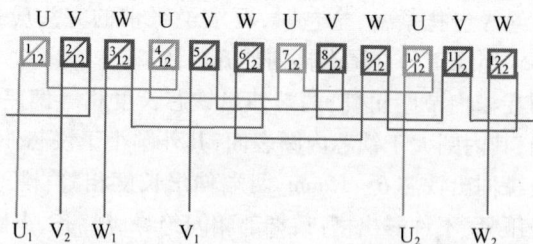

图 4－18　4极24槽平展式接线图之二

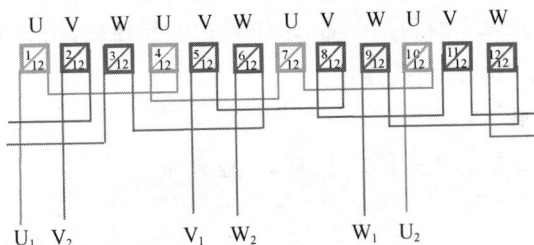

图 4-19　4 极 24 槽平展式接线图之三

2. 连接方法

（1）圆-圆导线的锡钎焊接方法如图 4-20 所示。对于引线直径在 $\phi1.35mm$ 及以下并有 2 根及以下并绕，以及引出线截面在 $8mm^2$ 及以下者采用本例的并绞连接；对于引线直径在 $\phi1.5mm$ 及以上并有 4 根及以上并绕，以及引出线截面在 $16mm^2$ 及以上或扁铜线者，采用辅助绑扎连接。

图 4-20　圆-圆导线的锡钎焊接方式

（2）圆电磁线与引出线的锡钎焊接方法如图 4-21 所示。

① 对于引线直径在 $\phi1.35mm$ 及以下并有 2 根及以下并绕，以及引出线截面在 $8mm^2$ 及以下者采用并绞连接。

② 对于引线直径在 $\phi1.5mm$ 及以下并有 4 根及以上并绕，以及引出线截面在 $16mm^2$ 及以下者采用对绞连接。

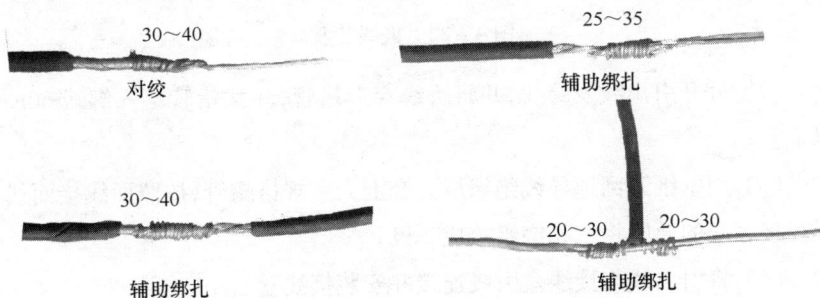

图 4-21　圆电磁线与引出线的连接

133

③ 对于引线直径在 $\phi1.5mm$ 及以上并有 4 根及以上并绕,以及引出线截面在 $16mm^2$ 及以上或扁铜线者,采用辅助绑扎连接,当引出线截面积大于 $25mm^2$ 时,要分两端绑扎连接。

3. 接线步骤

(1) 找出每极相组起末头,如图 4-22 所示。

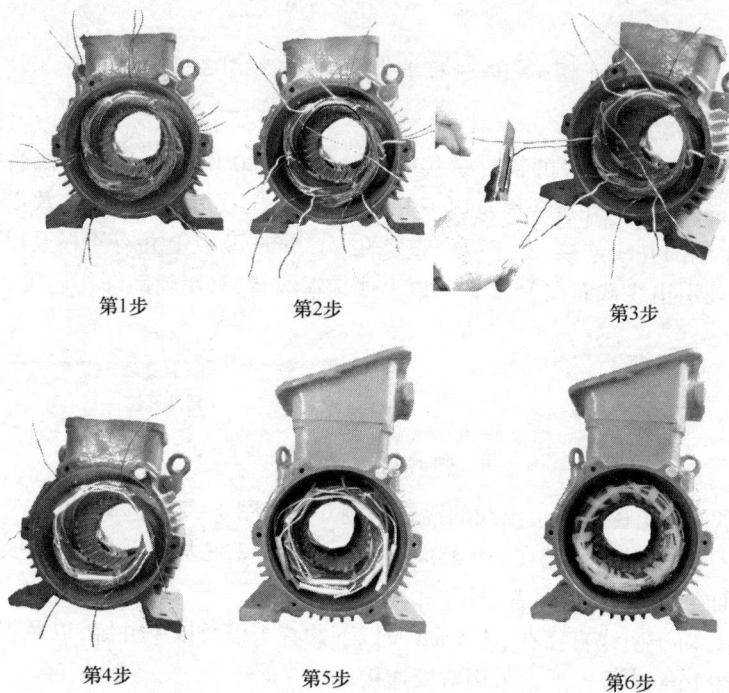

第1步   第2步   第3步

第4步   第5步   第6步

图 4-22　嵌线步骤

(2) 分开引出线及跨线,并将跨线穿上蜡管,注意蜡管穿入绑线 30mm 以上。

(3) 用壁纸刀刮掉导线绝缘层。套上大一规格蜡管,按照面线接面线、底线接底线的原则将三相绕组接成 2 极。

(4) 将引出线与接线盒引线连接并安装接线盒。

(5) 整理端部,用绑扎带将端部绑扎好。

4.1.7 浸漆与干燥

1. 电动机常用浸漆工艺如表4-8所列。

表4-8 各种电动机常用浸漆工艺

序号	工序	Y系列低压电动机 B级绝缘(浸5151-1漆) 温度/℃	时间/h	绝缘电阻/MΩ	Y2系列低压电动机 F级绝缘(浸9101-1漆) 温度/℃	时间/h	绝缘电阻/MΩ
1	预热	130±5	6		120±5	5~7(80~160) 9~11(180~)	>50 >15
2	第一次浸漆	50~60	>120min		30~40	>15min	
3	滴干	室温	>30min		室温	>30min	
4	第一次烘干	130±5	6		150±5	6~8(80~160) 14~16(180~)	>10 >2
5	第二次浸漆	50~60	>15min		30~40	10~15min	
6	滴干	室温	>30min		室温	>30min	
7	第二次烘干	130±5	12		150±5	8~10(80~160) 16~18(180~)	>1.5 >1.5
8	表面喷漆	50~90	3~4		8341漆 50~90		
9	烘干	室温 80±5 120±5	1~2 3~4		150	1	
10	第二次喷漆				同第一次		
11	烘干						

（续）

序号	工序	磁极线圈（浸1053漆）H级绝缘			小型直流电机 F级绝缘（浸319—2漆）		
		温度/℃	时间/h	绝缘电阻/MΩ	温度/℃	时间/h	绝缘电阻/MΩ
1	预热	130±5	8~10	>10	130±5	8	>20
2	第一次浸漆	50~70	>20min		50~60	>30min	
3	滴干	室温	>40min		室温	>1	
4	第一次烘干	200±5	3~4		150	4	
5	第二次浸漆	50~70	>40min		50~60	>30min	
6	滴干	室温	>50min		室温	>30min	
7	第二次烘干	130±5	12~14	>10	130±5	8~10	>5
8	表面喷漆	喷1350烘焙					
9	烘干				同第一次		
10	第二次喷漆						
11	烘干						
12	漆的稠度				第一次30~60st(20℃)		

2. 小型电动机滴浸工艺

（1）预烘：将电动机送入干燥箱，70~80℃预烘。

（2）滴漆：将电动机放在滴漆装置是，手拿漆桶沿绕组端部均匀滴漆，待到上端部有漆流出时，停止滴漆，换到另一端重新滴漆，如图4-23所示。

（3）胶化：将电枢放置烘箱水平位置，逐渐升温到120~130℃，胶化时间为30min，如图4-24所示。

（4）后处理：继续升温至140℃（F级绝缘）或120℃（B级绝缘），以使漆膜较好固化。

图4-23　滴漆装置　　　　图4-24　烘箱装置

4.2　嵌线范例

4.2.1　单层绕组嵌线

1. 三相单层链式绕组（6极18槽1路）

1）三相单层链式绕组端部布线接线图的画法

（1）先计算出极相槽数 $q=1$，由于极距（槽数）$\tau=\dfrac{Z_1}{2p}=1$，属于庶极接法，因此 $y=1-4$，在纸的同心圆上按极相槽数1的原则画18个槽形截面代表18个槽内导体，将最下边槽作为1槽，并作为U相的起始槽，按 $y=1-4$ 原则，将 $1-4$、$7-10$、$13-16$ 槽端部用圆弧连接起来。

（2）按面线接底线，底线接面线的原则，将三极相组接成6极，引线标记为 U_1、U_2，如图4-25（a）所示。

（3）按此方法将其他两相绕组接好，引线分别标记为 V_1、V_2，W_1、W_2，将绕组数据记录在展开图下侧，如图4-25（b）所示。

137

$$(a) \qquad\qquad (b)$$

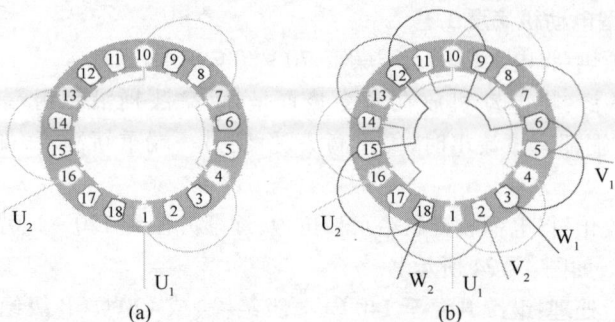

图 4-25　单层链式绕组布线接线图画法

2）三相单链绕组的嵌线（图 4-26）

（1）取第一只线圈扭一下，将沉边嵌入 1 槽，折回槽绝缘，封槽，浮边吊起。

（2）空 1 槽 18 将第二只线圈的沉边嵌入 17 槽内，这时根据节距将浮边嵌入槽 2 内。

（3）以后按空 1 槽嵌 1 槽的方法将整把线圈嵌完，最后将吊把对应嵌入槽内。

第1步　　　　　　　　　　　　　　　第2步

图 4-26　单链绕组的嵌线

2. 三相单层交叉式绕组（2 极 18 槽 1 路）

1）三相单层交叉式绕组布线接线图的画法

（1）先计算出极相槽数 $q = 3$，由于极距（槽数）$\tau = \dfrac{Z_1}{2p} = 9$，因此 $y = 2(1-9)+1-8$，在纸的同心圆上按极相槽数 3 的原则画 18 个槽形截面代

138

表18个槽内导体,将最下边槽作为1槽,并作为U相的起始槽,按节距$y = 1-8$的原则,将$1-8$槽端部用实圆弧线连接起来。

(2)按$y = 1-9$原则将$9-17$、$10-18$槽端部用圆弧连接起来。

(3)按面线接面线,底线接底线的原则,将两极相组接成2极,引线标记为U_1、U_2,如图$4-27(a)$所示。

(4)按此方法将其他两相绕组接好,引线分别标记为V_1、V_2,W_1、W_2,如图$4-27(b)$所示。

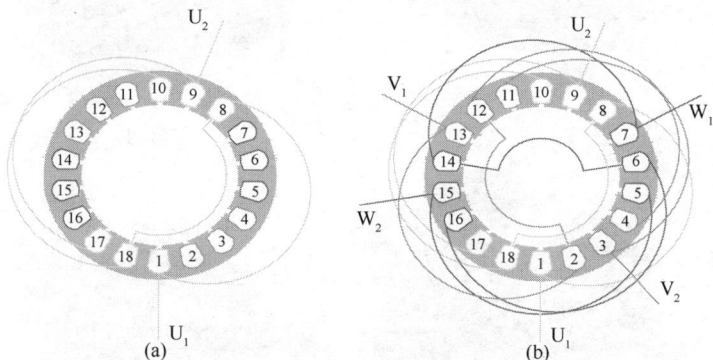

图$4-27$　单层交叉式绕组布线接线图画法

2)三相异步电动机定子交叉绕组的嵌线(图$4-28$)

(1)取第一组小线圈扭一下,沉边嵌入1槽,折回槽绝缘,封槽,浮边吊起。

(2)空2槽18、17槽,将第一组大线圈的第2把扭一下沉边嵌入16槽,折回槽绝缘,封槽,浮边吊起。

(3)将第一组大线圈第1把线圈扭一下,沉边嵌入15槽内,折回槽绝缘,封槽,浮边吊起。

(4)空1槽14,将第二组小线圈的沉边嵌入13槽内,这时根据节距将浮边嵌入槽2内,封槽。

(5)空2槽嵌入一大线圈,以后按此方法将整把线圈嵌完,最后将吊把对应嵌入槽内。

3. 三相单层同心式绕组(2极24槽2路)

1)三相单层同心式绕组布线接线图的画法

(1)先计算出极相槽数$q = 4$,由于极距(槽数)$\tau = \dfrac{Z_1}{2p} = 12$,因此$y = 1-$

12、$2-11$,在纸的同心圆上按极相槽数4的原则画24个槽形截面代表24

第1步   第2步

第3步   第4步

图 4－28　单层交叉绕组嵌线步骤

个槽内导体,将最下边槽作为 1 槽,并作为 U 相的起始槽,按 $y = 1 - 12$、$2 - 11$ 原则将 $1 - 12$、$2 - 11$ 槽端部用圆弧连接起来。

（2）同样的按节距 $y = 1 - 12$、$2 - 11$ 的原则,将 $13 - 24$、$14 - 23$ 槽端部用实圆弧线连接起来。

（3）按面线接面线,底线接底线的原则,将两极相组接成 2 极,引线标记为 U_1、U_2,如图 4－29（a）所示。

（4）按此方法将其他两相绕组接好,引线分别标记为 V_1、V_2,W_1、W_2 将绕组数据记录在展开图下侧,如图 4－29（b）所示。

2）嵌线步骤（图 4－30）

（1）取第一组线圈的小把扭一下,将沉边嵌入 2 槽,折回槽绝缘,封槽,浮边吊起。

140

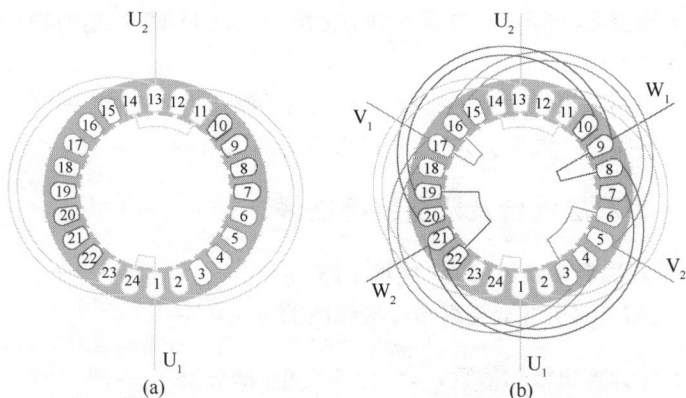

图 4 – 29   单层同心式绕组布线接线图画法

第1步

第2步

第3步

第4步

图 4 – 30   单层同心式绕组嵌线步骤

（2）将第一组线圈的大把扭一下，将沉边嵌入 1 槽，折回槽绝缘，封槽，浮边吊起。

（3）空 2 槽 24、23，同样地将第二组线圈的两个沉边嵌入 22、21 槽内，

141

封槽,浮边吊起。

（4）再空 2 槽 20、19,将第三组小把沉边嵌入 18 槽内,这时根据节距将浮边嵌入 3 槽内,封槽。

（5）将第三组的大把沉边嵌入 17 槽后,浮边嵌入 4 槽,按空二槽嵌二槽的方法将整把线圈嵌完,最后将吊把对应嵌入槽内。

4.2.2 单双层混合及双层绕组嵌线

1. 单双层混合绕组(2 极 30 槽 1 路)

1）三相单双层混合绕组布线接线图的画法

（1）先计算出极相槽数 $q=5$,由于极距(槽数)$\tau=\dfrac{Z_1}{2p}=15$,因此 $y=1-$

16、2 - 15、3 - 14,大圈为双层绕组。在纸的同心圆上按极相槽数 $q=2\dfrac{1}{2}$ 的原则画 24 个槽形截面(双层为上下两个)代表 30 个槽内导体,将最下边槽作为 1 槽,并作为 U 相的起始槽,按 $y=1-16$、$2-15$、$3-14$ 原则将 $1-16$、$2-15$、$3-14$ 槽端部用圆弧连接起来。

（2）同样地将 $16-1$、$17-30$、$18-29$ 槽端部用圆弧连接起来。

（3）按面线接面线,底线接底线的原则,将两极相组接成 2 极,引线标记为 U_1、U_2,如图 4 - 31(a)所示。

（4）按此方法将其他两相绕组接好,引线分别标记为 V_1、V_2,W_1、W_2,如图 4 - 31(b)所示。

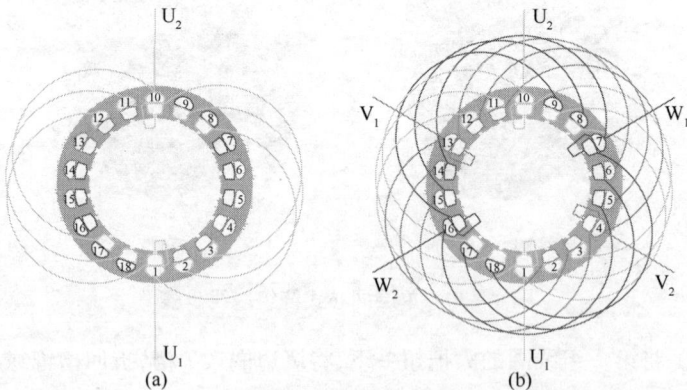

图 4 - 31　单双层混合绕组布线接线图画法

2）嵌线步骤（图 4 – 32）

（1）取第一组线圈，将小圈沉边嵌入 3 槽，折回槽绝缘，封槽，浮边吊起。

第1步　　　　　　　　第2步　　　　　　　　第3步

第4步　　　　　　　　第5步　　　　　　　　第6步

第7步　　　　　　　　第8步　　　　　　　　第9步

图 4 – 32　单双层混合嵌线步骤

（2）将本组中圈扭一下，沉边嵌入 2 槽，折回槽绝缘，封槽，浮边吊起。

（3）将本组大圈扭一下，下边嵌入 1 槽，垫入层间纸，上边吊起。

（4）空 2 槽，取第二组线圈按以上方法继续嵌线，当第三组小圈嵌完后，浮边直接嵌入 4 槽，大圈的上边吊起。

以后按空 2 槽嵌一组的规律，嵌入整把线圈，最后将吊把嵌入槽内。

2. 双层同心式绕组

1）三相双层同心式绕组展开图的画法（4 极 24 槽 1 路）

（1）先计算出极相槽数 $q = 2$，由于极距（槽数）$\tau = \dfrac{Z_1}{2p} = 6$，采用短距绕

143

组 $y = 1 - 7$、$2 - 6$，在纸的同心圆上按极相槽数 2 的原则画 24 个槽形截面代表 24 个槽内导体，将最下边槽作为 1 槽，并作为 U 相的起始槽，按 $y = 1 - 7$、$2 - 6$ 原则将 $1 - 7$、$2 - 6$ 槽端部用圆弧连接起来。

（2）同样方法连接 U 相其他 3 个极相组。

（3）按面线接面线，底线接底线的原则，将两极相组接成 4 极，引线标记为 U_1、U_2，如图 $4 - 33$（a）。

（4）按此方法将其他两相绕组接好，引线分别标记为 V_1、V_2，W_1、W_2，如图 $4 - 33$（b）所示。

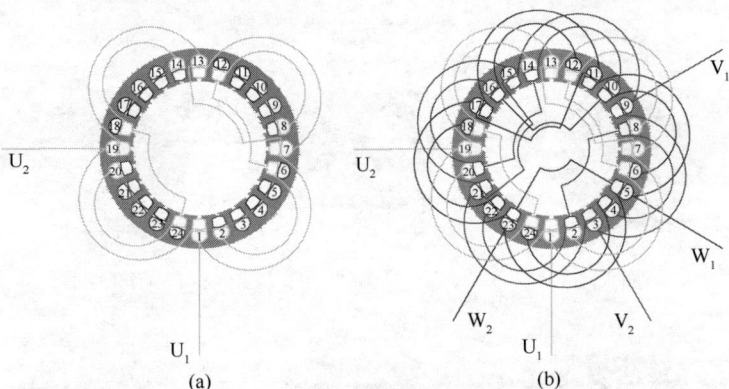

图 $4 - 33$　双层同心式绕组布线接线图画法

2）嵌线步骤（图 $4 - 34$）

（1）取第一组线圈，将第小把的下边自接线侧向非接线侧轻轻拉入 2 槽，垫入层间纸，上边吊起。

（2）将第一组大把线圈下边拉入 1 槽，垫入层间纸，上边吊起。

（3）按此方法将第二组线圈的下边嵌入 24、23 槽，垫入层间纸，上边吊起。

（4）取第三组线圈按以上方法继续嵌线，当下边嵌入 22 槽后，由于 2 槽内已有下层边，将其上层边直接嵌入 2 槽，折回槽绝缘，封槽。

（5）以后按节距嵌入整把线圈，最后将吊把嵌入槽内。

3. 双层链式绕组

1）三相双层链式绕组展开图的画法（6 极 18 槽 1 路）

（1）先计算出极相槽数 $q = 1$，由于极距（槽数）$\tau = \dfrac{Z_1}{2p} = 3$ ，因此 $y = 1 -$

144

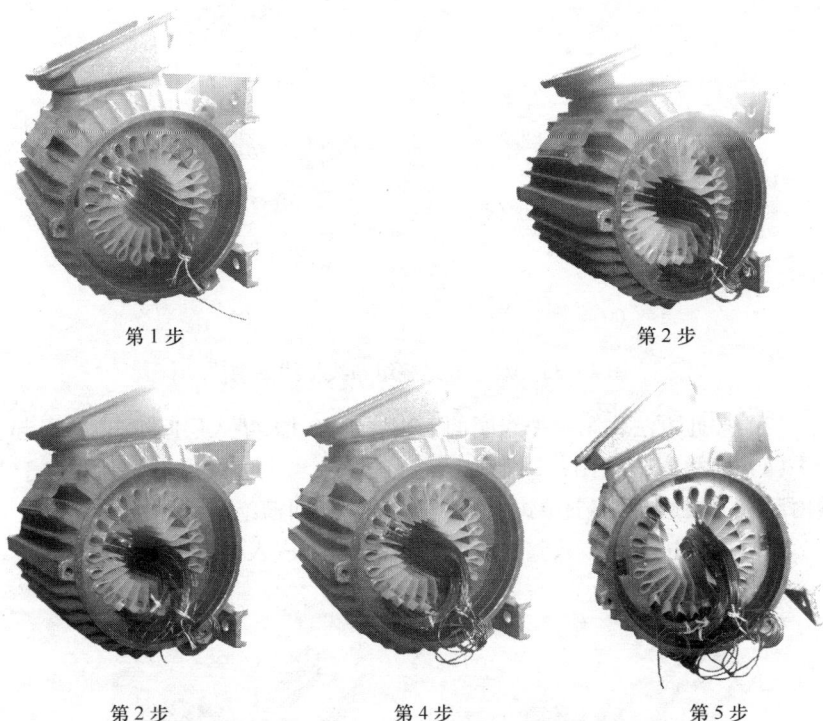

第1步 第2步

第2步 第4步 第5步

图4-34 双层同心式绕组嵌线步骤

4, 在纸的同心圆上按极相槽数 1 的原则画 24 个槽形截面代表 24 个槽内导体, 将最下边槽作为 1 槽, 并作为 U 相的起始槽, 按 $y=1-4$ 原则将 1-4 槽端部用圆弧连接起来。

（2）同样方法连接 U 相其他 5 个极相组。

（3）按面线接面线, 底线接底线的原则, 将 6 极相组接成 6 极, 引线标记为 U_1、U_2, 如图4-35(a)所示。

（4）按此方法将其他两相绕组接好, 引线分别标记为 V_1、V_2、W_1、W_2, 将绕组数据记录在展开图下侧, 如图4-35(b)所示。

2）嵌线步骤(图4-36)

（1）取第一把线圈, 将下边自接线侧向非接线侧轻轻拉入 1 槽, 垫入层间纸, 上边吊起。

（2）将第二把线圈下边拉入 18 槽, 垫入层间纸, 上边吊起。

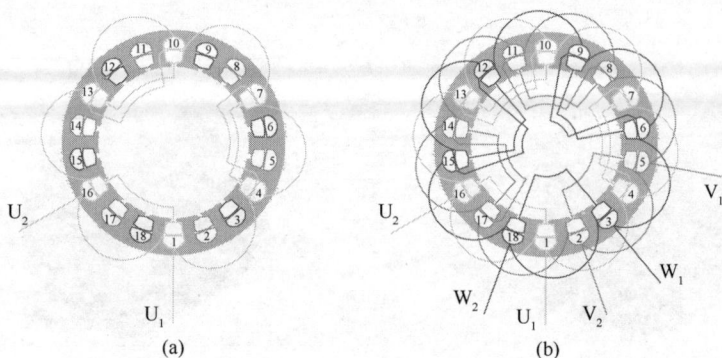

(a)   (b)

图 4 – 35　双层链式绕组布线接线图画法

（3）按此方法将第三把线圈的下边嵌入 17 槽,垫入层间纸,上边吊起。

（4）取第四把线圈按以上方法继续嵌线,当下边嵌入 16 槽后,由于 1 槽内已有下层边,将其上层边直接嵌入 1 槽,折回槽绝缘,封槽。

（5）以后按节距嵌入整把线圈,最后将吊把嵌入槽内。

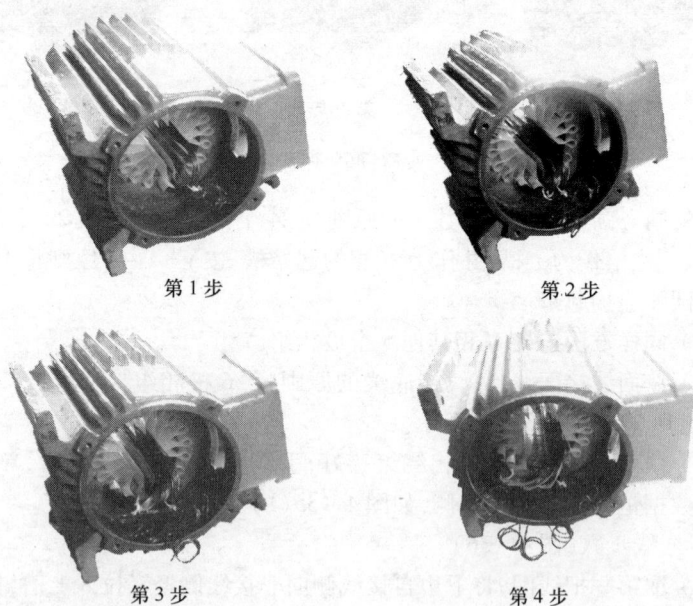

第 1 步   第 2 步

第 3 步   第 4 步

图 4 – 36　双层链式绕组嵌线步骤

4. 双层叠式绕组

1）三相双层同心式绕组布线接线图的画法（2 极 18 槽 2 路）

（1）先计算出极相槽数 $q=3$，由于极距（槽数）$\tau=\dfrac{Z_1}{2p}=9$，采用短距绕组，所以 $y=1-8$，在纸的同心圆上按极相槽数 3 的原则画 18 个槽形截面代表 18 个槽内导体，将最下边槽作为 1 槽，并作为 U 相的起始槽，按节距将 $1-8$、$2-9$、$3-10$ 槽端部用圆弧连接起来。

（2）同样将 $10-1$、$11-18$、$12-17$ 槽端部用圆弧连接起来。

（3）按面线接面线，底线接底线的原则，将两极相组接成 2 极，引线标记为 U_1、U_2，如图 4-37（a）所示。

（4）按此方法将其他两相绕组接好，引线分别标记为 V_1、V_2，W_1、W_2，将绕组数据记录在展开图下侧，如图 4-37（b）所示。

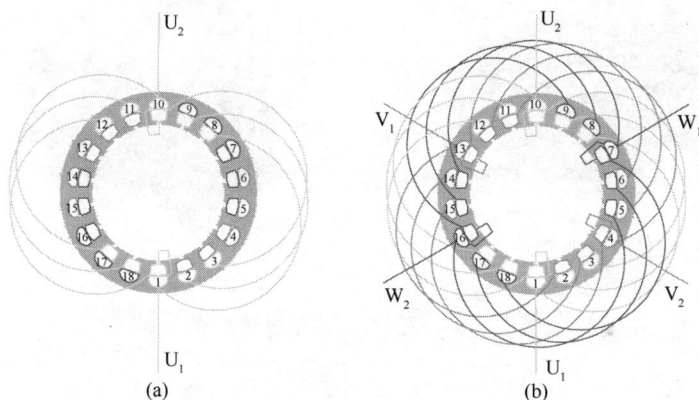

图 4-37 双层叠式绕组布线接线图画法

2）嵌线步骤（图 4-38）

（1）取第一组线圈，将第 3 把的下边自接线侧向非接线侧轻轻拉入 3 槽，垫入层间纸，上边吊起。

（2）将第一组线圈的第 2 把线圈扭一下，将下边拉入 2 槽，垫入层间纸，上边吊起。

（3）将第一组线圈的第 3 把线圈扭一下，将下边拉入 1 槽，垫入层间纸，上边吊起。

（4）按此方法继续嵌线，当第三组第 2 把线圈的下边嵌入 14 槽后，由于 3 槽内已有下层边，将其上层边直接嵌入 3 槽，折回槽绝缘，封槽。

147

（4）以后按节距嵌入整把线圈，最后将吊把嵌入槽内。

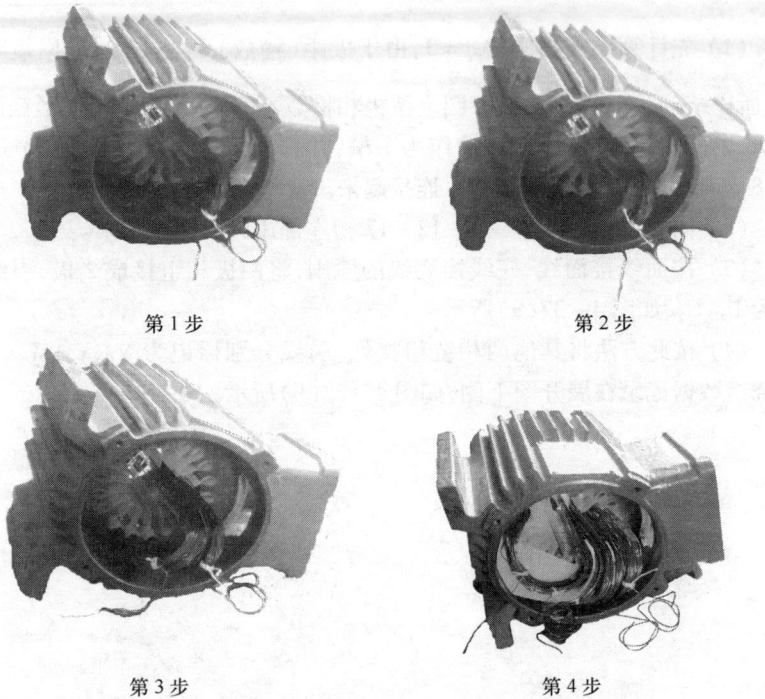

第1步

第2步

第3步

第4步

图4-38　双层叠式绕组嵌线步骤

4.3　三相多速电动机绕组修理

4.3.1　4/2极△/2Y双速电动机绕组修理

1. 布线接线图（图4-39）

以图4-39 U相为例，接线的第一极相组和第二极相组庶极连接。这样在2Y时两个极相组形成不同的极性，即2极。而三角形接法时其中一个反相，这样就是完全庶极接线，形成4极。

2. 嵌线步骤（图4-40）

（1）取U相第1组线圈，将不带引线一边嵌入8槽封槽。另一边暂不嵌。

148

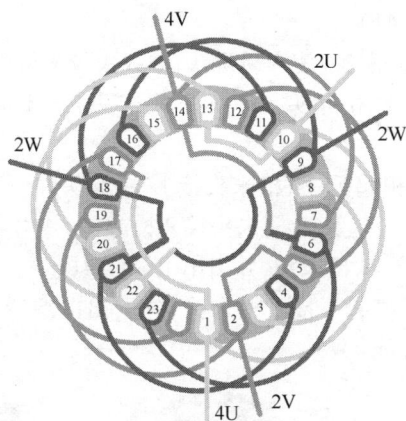

图 4 - 39 4/2 极 24 槽 △/2Y 双速绕组布线接线图

（2）空 1 槽,将本组另一把带引线一边嵌入 10 槽,另一边暂不嵌。

（3）按此方法继续嵌线,当嵌至 14 槽时,由于 8 槽内已有线圈,将不带引线边直接嵌入 7 槽。

（4）继续嵌线,当嵌至 19 槽时,吊把直至将线圈嵌完。如图 4 - 40 所示。

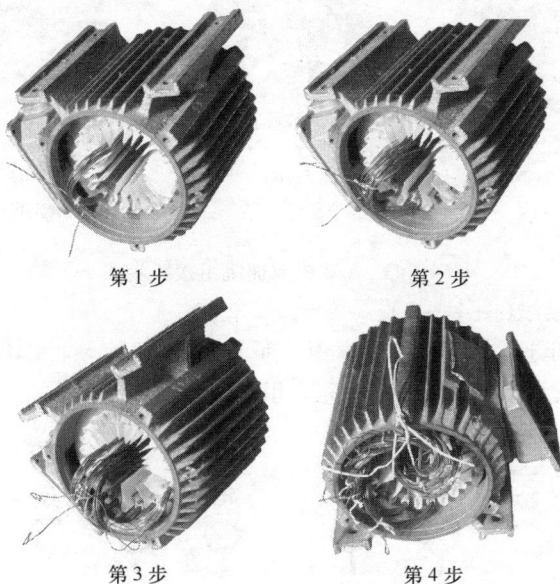

第 1 步

第 2 步

第 3 步

第 4 步

图 4 - 40 4/2 极 24 槽双速绕组嵌线步骤

3. 接线（图4-41）

（1）整理线圈起末头，使容易辨认，如线头较多可以写上标记挂上。

（2）取1槽做U相起头，10槽U相末头接13槽起头，并引出电源线2U。

（3）5槽做W相起头，14槽末头接17槽起头并引出电源线2W。

（4）21槽做V相起头，6槽末头接9槽起头，并引出电源线2V。

（5）1槽起头接17槽末头，并引出电源线4U。

（6）同样的14槽起头接6槽末头，并引出电源线4V。9槽起头接23槽末头，并引出电源线4W。

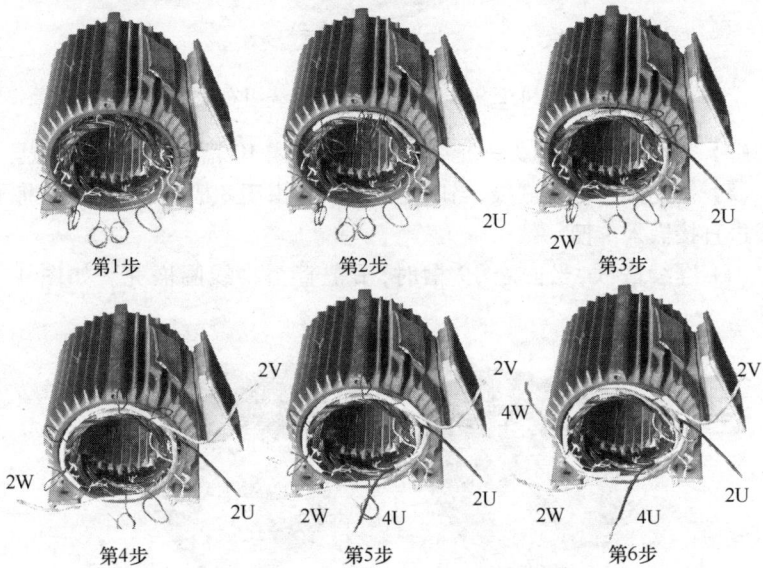

图4-41 4/2极双速绕组接线步骤

4. 端子接线（图4-42）

高速时，低速的3个电源线短接。低速时，高速的3个电源线悬空。其他△/2Y变极调速端子接线与此完全相同。

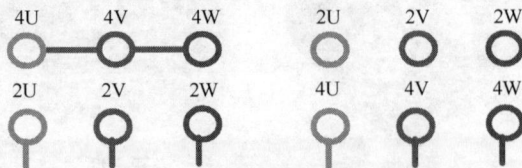

图4-42 双速电动机端子接线图

150

4.3.2　6/4 极 △/2Y 双速电动机绕组修理

1. 布线接线图（图 4 - 43）

以图 4 - 43 的 U 相为例，两路都按显极接线，在 2Y 时 1、6 极相组和 3、4 极相组电源进线方向相同，形成两个磁极，2、5 各形成两个磁极，共 4 极。而三角形接法时其中的 4、5、6 极相组电源进线反方向，1、6 极相组和 3、4 极相组电源进线方向相反，形成 4 极，而 2、5 仍然形成两个磁极，共 6 极。

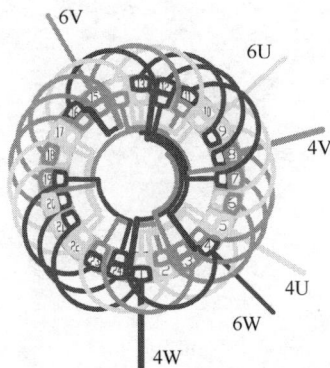

图 4 - 43　6/4 极 24 槽 △/2Y 双速绕组布线接线图

2. 嵌线步骤（图 4 - 44）

（1）取第 1 组单把线圈，一边嵌入 5 槽，另一边暂放入 1 槽。

（2）取第 2 组 3 把线圈不带引线一边嵌入 6 槽，带引线一边暂放入 2 槽。同样方法将本组嵌完。

（3）取第 3 组两把线圈将不带引线一边嵌入 9 槽，这时 5 槽内已有下把，将带引线一边直接嵌入 5 槽封槽。

（4）同样方法将本组嵌完。

（5）同样方法嵌完第二组 3 把和 3 个单把。

（6）以后按 1、3、2、3、1、1、1 嵌线，将所有线圈嵌入槽内。

3. 接线（图 4 - 45）

（1）将 5 槽下层作为 U 相起头，1 槽上层末头接 5 槽上层末头。

（2）10 槽下层起头接 14 槽下层起头。

（3）5 槽下层起头接 2 槽下层起头，并引出电源线 4U。

（4）22 槽上层末头接 17 槽上层末头。

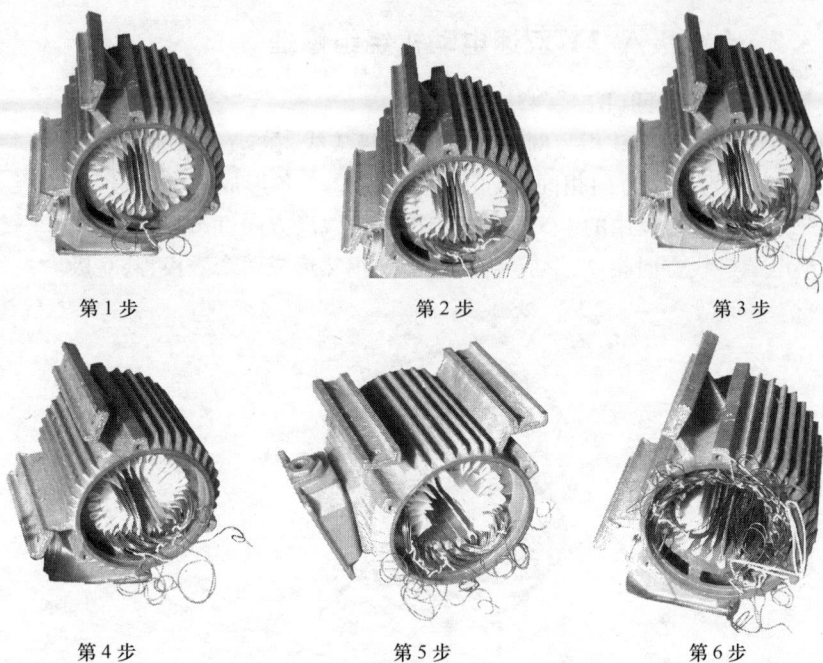

第1步 第2步 第3步

第4步 第5步 第6步

图4-44 6/4极双速绕组嵌线步骤

（5）22槽下边起头接17槽下层起头。

（6）4槽下层做6W起头,24槽上层末头接19槽上层末头。

（7）1槽下层起头接13槽下层起头,并引出电源线4W。

（8）7槽上层末头接12槽上层末头。

（9）8槽下层做V相起头,2槽上层末头接23槽上层末头。

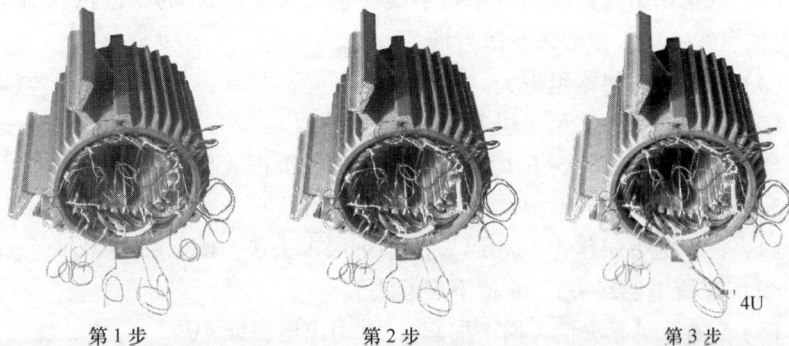

第1步 第2步 第3步

第4步 4U

第5步 4U

第6步 4U

第7步 4W 4U

第8步 4W 4U

第9步 4W 4V 4U

第10步 4W 4U

第11步 4W 4U 4V

第12步 6W 4W 4V 4U

第13步 4W 6W 4U 4V

第14步 4W 6W 4V 4U 6V

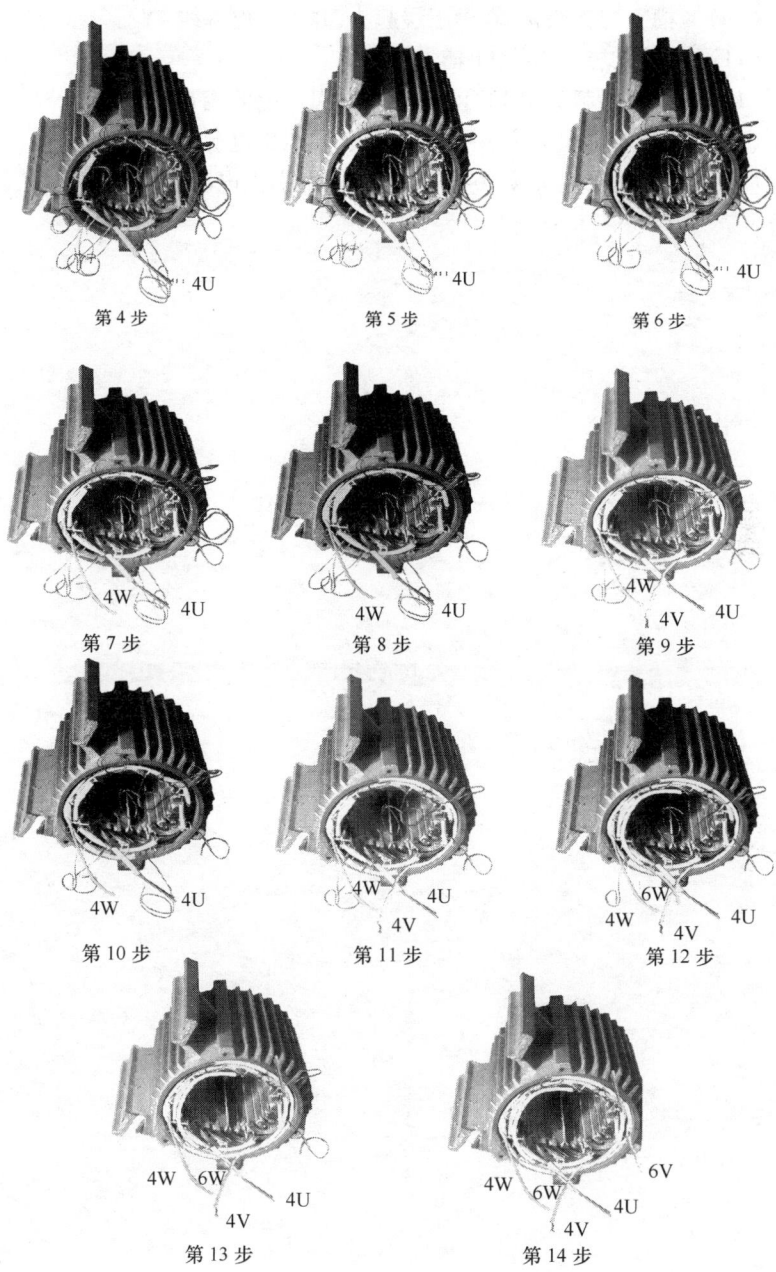

图4-45 6/4极双速绕组嵌线步骤

（10）8 槽下层起头接 20 槽下层起头,并引出电源线 4V。

（11）16 槽上层末头接 11 槽上层末头。

（12）4 槽下层起头接 13 上层末头,并引出电源线 6W。

（13）10 槽上层末头接 3 槽下层起头,并引出电源线 6U。

（14）15 槽下层起头接 16 槽下层起头,并引出电源线 6V。

第5章 单相电动机重绕

5.1 单速单相电动机重绕

5.1.1 单相电容电动机修理

1. 电动机绕组拆除

1）绕组拆除

（1）用断线钳将绕组端部剪断，用钢丝钳将导线拔出，如图 5－1 所示。

（2）用螺丝刀或压线脚压一下槽楔，将槽楔逐一清除。

（3）清理铁芯，用平锉锉去铁芯毛刺，对有扇张现象的冲片予以纠正。

（4）用白布带蘸酒精擦拭铁芯各部分，尤其槽内不能有污物，最后用吹风机吹净铁芯。

（5）测量铁芯、绕组数据，并按表 5－1 作记录。

(a)   (b)   (c)

图 5－1 绕组拆除

注意事项：

（1）加热电枢切不可用乙炔火焰直接烧烤铁芯。

（2）测量铁芯数据时，每一个数据应测量多点，取其平均值。

（3）对于要绝缘处理复用的线圈，拆除时必须尽量仔细，使绝缘变形尽量小，以便整形和复用。

（4）对于用钢丝绑扎的线圈,应在加热电枢以前用电烙铁将固定扣打开,拆除钢丝。

表 5 - 1　单相感应电动机定子绕组重绕原始记录卡

铭牌数据			
型号_____	额定功率_____ W	额定电压_____ V	额定电流_____ A
转速_____ r/min	频率_____ Hz	接法_____	运行方式_____
耐热等级_____	产品编号_____	出厂日期_____	制造厂_____

定子铁芯数据(mm)	主绕组数据
定子铁芯外径_____	绕组形式_____
定子铁芯内径_____	线圈节距_____
气隙值_____	导线型号_____
定子铁芯总长_____	导线规格_____
槽数_____	并绕根数_____
	串联匝数_____
槽形尺寸	副绕组数据
	绕组形式_____
	线圈节距_____
	导线型号_____
	导线规格_____
	并绕根数_____
	串联匝数_____

2. 布线接线图绘制(24 槽 20/20 绕组)

要绘制电动机接线图,首先应该知道相关的数据,例如在本例中每组线圈都是 4 把,两个小把是双层绕组,两个大把是单层绕组。1 号槽作为主绕组的起头。本书在接线图中 U 相用实线、V 相用点画线,如图 5 - 2 所示。

3. 线圈的简易制作(图 5 - 3)

（1）线圈拆除后,测定电磁线的直径、匝数。

（2）将一根导线按跨距放入两槽内。留出直线长度后,端部弯成圆弧形状,将导线端部拉直,测量导线直线长、端部直线长。

（3）按测得的直线长、端部直线长用穿入蜡管的铁钉在木板上钉出长方形。

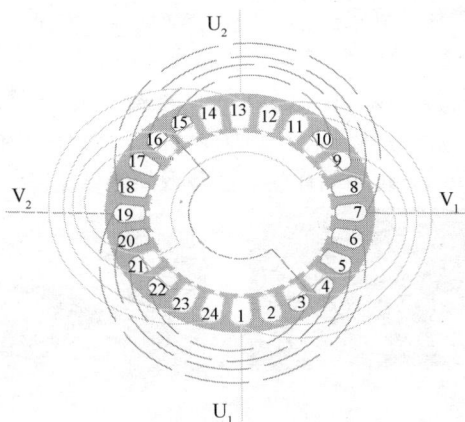

图 5 - 2　单相正弦绕组布线接线图画法

（4）按匝数在已钉好的长方形上手工绕制线圈,绕够匝数后,剪断导线,去掉一根铁钉,取出线圈,用手捏住端部整理出旧线圈形状。

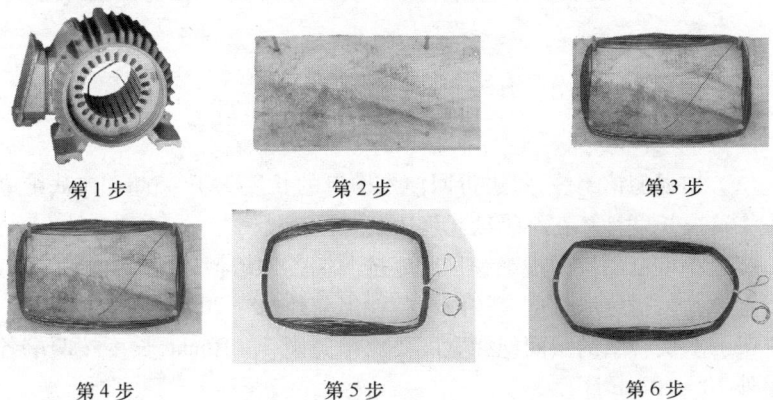

第1步　　　　　　　　第2步　　　　　　　　第3步

第4步　　　　　　　　第5步　　　　　　　　第6步

图 5 - 3　线圈的简易制作步骤

4. 嵌线

1）绝缘制作

（1）槽绝缘尺寸确定。

采用计算法时:宽度 $= \pi r + 2hs + 1.5bsl$,长度 $=$ 铁芯长$(l) + (10 \sim 20)$。

采用测量法时:取一张白纸放在槽口用手顺次按压槽口边缘,取下白纸测量印记长度作为槽绝缘的宽度,长度与以上方法相同。

(2)层间绝缘尺寸确定。

$$宽度 = 2r + 5、长度 = 铁芯长(l) + (10 \sim 20)$$

(3)绝缘纸制作。取一块绝缘纸先取直两个边,按绝缘纸的要求在钢板尺量取铁画规长度,在绝缘纸上用画规依次截取线段,用壁纸刀将绝缘纸割开,如图5-4所示。再用同样的方法裁取绝缘纸宽度。

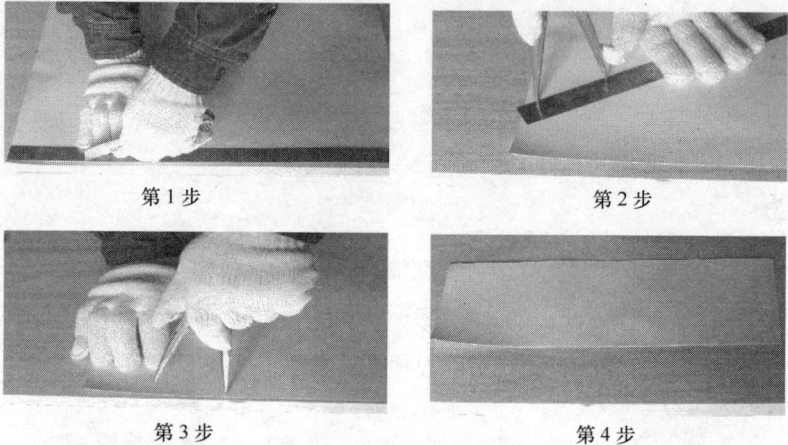

第1步　　　　　　　　　　　　第2步

第3步　　　　　　　　　　　　第4步

图5-4　绝缘纸制作步骤

注意事项:

(1)加强型槽绝缘,每边折回伸入槽口的长度为1~5mm,在裁绝缘纸时应将这段长度计算在绝缘纸长度内。

(2)小型电动机的槽绝缘长度应按两端各伸出槽外5~10mm计算,中型以上电动机槽绝缘长度应按两端各伸出槽外10~20mm计算。

(3)双层绕组的层间绝缘宽度要比槽宽宽5~10mm,长度按两端各伸出槽外10~20mm计算。

(4)端部相间衬垫绝缘,按嵌入线圈的形状略大以能完全隔开两相线圈为宜。

2)嵌线步骤(图5-5)

(1)取U相第1组线圈,将小圈带引线一边嵌入9槽封槽,不带引线一边嵌入4槽不封槽。

(2)退1槽,将本组第2把一边嵌入10槽,另一边嵌入3槽不封槽。

(3)退1槽将本组第3把一边嵌入11槽封槽,另一边嵌入2槽封槽。

（4）同样的将本组大圈带引线一边嵌入 12 槽封槽，另一边嵌入 1 槽封槽。

（5）同样将 U 相第 2 组线圈嵌完。

（6）按 U 相同样的方法将 V 相嵌完。

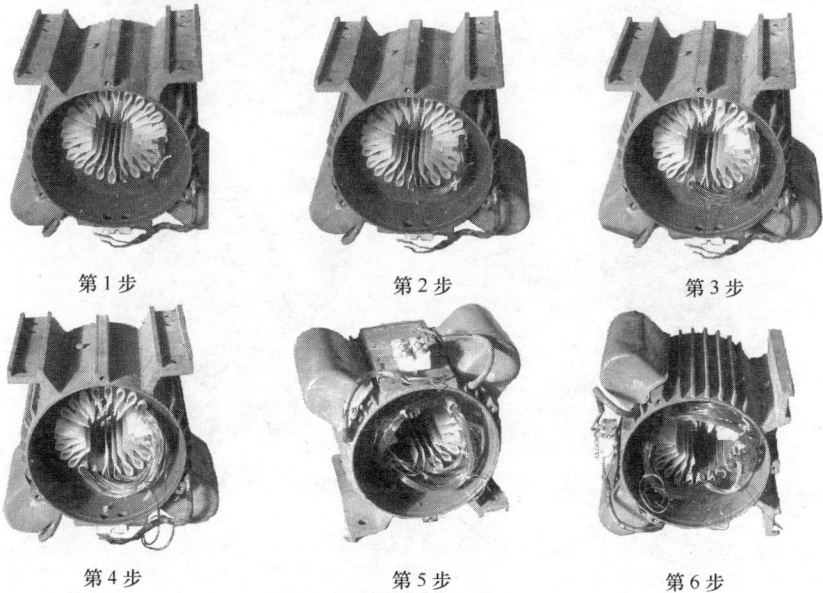

第1步　　　　　　　　第2步　　　　　　　　第3步

第4步　　　　　　　　第5步　　　　　　　　第6步

图 5 - 5　嵌线步骤

5. 接线

1）内部接线（图 5 - 6）

（1）按底线接底线原则将 U 相接成 2 极。

（2）按底线接底线原则将 V 相接成 2 极。

（3）电容运转时将两引线直接引出，电容启动时 V 相接离心开关引出。

（4）电容启动运转时，将 U 相、V 相及离心开关同时引出。

2）端子连接

（1）电容启动运转时，将启动电容串接离心开关再与运转电容并接，如图 5 - 7 所示。

（2）电容启动时将图 5 - 7 运行电容去掉。

（3）电容运转时将图 5 - 7 启动电容去掉。

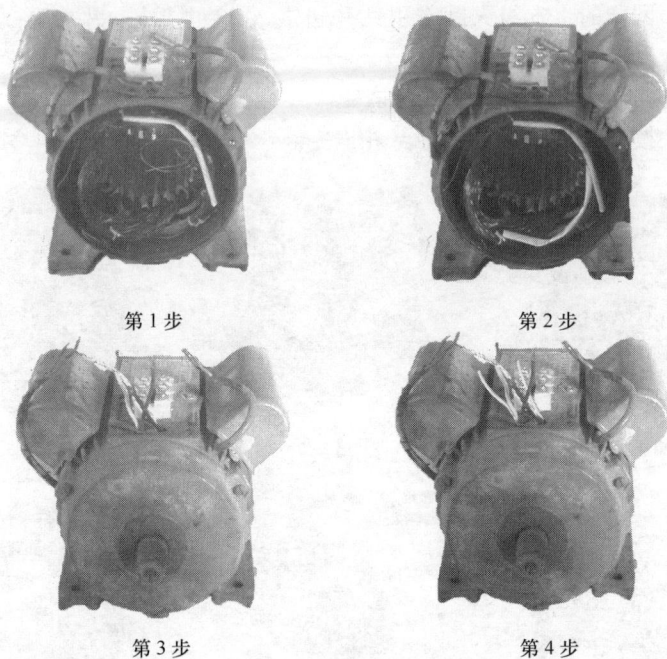

第 1 步　　　　　　　　　　　　　第 2 步

第 3 步　　　　　　　　　　　　　第 4 步

图 5 - 6　接线步骤

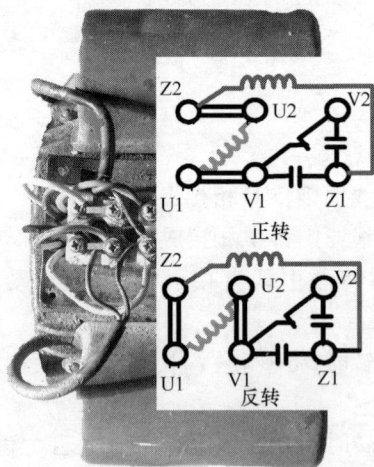

正转

反转

图 5 - 7　电容启动运转电动机端子接线

5.1.2 罩极式电动机绕组重绕

1. 隐极式罩极电动机重绕

1）展开图的绘制

极相槽数 $q = 6$（隐极罩极式电动机启动绕组为短路环），极距 $\tau = \dfrac{Z_1}{2p} = 6$，采用单层叠式绕组时，$y = 1 - 4$，启动绕组采用短距 $y = 1 - 5$，展开图如图 5 - 8 所示。

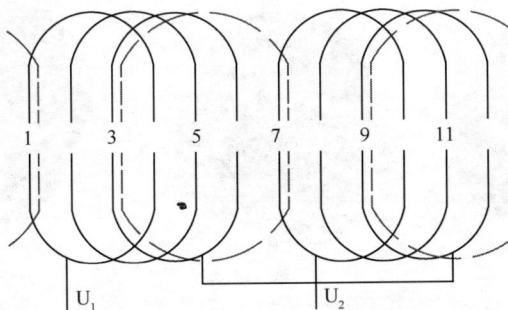

图 5 - 8　罩极隐极 2 极 12 槽电动机展开图

2）嵌线步骤（图 5 - 9）

（1）取第 1 组线圈，将带引线一边嵌入 1 槽封槽，另一边嵌入 10 槽不封槽。

（2）退 1 槽，将本组第 2 把线圈分别嵌入 12 槽和 9 槽封槽。

（3）再退 1 槽，将本组第 3 把不带引线一边嵌入 11 槽封槽，另一边嵌入 8 槽不封槽。

（4）同样方法自 7 开始嵌完第 2 组线圈。

（5）在 2 和 10 槽，用原线径导线穿绕两回，并短接。同样 4 槽和 8 槽嵌入启动线圈。

3）接线

（1）1 槽做起头，按底线接底线原则，将 8 槽和 2 槽末头连接起来。

（2）1 槽和 7 槽接电源线引出机壳，如图 5 - 10 所示。

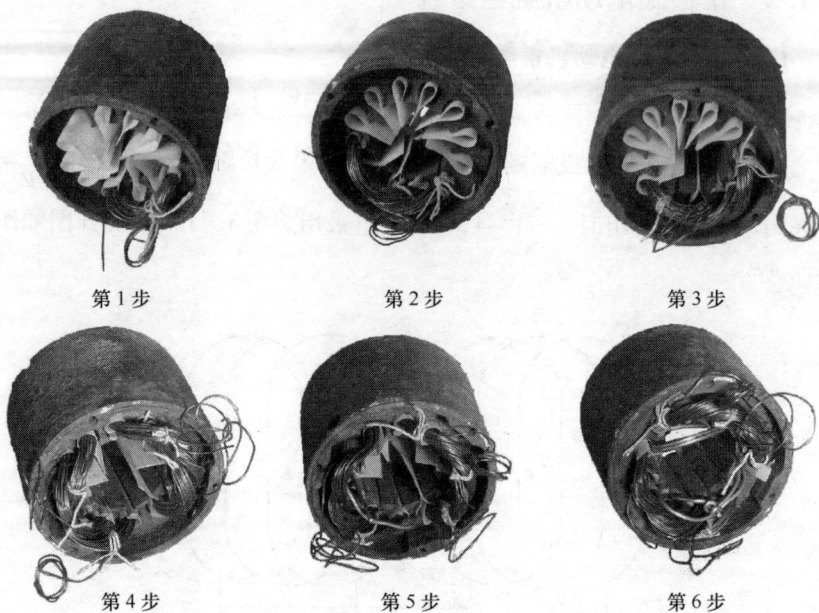

第1步　　　　　　　　第2步　　　　　　　　第3步

第4步　　　　　　　　第5步　　　　　　　　第6步

图 5 - 9　嵌线步骤

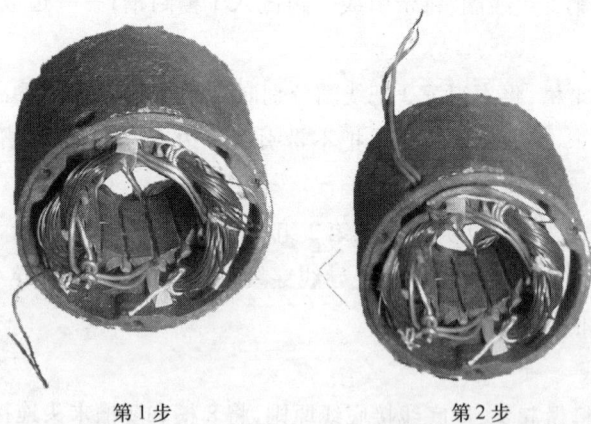

第1步　　　　　　　　　　　第2步

图 5 - 10　接线步骤

5.2 单相多速电动机绕组重绕

5.2.1 电压双速电动机绕组重绕

1. 布线接线图(图5-11)

单双层混合绕组,副绕组小把为调速绕组。副绕组采用连绕,注意线圈翻转。零线接1时,主绕组电压最高,速度最快。零线接2时,主绕组串入调速绕组,电压降低,速度变慢。

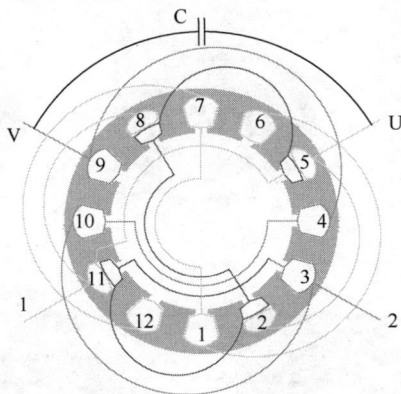

图5-11 2极12槽电压调速绕组布线接线图

2. 嵌线接线步骤(图5-12)

(1) 取U相第1组,将小把不带引线一边嵌入2槽,带引线一边嵌入5槽。

(2) 退1槽将U相第1组大把带引线一边嵌入1槽封槽,不带引线一边嵌入6槽封槽。

(3) 空5槽,将U相第2组小把带引线一边嵌入8槽,不带引线一边嵌入11槽,同样方法将大把嵌完。将5槽引线做起头,1槽末头接2槽末头。

(4) 取第1组调速线圈,将带引线一边嵌入5槽封槽,不带引线一边嵌入8槽封槽。

(5) 同样将第2组调速线圈,不带引线一边嵌入2槽封槽,带引线一边嵌入11槽封槽。

(6) 取V相第1组线圈,将不带引线一边嵌入4槽封槽,带引线一边嵌

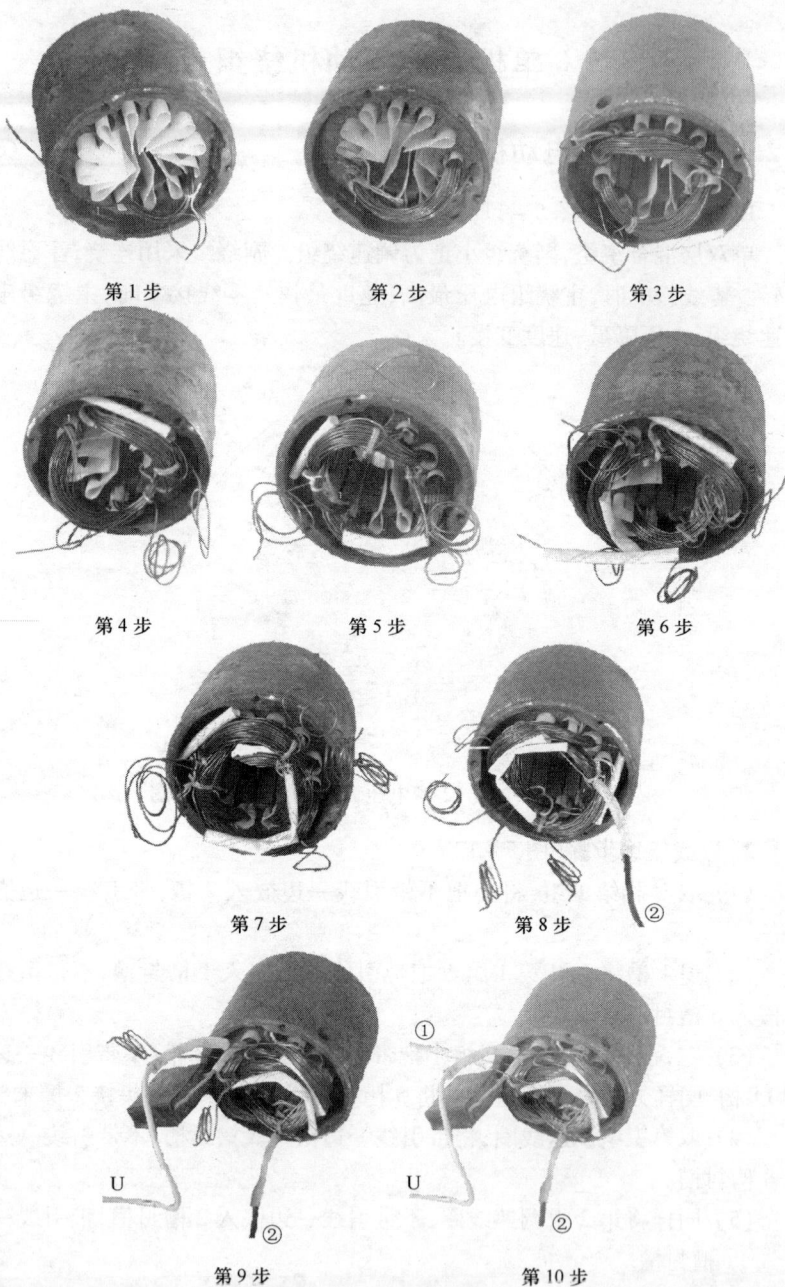

第1步　　　　　　第2步　　　　　　第3步

第4步　　　　　　第5步　　　　　　第6步

第7步　　　　　　第8步

第9步　　　　　　第10步

图5-12　嵌线接线步骤

164

入 9 槽封槽。注意 V 相与调速线圈起末头相反。

（7）同样将 V 相第 2 组线圈,带引线一边嵌入 3 槽封槽,不带引线一边嵌入 10 槽封槽。

（8）调速线圈 11 槽接 V 相 3 槽,并引出电源线②。

（9）9 槽起头串电容接 5 槽起头,并引出电源线 U。

（10）5 槽调速起头接 11 槽 U 相末头,并引出电源线①。

5.2.2　2/4 极 18 槽变极双速电动机绕组修理

1. 布线接线图(图 5 – 13)

主绕组为同心式单双层混合绕组,副绕组为单层同心式绕组。2 极时两路并显极接线,4 极时庶极接线。

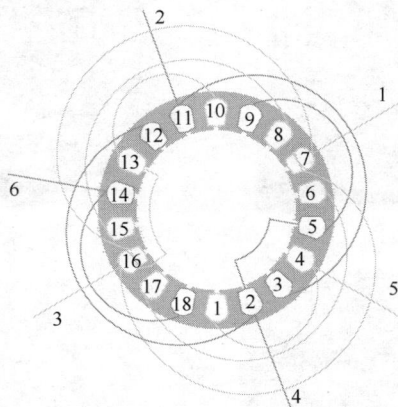

图 5 – 13　2/4 极 18 槽变极双速电动机绕组布线接线图

2. 嵌线步骤(图 5 – 14)

（1）取 U 相第 1 组将小把带引线一边嵌入 1 槽封槽,另一边嵌入 4 槽封槽。

（2）空 1 槽将第 1 组中把沉边嵌入 17 槽封槽,同样的将浮边嵌入 6 槽封槽。

（3）接着将第 1 组大把沉边嵌入 16 槽,浮边嵌入 7 槽,这时由于还有另一组的线圈在上边,暂不封槽。同样的方法自 10 槽开始将 U 相第 2 组线圈嵌完。

第1步

第2步

第3步

第4步

第5步

第6步

图5-14　2/4极18槽调速电动机嵌线步骤

（4）取 V 相第 1 组将小把带引线一边嵌入 14 槽,封槽,浮边嵌入 18 槽,封槽。

（5）空 1 槽,将 V 相第 1 组大把沉边嵌入 12 槽,封槽,浮边嵌入 2 槽,封槽。

166

（6）同样方法自 5 槽开始将 V 相第 2 组嵌完。

3. 接线（图 5 - 15）

（1）将 1 槽引线作为起头，7 槽末头接 10 槽起头，并引出电源线③。

（2）1 槽起头引出电源线①，16 槽末头引出电源线⑤。

（3）将 14 槽引线做 V 相起头，2 槽末头接 5 槽起头，并引出电源线④。

（4）14 槽起头引出电源线⑥，11 槽末头引出电源线②。

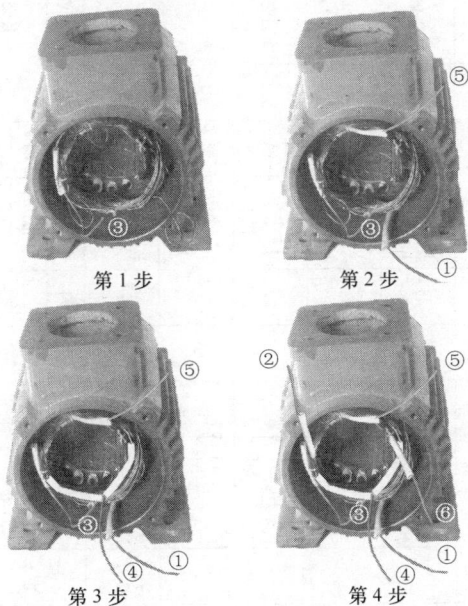

第 1 步　　　　　　　　　　第 2 步

第 3 步　　　　　　　　　　第 4 步

图 5 - 15　接线步骤

4. 接线盒端子接线图（图 5 - 16）

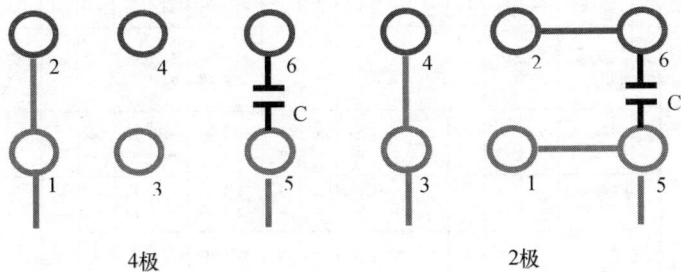

4极　　　　　　　　　　　　2极

图 5 - 16

167

附 录

附表 1 Y 系列（IP44）三相异步电动机的主要技术数据

型号	额定功率/kW	满载时 定子电流/A	满载时 转速/(r/min)	满载时 效率/%	满载时 功率因数	堵转电流倍数	堵转转矩倍数	最大转矩倍数	铁芯长度/mm	气隙长度/mm	定子外径/mm	定子内径/mm	定子线规（根-mm）	每槽线数	并联支路数	绕组形式	节距	槽数 Z₁/Z₂
Y801-2	0.75	1.8	2830	75	0.84	7	2.2	2.2	65	0.3	120	67	$1-\phi0.63$	111	1	单层交叉	1-9，2-10，18-11	18/16
Y802-2	1.1	2.5	2830	77	0.86	7	2.2	2.2	80	0.3	120	67	$1-\phi0.71$	90	1	单层交叉	1-9，2-10，18-11	18/16
Y801-4	0.55	1.5	1390	73	0.76	6.5	2.2	2.2	65	0.25	120	75	$1-\phi0.56$	128	1	单层链式	1-6	24/22
Y802-4	0.75	2.0	1390	74.5	0.76	6.5	2.2	2.2	80	0.25	120	75	$1-\phi0.63$	103	1	单层链式	1-6	24/22
Y90S-2	1.5	3.4	2840	78	0.85	7	2.2	2.2	85	0.35	130	72	$1-\phi0.8$	74	1	单层交叉	1-9，2-10，18-11	18/16
Y90L-2	2.2	4.7	2840	82	0.86	7	2.2	2.2	110	0.35	130	72	$1-\phi0.95$	58	1	单层交叉	1-9，2-10，18-11	18/16
Y90S-4	1.1	2.8	1400	78	0.78	6.5	2.2	2.2	90	0.25	130	80	$1-\phi0.71$	81	1	单层链式	1-6	24/22
Y90L-4	1.5	3.7	1400	79	0.79	6.5	2.2	2.2	120	0.25	130	80	$1-\phi0.8$	63	1	单层链式	1-6	24/22
Y90S-6	0.75	2.3	910	72.5	0.70	6.0	2.0	2.0	100	0.25	130	86	$1-\phi0.67$	77	1	单层链式	1-6	36/33
Y90L-6	1.1	3.2	910	73.5	0.72	6.0	2.0	2.0	125	0.25	130	86	$1-\phi0.75$	60	1	单层链式	1-6	36/33
Y100L-2	3.0	6.4	2870	82	0.87	7.0	2.2	2.2	100	0.4	155	94	$1-\phi1.18$	40	1	单层同心	1-12，2-11	24/20
Y100L1-4	2.2	5.0	1430	81	0.82	7.0	2.2	2.2	105	0.3	155	98	$2-\phi0.71$	41	1	单层交叉	1-9，2-10，18-11	36/32
Y100L2-4	3.0	6.8	1430	82.5	0.81	7.0	2.2	2.2	135	0.3	155	98	$1-\phi1.18$	31	1	单层交叉	1-9，2-10，18-11	36/32
Y100L-6	1.5	4.0	940	77.5	0.74	6.0	2.0	2.0	100	0.25	155	106	$1-\phi0.85$	53	1	单层链式	1-6	36/33
Y112M-2	4.0	8.2	2890	85.5	0.87	7.0	2.2	2.2	105	0.45	175	98	$1-\phi1.06$	48	1	单层同心	1-16，2-15，3-14；1-14，2-13	30/26
Y112M-4	4.0	8.8	1440	84.5	0.82	7.0	2.2	2.2	135	0.3	175	110	$1-\phi1.06$	46	1	单层交叉	1-9，2-10，18-11	36/32
Y112M-6	2.2	5.6	940	80.5	0.74	6.0	2.0	2.0	110	0.3	175	120	$1-\phi1.06$	44	1	单层链式	1-6	36/33

（续）

型号	额定功率/kW	定子电流/A	满载时 转速/(r/min)	满载时 效率/%	满载时 功率因数	堵转电流倍数	堵转转矩倍数	最大转矩倍数	铁芯长度/mm	气隙长度/mm	定子外径/mm	定子内径/mm	定子线规(根-mm)	每槽线数	并联支路数	绕组形式	节距	槽数 Z_1/Z_2
Y132S1-2	5.5	11	2900	85.5	0.88	7.0	2.0	2.2	105	0.55	210	116	1-φ0.9 1-φ0.95	44	1	单层同心	1-16,2-15,3-14 1-14,2-13	30/26
Y132S2-2	7.5	15	2900	86.2	0.88	7.0	2.0	2.2	125	0.55	210	116	1-φ1.0 1-φ1.06	37	1	单层同心	1-16,2-15,3-14 1-14,2-13	30/26
Y132S-4	5.5	12	1440	85.5	0.84	7.0	2.2	2.2	115	0.4	210	136	1-φ0.9 1-φ0.95	47	1	单层交叉	1-9 2-10 18-11	36/32
Y132M-4	7.5	15	1440	87	0.85	7.0	2.2	2.2	160	0.4	210	136	2-φ1.06	35	1	单层交叉	1-9 2-10 18-11	36/32
Y132S-6	3.0	7.2	960	83	0.76	6.5	2.0	2.0	110	0.35	210	148	1-φ0.85 1-φ0.9	38	1	单层链式	1-6	36/33
Y132M1-6	4.0	9.4	960	84	0.77	6.5	2.0	2.0	140	0.35	210	148	1-φ1.06	52	1	单层链式	1-6	36/33
Y132M2-6	5.5	13	960	85.3	0.78	6.5	2.0	2.0	180	0.35	210	148	1-φ1.06	42	1	单层链式	1-6	36/33
Y132S-8	2.2	5.8	710	81	0.71	5.5	2.0	2.0	110	0.35	210	148	1-φ1.12	38	1	单层链式	1-6	48/44
Y132M-8	3.0	7.7	710	82	0.72	5.5	2.0	2.0	140	0.35	210	148	1-φ1.30	30	1	单层链式	1-6	48/44
Y160M1-2	11	22	2930	87.2	0.88	7.0	2.0	2.0	125	0.65	260	150	2-φ1.18 1-φ1.25	28	1	单层同心	1-16,2-15,3-14 1-14,2-13	30/26
Y160M2-2	15	29	2930	88.2	0.88	7.0	2.0	2.0	155	0.65	260	150	2-φ1.12 1-φ1.18	23	1	单层同心	1-16,2-15,3-14 1-14,2-13	30/26
Y160L-2	18.5	36	2930	89	0.89	7.0	2.0	2.0	195	0.65	260	150	3-φ1.12 2-φ1.18	19	1	单层同心	1-16,2-15,3-14 1-14,2-13	30/26

（续）

型号	额定功率/kW	满载时				堵转电流倍数	堵转转矩倍数	最大转矩倍数	铁芯长度/mm	气隙长度/mm	定子外径/mm	定子内径/mm	定子线规(根-mm)	每槽线数	并联支路数	绕组形式	节距	槽数 Z_1/Z_2
		定子电流/A	转速/(r/min)	效率/%	功率因数													
Y160M-4	11	23	1460	88	0.84	70	2.2	22	155	0.5	260	170	1-φ1.30	56	2	单层交叉	1-9 2-10 18-11	36/26
Y150L-4	15	30		88.5	0.85				195				2-φ1.25 1-φ1.18	22				
Y160M-6	7.5	17	970	86	0.78	6.5	2.0	20	145	0.4			2-φ1.12	38	1	单层链式	1-6	36/33
Y160L-6	11	25		87	0.78				195				4-φ0.95	28				
Y160M1-8	4.0	9.9	720	84	0.73	6.0			110			180	1-φ1.25	49				48/44
Y160M2-8	5.5	13		85	0.74				145				2-φ1.0	39				
Y160L-8	7.5	18		86	0.75	5.5			195				1-φ1.12 1-φ1.18	30				
Y180M-2	22	42	2940	89	0.89	7.0	2.0	2.2	175	0.8	290	160	2-φ1.3 2-φ1.4	16	2	双层叠式	1-14	36/28
Y180M-4	18.5	36	1470	91	0.86	6.5			190	0.55		187	2-φ1.18	32			1-11	48/44
Y180L-4	22	43		91.5	0.86				220				2-φ1.3	28				
Y180L-6	15	31	970	89.5	0.81	6.0	1.8	2.0	200	0.45	290	205	1-φ1.5	34	2	双层叠式	1-9	54/44
Y180L-8	11	25	730	86.5	0.77		1.7		200				2-φ0.9	46			1-7	54/58

型号	额定功率/kW	满载时 定子电流/A	满载时 转速/(r/min)	满载时 效率/%	满载时 功率因数	堵转电流倍数	堵转转矩倍数	最大转矩倍数	铁芯长度/mm	气隙长度/mm	定子外径/mm	定子内径/mm	定子线规/(根-mm)	每槽线数	并联支路数	绕组形式	节距	槽数 Z_1/Z_2
Y200L1-2	30	57	2950	90	0.89	7.0	2.0	2.2	180	1.0	327	182	2-φ1.12 2-φ1.18	28	2	双层叠式	1—14	36/28
Y200L2-2	37	70	2950	90.5	0.89	7.0	2.0	2.2	210	1.0	327	182	1-φ1.4	24	2	双层叠式	1—14	36/28
Y200L-4	30	57	1470	92.2	0.87	6.5	1.8	2.2	230	0.65	327	210	1-φ1.06 1-φ1.12	48	4	双层叠式	1—11	48/44
Y200L1-6	18.5	38	970	89.8	0.83	6.5	1.8	2.0	195	0.5	327	230	1-φ1.12 1-φ1.18	32	2	双层叠式	1—9	54/44
Y200L2-6	22	45	970	90.2	0.83	6.5	1.8	2.0	220	0.5	327	230	2-φ1.25	28	2	双层叠式	1—9	54/44
Y200L-8	15	34	730	88	0.76	6.0	2.0	2.0	195	0.5	327	230	1-φ1.06 1-φ1.12	38	2	双层叠式	1—7	54/58
Y225M-2	45	84	2970	91.5	0.89	7.0	2.0	2.2	210	1.1	368	210	3-φ1.4 1-φ1.5	22	2	双层叠式	1—14	36/28
Y225S-4	37	70	1480	91.8	0.87	6.5	1.9	2.2	200	0.7	368	245	2-φ1.25	46	4	双层叠式	1—12	48/44
Y225M-4	45	84	1480	92.3	0.88	6.5	1.9	2.2	235	0.7	368	245	1-φ1.30 1-φ1.40	40	4	双层叠式	1—12	48/44
Y225M-6	30	60	980	90.2	0.85	6.0	1.7	2.0	210	0.5	368	260	2-φ1.4 1-φ1.3	26	2	双层叠式	1—9	54/44
Y225S-8	18.5	41	730	89.5	0.76	6.0	1.7	2.0	170	0.5	368	260	2-φ1.4	38	2	双层叠式	1—7	54/58
Y225M-8	22	48	740	90	0.78	6.0	1.8	2.0	210	0.5	368	260	2-φ1.5	32	2	双层叠式	1—7	54/58

(续)

型号	额定功率/kW	满载时				堵转电流倍数	堵转转矩倍数	最大转矩倍数	铁芯长度/mm	气隙长度/mm	定子外径/mm	定子内径/mm	定子线规/(根·mm)	每槽线数	并联支路数	绕组形式	节距	槽数 Z_1/Z_2
		定子电流/A	转速/(r/min)	效率/%	功率因数													
Y250M-2	55	103	2970	91.5	0.89	7	2.0	2.2	195	1.2	400	225	6-φ1.4	20	2	双层叠式	1-14	36/28
Y250M-4	55	103	1480	92.6	0.88	7	2.0	2.2	240	0.8	400	260	3-φ1.3	36	4	双层叠式	1-12	48/44
Y250M-6	37	72	980	90.8	0.86	6.5	1.8	2.0	225	0.55	400	285	1-φ1.12 2-φ1.18	28	3	双层叠式	1-9	72/58
Y250M-8	30	63	740	90.5	0.80	6	1.8	2.0	225	0.55	400	285	3-φ1.3	22	3	双层叠式	1-9	72/58
Y280S-2	75	140	2980	91.5	0.89	7	2.0	2.2	225	1.5	445	255	7-φ1.5	14	2	双层叠式	1-16	42/54
Y280M-2	90	167	2980	92	0.89	7	2.0	2.2	260	1.5	445	255	8-φ1.5	12	2	双层叠式	1-16	42/54
Y280S-4	75	140	1480	92.7	0.88	6.5	1.9	2.0	240	0.9	445	300	2-φ1.25 2-φ1.3	26	4	双层叠式	1-14	60/50
Y280M-4	90	164	1480	93.6	0.89	6.5	1.9	2.0	325	0.9	445	300	5-φ1.3	20	4	双层叠式	1-14	60/50
Y280S-6	45	85	980	92	0.87	6	1.8	2.0	215	0.65	445	325	2-φ1.3 1-φ1.4	26	3	双层叠式	1-12	72/58
Y280M-6	55	104	980	92	0.87	6	1.8	2.0	260	0.65	445	325	1-φ1.4 2-φ1.5	22	3	双层叠式	1-12	72/58
Y280S-8	37	78	740	91	0.79	6	1.8	2.0	215	0.65	445	325	2-φ1.3	40	4	双层叠式	1-12	72/58
Y280M-8	45	93	740	91.7	0.80	6	1.8	2.0	260	0.65	445	325	1-φ1.5 1-φ1.4	34	4	双层叠式	1-12	72/58

（续）

型号	额定功率 /kW	满载时 定子电流 /A	满载时 转速 /(r/min)	满载时 效率 /%	满载时 功率因数	堵转电流倍数	堵转转矩倍数	最大转矩倍数	铁芯长度 /mm	气隙长度 /mm	定子外径 /mm	定子内径 /mm	定子线规（根-mm）	每槽线数	每相并联支路数	绕组形式	节距	槽数 Z_1/Z_2
Y315S-2	110	200	2980	93	0.90	7	1.8	2.2	290	1.8	520	300	6-φ1.5 4-φ1.6	9	2	双层叠式	1-18	48/40
Y315M1-2	132	237	2980	94	0.90	7	1.8	2.2	340	1.8	520	300	5-φ1.4 2-φ1.5	8	2	双层叠式	1-18	48/40
Y315M2-2	160	286	2980	94.5	0.90	7	1.8	2.2	380	1.8	520	300	7-φ1.6	7	2	双层叠式	1-18	48/40
Y315S-4	110	201	1480	93.5	0.89	7	1.8	2.2	300	1.1	520	350	3-φ1.3 4-φ1.4	16	4	双层叠式	1-17	72/64
Y315M1-4	132	241	1490	93.5	0.89	7	1.8	2.2	350	1.1	520	350	3-φ1.3 4-φ1.5	14	4	双层叠式	1-17	72/64
Y315M2-4	160	291	1490	94	0.89	7	1.8	2.2	400	1.1	520	350	2-φ1.4 6-φ1.5	12	4	双层叠式	1-17	72/64
Y315S-6	75	141	990	93	0.87	6.5	1.6	2.0	300	0.8	520	375	1-φ1.4 2-φ1.5	34	6	双层叠式	1-11	72/58
Y315M1-6	90	168	990	93.5	0.87	6.5	1.6	2.0	350	0.8	520	375	1-φ1.5 2-φ1.6	30	6	双层叠式	1-11	72/58
Y315M2-6	110	204	990	94	0.87	6.5	1.6	2.0	400	0.8	520	375	1-φ1.4 3-φ1.5	25	6	双层叠式	1-11	72/58

（续）

型号	额定功率 /kW	满载时 定子电流 /A	满载时 转速 /(r/min)	满载时 效率 /%	满载时 功率因数	堵转电流倍数	堵转转矩倍数	最大转矩倍数	铁芯长度 /mm	气隙长度 /mm	定子外径 /mm	定子内径 /mm	定子线规 （根－mm）	每槽线数	并联支路数	绕组形式	节距	槽数 Z_1/Z_2
Y315M3－6	132	245	990	94	0.87	6.5	1.6	2.0	455	68	520	375	1－φ1.5 3－φ1.6	22	6	双层叠式	1－11	72/58
Y315S－8	55	111	740	92	0.82	6.5	1.6	2.0	300	0.8	520	390	7－φ1.5	14	2	双层叠式	1－9	90/72
Y315M1－8	75	150	740	92.5	0.82	6.5	1.6	2.0	350	0.8	520	390	1－φ1.5 1－φ1.6	46	8	双层叠式	1－9	90/72
Y315M2－8	90	179	740	93	0.82	6.5	1.6	2.0	400	0.8	520	390	4－φ1.3 2－φ1.4	20	4	双层叠式	1－9	90/72
Y315M3－8	110	219	740	93	0.82	6.5	1.6	2.0	455	0.8	520	390	1－φ1.4 2－φ1.5	34	8	双层叠式	1－9	90/72
Y315S－10	45	99	590	91	0.76	6.5	1.4	2.0	300	0.8	520	390	1－φ1.12 1－φ1.18	66	10	双层叠式	1－9	90/72
Y315M1－10	55	120	590	91.5	0.76	6.5	1.4	2.0	400	0.8	520	390	2－φ1.3	52	10	双层叠式	1－9	90/72
Y315M2－10	75	161	590	92	0.77	6.5	1.4	2.0	455	0.8	520	390	2－φ1.4 2－φ1.5	22	5	双层叠式	1－9	90/72

附表 2　Y 系列 (IP23) 三相异步电动机的主要技术数据

型号	额定功率/kW	定子电流/A	满载时 转速/(r/min)	效率/%	功率因数	堵转电流倍数	堵转转矩倍数	最大转矩倍数	铁芯长度/mm	气隙长度/mm	定子外径/mm	定子内径/mm	定子线规(根-φmm)	每槽线数	并联支路数	绕组形式	节距	槽数 Z_1/Z_2
Y160M-2	15	29	2910	88	0.88	7.0	1.7	2.2	100	0.8	290	160	2-φ1.06 1-φ1.12	24	1	双层叠式	1-14	36/28
Y160L1-2	18.5	36	2910	89	0.89	7.0	1.8	2.2	125	0.8	290	160	1-φ1.4 1-φ1.5	20	1	双层叠式	1-14	36/28
Y160L2-2	22	42	2910	89.5	0.89	7.0	2.0	2.2	135	0.8	290	160	1-φ1.5 1-φ1.6	18	1	双层叠式	1-14	36/28
Y160M-4	11	23	1460	87.5	0.85	7.0	1.9	2.2	100	0.55	290	187	1-φ1.18	54	2	双层叠式	1-11	48/44
Y160L1-4	15	30	1460	88	0.86	7.0	1.9	2.2	130	0.55	290	187	1-φ1.3	42	2	双层叠式	1-11	48/44
Y160L2-4	18.5	37	1460	89	0.86	5.5	2.0	2.0	150	0.55	290	187	1-φ1.4 1-φ1.5	18	1	双层叠式	1-11	48/44
Y160M-6	7.5	17	960	85	0.79	5.5	2.0	2.0	95	0.45	290	205	1-φ1.4	32	1	双层叠式	1-9	54/44
Y160L-6	11	25	960	86.5	0.78	5.5	2.0	2.0	125	0.45	290	205	2-φ1.18	24	1	双层叠式	1-9	54/44
Y160M-8	5.5	14	720	83.5	0.73	6.0	2.0	2.0	95	0.45	290	205	1-φ1.3	42	1	双层叠式	1-7	54/50
Y180L-8	7.5	18	720	85	0.73	6.0	2.0	2.0	125	0.45	290	205	1-φ1.0 1-φ1.06	32	1	双层叠式	1-7	54/50
Y180M-2	30	57	2940	89.5	0.89	7.0	1.7	2.2	135	1.0	337	182	2-φ1.3	32	1	双层叠式	1-14	36/28
Y180L-2	75	70	2940	90.5	0.89	7.0	19	2.2	160	1.0	337	182	2-φ1.4	27	1	双层叠式	1-14	36/28

175

（续）

型号	额定功率/kW	满载时				堵转电流倍数	堵转转矩倍数	最大转矩倍数	铁芯长度/mm	气隙长度/mm	定子外径/mm	定子内径/mm	定子线规/（根-mm）	每槽线数	并联支路数	绕组形式	节距	槽数 Z_1/Z_2
		定子电流/A	转速/(r/min)	效率/%	功率因数													
Y130M-4	22	43	1460	89.5	0.86	7.0	1.9	2.2	135	0.65	327	210	2-φ1.12	36	2	双层叠式	1-11	48/44
Y180L-4	30	58	1460	90.5	0.87	7.0	1.9	2.2	175	0.65	327	210	2-φ1.3	32	2	双层叠式	1-11	48/44
Y180M-6	15	32	970	88	0.81	6.5	1.8	2.0	125	0.50	327	230	1-φ1.4	44	2	双层叠式	1-9	54/44
Y180L-6	18.5	38	970	88.5	0.83	6.5	1.8	2.0	155	0.50	327	230	2-φ1.06	36	2	双层叠式	1-9	54/44
Y180M-8	11	26	720	86.5	0.74	6.0	1.8	2.0	125	0.50	327	230	2-φ0.9	56	2	双层叠式	1-7	54/50
Y180L-8	15	24	720	87.5	0.76	6.0	1.8	2.0	155	0.50	327	230	2-φ1.0	44	2	双层叠式	1-7	54/50
Y200M-2	45	84	2940	91	0.89	7.0	1.9	2.2	155	1.1	368	210	2-φ1.25 2-φ1.3	24	2	双层叠式	1-11	36/28
Y200L-2	55	103	2950	91.5	0.89	7.0	1.9	2.2	185	1.1	368	210	3-φ1.4	21	2	双层叠式	1-14	36/28
Y200M-4	37	71	1470	90.5	0.87	6.5	2.0	2.0	155	0.7	368	245	1-φ1.12 2-φ1.18	26	2	双层叠式	1-11	48/44
Y200L-4	45	86	1470	91.5	0.87	6.5	2.0	2.0	185	0.7	368	245	3-φ1.3	22	2	双层叠式	1-11	48/44
Y200M-6	22	44	970	89	0.85	6.5	1.7	2.0	135	0.5	368	260	2-φ1.18	36	2	双层叠式	1-9	54/44
Y200L-6	30	59	980	89.5	0.87	6.5	1.7	2.0	165	0.5	368	260	1-φ1.3 1-φ1.4	30	2	双层叠式	1-9	54/44

176

(续)

型号	额定功率/kW	满载时				堵转电流倍数	堵转转矩倍数	最大转矩倍数	铁芯长度/mm	气隙长度/mm	定子外径/mm	定子内径/mm	定子线规(根-mm)	每槽线数	并联支路数	绕组形式	节距	槽数 Z_1/Z_2
		定子电流/A	转速/(r/min)	效率/%	功率因数													
Y200M-8	18.5	41	730	88.5	0.78	6.0	1.7	2.0	135	0.5	368	260	1-φ1.6	44	2	双层叠式	1-7	54/50
Y200L-8	22	48	740	89	0.78				165				2-φ1.25	36				
Y225M-2	75	140	2960	91.5	0.89	7.0	1.8	2.2	185	1.2	400	285	3-φ1.6	18			1-14	36/28
Y225M-4	55	104	1470	91.5	0.88				185	0.8		260	1-φ1.25 1-φ1.3	40	4		1-12	48/44
Y225M-6	37	71	980	90.5	0.87	6.5	1.7	2.0	175	0.55		285	1-φ1.18 1-φ1.25	30	3		1-9	72/58
Y225M-8	30	63	740	89.5	0.81	6.0			175				1-φ1.4	50	4			
Y250S-2	90	167	2960	92	0.89	7.0	2.0	2.2	170	1.5	445	225	2-φ1.3 3-φ1.4	16	2		1-16	42/34
Y250M-2	110	201		92.5	0.90				195				4-φ1.5 1-φ1.6	14				
Y250S-4	75	141	1470	92	0.88		2.2	2.0	185	0.9		300	2-φ1.25 3-φ1.3	14			1-14	60/50
Y250M-4	90	168		92.5	0.88				215				4-φ1.25 1-φ1.3	12				
Y250S-6	45	87	980	91	0.86	6.5	1.8		165	0.65		325	2-φ1.4	28	3		1-12	72/58
Y250M-6	55	106		91	0.87				195				4-φ1.06	24				

（续）

型号	额定功率/kW	满载时 定子电流/A	满载时 转速/(r/min)	满载时 效率/%	满载时 功率因数	堵转电流倍数	堵转转矩倍数	最大转矩倍数	铁芯长度/mm	气隙长度/mm	定子外径/mm	定子内径/mm	定子线规/(根-mm)	每槽线数	并联支路数	绕组形式	节距	槽数 Z_1/Z_2
Y250S-8	37	78	740	90	0.8	6.0	1.6	2.0	165	0.65	445	325	1-φ1.06 1-φ1.12	46	4	双层叠式	1-9	72/58
Y250M-8	45	94	740	90.5	0.8	6.0	1.8	2.0	195	0.65	445	325	1-φ1.18 1-φ1.25	38	4		1-9	72/58
Y280M-2	132	241	2970	92.5	0.9	7.0	1.6	2.2	200	1.6	445	280	6-φ1.5	12	2		1-6	42/34
Y280S-4	110	205	1470	92.5	0.88	7.0	1.7	2.2	200	1.0	493	330	4-φ1.25	24	4		1-14	65/50
Y280M-4	132	245	1470	93	0.88	6.5	1.8	2.0	240	1.0	493	330	4-φ1.4	20	4		1-14	65/50
Y280S-6	75	143	980	91.5	0.87	6.5	1.8	2.0	185	0.7	493	360	3-φ1.4 3-φ1.5	22	3		1-12	
Y28CM-6	90	169	980	92	0.88	6.5	1.8	2.0	240	0.7	493	360	1-φ1.3	18	3		1-12	
Y280S-8	55	115	740	91	0.8	6.0	1.8	2.0	185	0.7	493	360	1-φ1.4	36	4		1-9	72/58
Y280M-8	75	154	740	91.5	0.81	6.0	1.8	2.0	185	0.7	493	360	1-φ1.5 1-φ1.6	28	4		1-9	72/58

附表 3　Y2 系列（IP54）三相异步电动机的主要技术数据

型号	额定功率/kW	满载时			堵转电流倍数	堵转转矩倍数	最大转矩倍数	铁芯长度/mm	定子外径/mm	定子内径/mm	气隙长度/mm	定子线规(根-φmm)	每槽线数	并联支路数	绕组形式	节距	槽数 Z_1/Z_2
		定子电流/A	效率/%	功率因数													
Y2-631-2	0.18	0.51	65	0.80	5.5	2.2	2.2	36	96	50	0.25	1-φ0.315	234	1Y	单层交叉	1-9 2-10 11-18	18/16
Y2-632-2	0.25	0.67	68	0.81	5.5	2.2	2.2	42	96	50	0.25	1-φ0.355	196		单层交叉	1-9 2-10 11-18	18/16
Y2-631-4	0.12	0.43	57	0.72	4.4	2.1	2.2	52	96	50	0.25	1-φ0.28	284		单层链式	1-6	24/22
Y2-632-4	0.18	0.61	60	0.73	4.4	2.1	2.2	58	96	50	0.25	1-φ0.315	220		单层链式	1-6	24/22
Y2-711-2	0.37	0.98	70	0.81	6.1	2.2	2.3	40	110	58	0.25	1-φ0.40	160		单层交叉	1-9 2-10 11-18	18/16
Y2-712-2	0.55	1.33	73	0.82	6.1	2.2	2.3	58	110	58	0.25	1-φ0.50	116		单层交叉	1-9 2-10 11-18	18/16
Y2-711-4	0.25	0.76	65	0.74	5.2	2.1	2.2	45	110	67	0.25	1-φ0.40	206		单层链式	1-6	24/22
Y2-712-4	0.37	1.07	67	0.75	5.2	2.1	2.2	53	110	67	0.25	1-φ0.45	166		单层链式	1-6	24/22
Y2711-6	0.18	0.71	56	0.66	4.0	1.9	2.0	60	110	71	0.25	1-φ0.355	214		双层叠式	1-5	27/30
Y2-712-6	0.25	0.92	59	0.68	4.0	1.9	2.0	70	110	71	0.25	1-φ0.40	178		双层叠式	1-5	27/30
Y2-801-2	0.75	1.83	75	0.83	6.1	2.2	2.3	60	120	67	0.3	1-φ0.60	109		单层交叉	1-9 2-10 11-18	18/16
Y2-802-2	1.1	2.55	77	0.84	7.0	2.4	2.3	75	120	67	0.3	1-φ0.67	87		单层交叉	1-9 2-10 11-18	18/16
Y2-801-4	0.55	1.57	71	0.75	5.2	2.3	2.0	60	120	75	0.25	1-φ0.53	129		单层链式	1-6	24/22
Y2-802-4	0.75	2.03	73	0.76	6.0	2.3	2.0	70	120	75	0.25	1-φ0.60	110		单层链式	1-6	24/22
Y2-801-6	0.37	1.30	62	0.70	4.7	1.9	2.1	65	120	78	0.25	1-φ0.45	127		单层链式	1-6	24/22
Y2-802-6	0.55	1.79	65	0.72	4.7	1.9	2.1	85	120	78	0.25	1-φ0.53	98		单层链式	1-6	24/22
Y2-801-8	0.18	0.88	51	0.61	3.3	1.8	1.9	75	120	78	0.25	1-φ0.40	172		双层叠式	1-5	36/28
Y2-802-8	0.25	1.15	54		3.3	1.8	1.9	90	120	78	0.25	1-φ0.45	138		双层叠式	1-5	36/28

179

型号	额定功率/kW	定子电流/A	效率/%	功率因数	堵转电流倍数	堵转转矩倍数	最大转矩倍数	铁芯长度/mm	定子外径/mm	定子内径/mm	气隙长度/mm	定子线规（根-mm）	每槽线数	并联支路数	绕组形式	节距	槽数 Z_1/Z_2
		满载时															
Y2-90S-2	1.5	3.40	79	0.84	7.0	2.2	2.3	80	130	72	0.35	1-φ0.8	77	1Y	单层交叉	1-9，2-10，11-18	18/16
Y2-90L-2	2.2	4.80	81	0.85	7.0	2.2	2.3	105	130	72	0.35	1-φ0.95	59	1Y	单层交叉	1-9，2-10，11-18	18/16
Y2-90S-4	1.1	2.82	75	0.77	6.0	2.3	2.3	75	130	80	0.25	1-φ0.67	90	1Y	单层链式	1-6	24/22
Y2-90L-4	1.5	3.70	78	0.79	6.0	2.3	2.3	105	130	80	0.25	1-φ0.80	67	1Y	单层链式	1-6	24/22
Y2-90S-6	0.75	2.26	69	0.72	5.5	2.0	2.1	85	130	86	0.25	1-φ0.63	84	1Y	双层叠式	1-5	36/28
Y2-90L-6	1.1	3.14	72	0.73	5.5	2.0	2.1	115	130	86	0.25	1-φ0.75	63	1Y	双层叠式	1-5	36/28
Y2-90S-8	0.37	1.49	62	0.61	4.0	1.8	1.9	100	130	86	0.25	1-φ0.56	110	1Y	双层叠式	1-5	36/28
Y2-90L-8	0.55	2.18	63	0.63	5.0	1.8	2.0	125	130	86	0.25	1-φ0.63	84	1Y	双层叠式	1-5	36/28
Y2-100L-2	3.0	6.31	83	0.87	7.5	2.2	2.3	90	155	84	0.4	2-φ0.80	43	1Y	单层同心	1-12，2-11，13-24，14-23	24/20
Y2-100L1-4	2.2	5.16	80	0.81	7.0	2.3	2.3	90	155	98	0.3	1-φ0.67 1-φ0.71	44	1Y	单层交叉	1-9，2-10，11-18	36/28
Y2-100L2-4	3.0	6.78	82	0.82	7.0	2.3	2.3	120	155	98	0.3	1-φ1.12	34	1Y	单层交叉	1-9，2-10，11-18	36/28
Y2-100L-6	1.5	3.95	76	0.75	5.5	2.0	2.1	85	155	106	0.25	1-φ0.85	61	1Y	单层链式	1-6	48/44
Y2-100L1-8	0.75	2.43	71	0.67	4.0	1.8	2.0	70	155	106	0.25	1-φ0.71	79	1Y	单层链式	1-6	48/44
Y2-100L2-8	1.1	3.42	72	0.69	5.0	1.8	2.0	90	155	106	0.25	1-φ0.8	62	1Y	单层链式	1-6	48/44
Y2-112M-2	4.0	8.23	85	0.88	7.5	2.2	2.3	90	175	98	0.45	1-φ0.95	54	1△	单层同心	1-16，2-15，3-14，17-30，18-29	30/26
Y2-112M-4	4.0	8.83	84	0.82	7.0	2.3	2.3	120	175	110	0.35	1-φ1.0	52	1△	单层交叉	1-9，2-10，11-18	36/28

（续）

型号	额定功率/kW	满载时 定子电流/A	满载时 效率/%	满载时 功率因数	堵转电流倍数	堵转转矩倍数	最大转矩倍数	铁芯长度/mm	定子外径/mm	定子内径/mm	气隙长度/mm	定子线规(根-mm)	每槽线数	并联支路数	绕组形式	节距	槽数 Z_1/Z_2
Y2-112M-6	2.2	5.57	79	0.76	6.5	2.0	2.1	95	175	120	0.3	1-φ1.0	50	1Y	单层链式	1-6	36/28
Y2-112M-8	1.5	4.47	75	0.69	5.0	1.8	2.0	95	175	120	0.3	1-φ0.95	51	1Y	单层链式	1-6	48/44
Y2-132S1-2	5.5	11.18	86	0.88	7.5	2.2	2.3	90	210	116	0.55	2-φ0.9	44	1△	单层同心	1-16,2-15 3-14,17-30 18-29	30/26
Y2-132S2-2	7.5	15.06	87	0.88	7.5	2.2	2.3	105	210	116	0.55	1-φ0.95 1-φ1.0	38	1△	单层同心	1-16,2-15 3-14,17-30 18-29	30/26
Y2-132S-4	5.5	11.7	85	0.83	7.0	2.3	2.3	145	210	136	0.4	1-φ1.18	47	1△	单层交叉	1-9,2-10 11-18	36/28
Y2-132M-4	7.5	15.6	87	0.84	7.0	2.3	2.3	145	210	136	0.4	2-φ0.95	35	1△	单层交叉	1-9,2-10 11-18	36/28
Y2-132S-6	3.0	7.41	81	0.76	6.5	2.1	2.1	85	210	148	0.35	1-φ1.18	43	1Y	单层链式	1-6	36/42
Y2-132M1-6	4.0	9.64	82	0.76	6.5	2.1	2.1	115	210	148	0.35	2-φ0.71	56	1Y	单层链式	1-6	36/42
Y2-132M2-6	5.5	12.93	84	0.77	6.0	2.1	2.1	155	210	148	0.35	1-φ1.18	43	1Y	单层链式	1-6	36/42
Y2-132S-8	2.2	6.04	78	0.71	6.0	1.8	2.0	85	210	148	0.35	1-φ1.0	42	1Y	单层链式	1-6	48/44
Y2-132M-8	3.0	7.9	79	0.73	6.0	1.8	2.0	115	210	148	0.35	2-φ0.8	33	1Y	单层链式	1-6	48/44

181

（续）

型号	额定功率/kW	满载时			堵转电流倍数	堵转转矩倍数	最大转矩倍数	铁芯长度/mm	定子外径/mm	定子内径/mm	气隙长度/mm	定子线规(根-mm)	每槽线数	并联支路数	绕组形式	节距	槽数 Z_1/Z_2
		定子电流/A	效率/%	功率因数													
Y2-160M1-2	11	21.35	88	0.89	7.5	2.2	2.3	115	260	150	0.65	3-φ1.06	28	1△	单层同心	1-16,2-15 3-14,17-30 18-29	30/26
Y2-160M2-2	15	28.78	89	0.89	7.5	2.2	2.3	140	260	150	0.65	3-φ1.18	23				
Y2-160L-2	18.5	34.72	90	0.9	7.5	2.2	2.3	175	260	150	0.65	3-φ1.32	19				
Y2-160M-4	11	22.35	88	0.84	7.0	2.0	2.1	135	260	170	0.5	1-φ1.18 1-φ1.25	29		单层交叉	1-9,2-10 11-18	36/28
Y2-160L-4	15	30.14	89	0.85	7.5	2.0	2.1	180	260	170	0.5	1-φ1.12 1-φ1.18	22				
Y2-160M1-6	7.5	17	86	0.77	6.5	2.0	2.0	120	260	180	0.4	1-φ1.0 1-φ1.06	40		单层链式	1-6	36/42
Y2-160L-6	11	24.23	87.5	0.78	6.5	2.0	2.0	170	260	180	0.4	2-φ1.25	29				
Y2-160M1-8	4	10.28	81	0.73	6.0	1.9	2.0	85	260	180	0.4	1-φ1.06	56		单层链式	1-6	48/44
Y2-160M2-8	5.5	13.61	83	0.74	6.0	1.9	2.0	120	260	180	0.4	1-φ0.85 1-φ0.9	41				
Y2-160L-8	7.5	17.88	85.5	0.75	6.0	2.0	2.0	170	260	180	0.4	2-φ1.0	30				
Y2-180M-2	22	41.8	90	0.9	7.5	2.2	2.3	165	290	165	0.8	2-φ1.25	34	2△	双层叠式	1-14	36/28
Y2-180M-4	18.5	36.47	90.5	0.86	7.5	2.2	2.3	170	290	187	0.6	2-φ1.06				1-11	48/38
Y2-180L-4	22	43.14	91.0	0.86	7.5	2.2	2.3	190	290	187	0.6	2-φ1.18	30				

（续）

型号	额定功率/kW	满载时 定子电流/A	满载时 效率/%	满载时 功率因数	堵转电流倍数	堵转转矩倍数	最大转矩倍数	铁芯长度/mm	定子外径/mm	定子内径/mm	气隙长度/mm	定子线规（根−mm）	每槽线数	并联支路数	绕组形式	节距	槽数 Z_1/Z_2
Y2－180L－6	15	31.63	89	0.81	7.0	2.0	2.1	170	290	205	0.45	1－φ0.95 / 1－φ1.0	38	2△	双层叠式	1－9	54/44
Y2－180L－8	11	25.29	87.5	0.76	6.6	2.0	2.0	165	290	205	0.45	1－φ1.3	56	2△	双层叠式	1－6	48/44
Y2－200L1－2	30	55.37	91.2	0.9	7.5	2.0	2.3	160	327	187	1.0	1－φ1.18 / 2－φ1.25	31	2△	双层叠式	1－14	36/28
Y2－200L2－2	37	67.92	92.0	0.9	7.5	2.0	2.3	160	327	187	1.0	2－φ1.12 / 2－φ1.18	26	2△	双层叠式	1－14	36/28
Y2－200L－4	30	57.63	92	0.86	7.2	2.2	2.3	195	327	210	0.7	3－φ1.18	34	2△	双层叠式	1－11	48/38
Y2－200L1－6	18.5	38.10	90	0.81	7.0	2.1	2.1	160	327	230	0.5	2－φ1.06	30	2△	双层叠式	1－9	54/44
Y2－200L2－6	22	44.52	90	0.83	7.0	2.1	2.1	160	327	230	0.5	1－φ1.06 / 1－φ1.12	46	2△	双层叠式	1－9	54/44
Y2－200L－8	15	34.09	88	0.76	6.6	2.0	2.0	185	327	210	1.1	1－φ1.12 / 1－φ1.18	24	2△	双层叠式	1－6	48/44
Y2－225M－2	45	82.16	92.3	0.9	7.5	2.0	2.3	175	368	245	0.8	3－φ1.5	50	2△	双层叠式	1－14	36/28
Y2－225S－4	37	69.99	92.5	0.87	7.2	2.2	2.3	180	368	245	0.8	3－φ0.95	41	4△	双层叠式	1－12	48/38
Y2－225M－4	45	84.54	92.8	0.87	7.2	2.2	2.3	220	368	245	0.8	3－φ0.95	41	4△	双层叠式	1－12	48/38
Y2－225M－6	30	58.63	91.5	0.84	7.0	2.0	2.1	180	368	260	0.55	2－φ1.3	44	3△	双层叠式	1－9	54/44

（续）

型号	额定功率/kW	满载时 定子电流/A	满载时 效率/%	满载时 功率因数	堵转电流倍数	堵转转矩倍数	最大转矩倍数	铁芯长度/mm	定子外径/mm	定子内径/mm	气隙长度/mm	定子线规（根-mm）	每槽线数	并联支路数	绕组形式	节距	槽数 Z_1/Z_2
Y2-225S-8	18.5	40.58	90.0	0.76	6.6	1.9	2.0	160	368	260	0.55	2-φ1.25	44	2△	双层叠式	1-6	48/44
Y2-225M-8	22	47.37	90.5	0.78	6.6	1.9	2.0	160	368	260	0.55	4-φ0.95	38	2△		1-6	48/44
Y2-250M-2	55	100.1	92.5	0.90	7.5	2.0	2.3	190	400	225	1.2	1-φ1.3 4-φ1.4	20	2△		1-14	36/28
Y2-250M-4	55	103.1	93.0	0.87	7.2	2.2	2.1	205	400	260	0.9	1-φ1.4 3-φ1.5	28	3△		1-11	48/38
Y2-250M-6	37	71.08	92.0	0.86	7.0	2.1	2.0	190	400	285	0.6	1-φ1.3 1-φ1.4	22			1-12	72/58
Y2-250M-8	30	64.43	91.0	0.79	6.6	1.9	2.0	200	400	285	0.6	3-φ1.25	16			1-9	72/58
Y2-280S-2	75	134.0	93.0	0.90	7.5	2.0	2.3	185	445	255	1.3	6-φ1.3 1-φ1.4	14	2△		1-6	42/34
Y2-280M-2	90	160.27	93.8	0.91	7.5	2.0	2.3	215	445	255	1.3	6-φ1.3 2-φ1.4	28			1-6	42/34
Y2-280S-4	75	139.7	93.8	0.87	7.2	2.2	2.3	215	445	300	1.0	3-φ1.4	22	4△		1-14	60/50
Y2-280M-4	90	166.93	94.2	0.87	7.2	2.2	2.3	270	445	300	1.0	1-φ1.3 3-φ1.4	26			1-14	60/50
Y2-280S-6	45	85.98	92.5	0.86	7.0	2.1	2.0	180	445	325	0.7	3-φ1.18	22	3△		1-12	72/58
Y2-280M-6	55	104.75	92.8	0.86	7.0	2.1	2.0	215	445	325	0.7	3-φ1.3	22			1-12	72/58

（续）

型号	额定功率 /kW	满载时 定子电流 /A	满载时 效率 /%	满载时 功率因数	堵转电流倍数	堵转转矩倍数	最大转矩倍数	铁芯长度 /mm	定子外径 /mm	定子内径 /mm	气隙长度 /mm	定子线规 /根-mm	每槽线数	并联支路数	绕组形式	节距	槽数 Z_1/Z_2
Y2-280S-8	37	76.83	91.5	0.79	6.6	1.9	2.0	190	445	325	0.7	1-φ1.12 1-φ1.18	42	4△		1-9	72/58
Y2-280M-8	45	92.93	92.0					235				2-φ1.25	34				
Y2-315S-2	110	195.46	94.0	0.91	7.1	1.8	2.2	250	520	300	1.5	11-φ1.4 4-φ1.5	10	2△	双层叠式	1-18	48/44
Y2-315M-2	132	233.3	94.5					280				7-φ1.4 9-φ1.5	9				
Y2-315L1-2	160	279.44	94.6	0.92				315				7-φ1.4 11-φ1.5	8				
Y2-315L2-2	200	347.83	94.8					360				13-φ1.4 8-φ1.5	7				
Y2-315S-4	100	201.6	94.5	0.88	6.9	2.1		280		350	1.1	2-φ1.4 4-φ1.5	17	4△		1-16	72/64
Y2-315M-4	132	240.57	94.8					315				3-φ1.4 4-φ1.5	15				
Y2-315L1-4	160	287.95	94.9	0.89				370				3-φ1.4 5-φ1.5	13				
Y2-315L2-4	200	358.5	95.0					435				8-φ1.4 5-φ1.5	11				
Y2-315S-6	75	141.77	93.5	0.86	7.0	2.0	2.0	245		375	0.9	1-φ1.18 3-φ1.25	40	6△		1-11	72/58
Y2-315M-6	90	169.58	93.8					290				2-φ1.3 2-φ1.4	34				

型号	额定功率 /kW	满载时			堵转电流倍数	堵转转矩倍数	最大转矩倍数	铁芯长度 /mm	定子外径 /mm	定子内径 /mm	气隙长度 /mm	定子线规 (根-mm)	每槽线数	并联支路数	绕组形式	节距	槽数 Z_1/Z_2
		定子电流 /A	效率 /%	功率因数													
Y2-315L16	110	206.83	94.0	0.86	6.7	2.0		360	520	375	0.9	4-φ1.5	28	6△	双层叠式	1-11	72/58
Y2-315L2-6	132	244.82	94.2	0.87				415				3-φ1.4 2-φ1.5	24				
Y2-315S-8	55	112.97	92.8	0.81	6.6	1.8		230				2-φ1.25	64	8△			
Y2-315M-8	75	151.33	93.0	0.82			2.0	315				1-φ1.4 1-φ1.5	48				
Y2-315L1-8	90	177.86	93.8	0.82				375				3-φ1.3	40				
Y2-315L2-8	110	216.92	94.0	0.82	6.4			440		390	0.8	2-φ1.18 2-φ1.25	34				
Y2-315S-10	45	99.67	91.5	0.75	6.2	1.5		230				3-φ1.25	42	5△		1-9	90/72
Y2-315M-10	55	121.16	92.0	0.75				280				5-φ1.06	34				
Y2-315L1-10	75	162.16	92.5	0.76				375				1-φ1.3 3-φ1.4	26				
Y2-315L2-10	90	191.03	93.0	0.77	7.1	1.6		440				4-φ1.5	22				
Y2-355M-2	250	432.5	95.3	0.92			22	410		327	1.6	14-φ1.4 19-φ1.5	6	2△		1-18	48/40
Y2-355L-2	315	543.25	95.6	0.92				495				20-φ1.4 20-φ1.5	5				

下表为 Y2-355 系列电动机技术数据（续）：

型号	额定功率 /kW	满载时 定子电流 /A	满载时 效率 /%	满载时 功率因数	堵转电流倍数	堵转转矩倍数	最大转矩倍数	铁芯长度 /mm	定子外径 /mm	定子内径 /mm	气隙长度 /mm	定子线规 (根-φmm)	每槽线数	并联支路数	绕组形式	节距	槽数 Z_1/Z_2
Y2－355M－4	250	442.12	95.3	0.9	6.9	2.1	2.2	420		400	1.2	7－φ1.4 8－φ1.5	11	4△	双层叠式	1－16	72/64
Y2－355L－4	315	555.32	95.6	0.9	6.9	2.1	2.2	520		400	1.2	6－φ1.4 12－φ1.5	9	4△	双层叠式	1－16	72/64
Y2－355M1－6	160	291.52	94.5	0.88	6.7	1.9	2.0	370		423	1.2	6－φ1.5	24	6△	双层叠式	1－11	72/84
Y2－355M2－6	200	263.64	94.7	0.88	6.7	1.9	2.0	440		423	1.2	6－φ1.4 2－φ1.5	20	6△	双层叠式	1－11	72/84
Y2－355L－6	250	453.6	94.9	0.88	6.7	1.9	2.0	560		445	1.2	9－φ1.5	16	6△	双层叠式	1－11	72/84
Y2－355M1－8	132	260.3	93.7	0.82	6.4	1.8	2.0	400		445	1.0	3－φ1.3 2－φ1.4	36	8△	双层叠式	1－9	72/86
Y2－355M2－8	160	310.07	94.2	0.82	6.4	1.8	2.0	455		445	1.0	3－φ1.4 2－φ1.5	32	8△	双层叠式	1－9	72/86
Y2－355L－8	200	386.36	94.5	0.83	6.4	1.8	2.0	560		445	1.0	2－φ1.4 4－φ1.5	26	8△	双层叠式	1－9	72/86
Y2－355M1－10	110	230	93.2	0.78	6.0	1.3	2.0	380		445	1.0	2－φ1.18 2－φ1.25	46	10△	双层叠式	1－9	90/72
Y2－355M2－10	132	275.11	93.5	0.78	6.0	1.3	2.0	455		445	1.0	2－φ1.3 2－φ1.4	38	10△	双层叠式	1－9	90/72
Y2－355L－10	160	333.47	93.5	0.78	6.0	1.3	2.0	560		445	1.0	1－φ1.4 3－φ1.5	32	10△	双层叠式	1－9	90/72

附表4 Y2－E系列（IP54）三相异步电动机的主要技术数据

型号	额定功率/kW	满载时			堵转电流倍数	堵转转矩倍数	最大转矩倍数	铁芯长度/mm	定子外径/mm	定子内径/mm	气隙长度/mm	定子线规(根-mm)	每槽线数	并联支路数	绕组形式	节距	槽数 Z_1/Z_2
		定子电流/A	效率/%	功率因数													
Y2-801-2E	0.75	1.76	77	0.83	7.0	2.2		65	120	67	0.3	1-φ0.6	104		单层交叉	1-9 2-10 11-18	18/16
Y2-802-2E	1.1	2.49	79	0.84			2.3	80				1-φ0.67	83				
Y2-801-4E	0.55	1.49	73.5	0.75	6.0	2.4		65		75	0.25	1-φ0.56	126		单层链式	1-6	24/22
Y2-802-4E	0.75	1.95	75.5	0.77				80				1-φ0.63	102				
Y2-90S-2E	1.5	3.32	80.5	0.85	7.0	2.2		85	130	72	0.35	1-φ0.85	73	1Y	单层交叉	1-9 2-10 11-18	18/16
Y2-90L-2E	2.2	4.7	82.5					115				1-φ0.67 1-φ0.71	54				
Y2-90S-4E	1.1	2.76	76.5	0.78	6.5	2.3	2.1	80		80	0.25	1-φ0.71	86		单层链式	1-6	24/22
Y2-90L-4E	1.5	3.65	79.5					115				1-φ0.85	62				
Y2-90S-6E	0.75	2.19	72.5	0.71	5.6	2.1		95		86		1-φ0.67	79				36/28
Y2-90L-6E	1.1	3.13	74.5					130				1-φ0.8	57				
Y2-100L-2E	3.0	6.08	84	0.87	8.0	2.2	2.3	100	155	84	0.4	1-φ0.8 1-φ0.85	40		单层同心	1-12,2-11 13-24,14-23	24/20
Y2-100L1-4E	2.2	4.96	82	0.81	7.1	2.3		105		98	0.3	1-φ0.71 1-φ0.75			单层交叉	1-9,2-10, 11-18	36/28

注：表中"满载时"为 定子电流/A、效率/%、功率因数 三栏的合并表头。

型号	额定功率/kW	定子电流/A（满载时）	效率/%（满载时）	功率因数（满载时）	堵转电流倍数	堵转转矩倍数	最大转矩倍数	铁芯长度/mm	定子外径/mm	定子内径/mm	气隙长度/mm	定子线规（根-mm）	每槽线数	并联支路数	绕组形式	节距	槽数 Z_1/Z_2
Y2-100L2-4E	3.0	6.62	83	0.82	7.1	2.3	2.3	130	155	98	0.3	1-φ0.8	32	1Y	单层交叉	1-9,2-10; 11-18	36/28
Y2-100L-6E	1.5	3.83	78	0.74	6.4	2.1	2.1	100	155	106	0.25	1-φ0.85	55	1Y	单层链式	1-6	36/28
Y2-112M-2E	4.0	7.76	86	0.9	8.0	2.2	2.3	130	175	98	0.45	1-φ0.9	50	1△	单层同心	1-16,2-15; 3-14,17-30; 18-29	30/26
Y2-112M-4E	4.0	8.59	86	0.82	7.1	2.3	2.3	110	175	110	0.35	1-φ0.67; 1-φ0.71	49	1△	单层交叉	1-9,2-10; 11-18	36/28
Y2-112M-6E	2.2	5.45	81	0.75	6.4	2.2	2.3	105	175	120	0.3	2-φ0.75	45	1△	单层链式	1-6	36/28
Y2-132S1-2E	5.5	10.4	88	0.9	8.0	2.2	2.1	115	210	116	0.55	1-φ1.06	42	1Y	单层同心	1-16,2-15; 3-14,17-30; 18-29	30/26
Y2-132S2-2E	7.5	14.2	88.5	0.9	8.0	2.1	2.1	160	210	116	0.55	1-φ0.9; 1-φ0.95	36	1Y	单层同心	1-16,2-15; 3-14,17-30; 18-29	30/26
Y2-132S-4E	5.5	11.4	87	0.83	7.1	2.3	2.3	110	210	136	0.4	2-φ1.0	44	1△	单层交叉	1-9,2-10; 11-18	36/28
Y2-132M-4E	7.5	15.1	88	0.85	7.1	2.3	2.3	135	210	136	0.4	2-φ0.85	34	1△	单层交叉	1-9,2-10; 11-18	36/28
Y2-132S-6E	3.0	6.97	84	0.76	6.4	2.1	2.1	110	210	148	0.35	1-φ0.95; 1-φ1.0	37	1Y	单层链式	1-6	36/42
Y2-132M1-6E	4.0	9.18	85.5	0.76	7.0	2.1	2.1	135	210	148	0.35	1-φ1.25	51	1△	单层链式	1-6	36/42
Y2-132M2-6E	5.5	12.5	86.5	0.77	7.0	2.1	2.1	165	210	148	0.35	1-φ1.06; 2-φ0.85	40	1△	单层链式	1-6	36/42

型号	额定功率 /kW	满载时			堵转电流倍数	堵转转矩倍数	最大转矩倍数	铁芯长度 /mm	定子外径 /mm	定子内径 /mm	气隙长度 /mm	定子线规 /(根-mm)	每槽线数	并联支路数	绕组形式	节距	槽数 Z_1/Z_2
		定子电流 /A	效率 /%	功率因数													
Y2-160M1-2E	11	20.3	90.5	0.9	8.0	2.1	2.3	130	260	150	0.65	3-φ1.12	26	1△	单层同心	1-16,2-15 3-14,17-30 18-29	30/26
Y2-160M2-2E	15	27.2	91	0.9	8.0	2.1	2.3	160	260	150	0.65	3-φ1.25	21	1△	单层同心	1-16,2-15 3-14,17-30 18-29	30/26
Y2-160L-2E	18.5	33	92	0.9	8.0	2.1	2.3	195	260	150	0.65	1-φ1.3 2-φ1.4	18	1△	单层同心	1-16,2-15 3-14,17-30 18-29	30/26
Y2-160M-4E	11	21.6	90.5	0.85	8.2	2.1	2.3	145	260	170	0.5	1-φ1.25 1-φ1.3	28	1△	单层交叉	1-9,2-10 11-18	36/28
Y2-160L-4E	15	29.1	91	0.85	8.2	2.1	2.3	195	260	170	0.5	2-φ1.18 1-φ1.25	21	1△	单层交叉	1-9,2-10 11-18	36/28
Y2-160M1-6E	7.5	15.8	88.5	0.78	7.7	1.9	2.1	145	260	180	0.4	1-φ1.06 1-φ1.12	38	1△	单层链式	1-6	36/42
Y2-160L-6E	11	22.7	89	0.8	7.0	1.9	2.1	195	260	180	0.4	2-φ1.3	28	1△	单层链式	1-6	36/42
Y2-180M-2E	22	39.8	91.7	0.9	8.2	2.1	2.3	180	290	165	0.8	3-φ1.18 2-φ1.25	16	2△	双层叠式	1-14	36/28
Y2-180M-4E	18.5	34.9	92.5	0.86	7.7	2.1	2.3	195	290	187	0.6	1-φ1.3 1-φ1.4	34	2△	双层叠式	1-11	48/38
Y2-180L-4E	22	41.2	92.8	0.86	7.7	2.1	2.3	220	290	187	0.6	1-φ1.4 1-φ1.5	30	2△	双层叠式	1-11	48/38
Y2-180L-6E	15	30.5	90.5	0.81	7.0	1.9	2.1	200	290	205	0.45	1-φ1.06 1-φ1.12	34	2△	双层叠式	1-9	54/44
Y2-200L1-2E	30	53.1	92.7	0.9	7.6	1.9	2.3	180	327	187	1.0	1-φ1.12 3-φ1.18	30	2△	双层叠式	1-14	36/28

（续）

型号	额定功率/kW	满载时 定子电流/A	满载时 效率/%	满载时 功率因数	堵转电流倍数	堵转转矩倍数	最大转矩倍数	铁芯长度/mm	定子外径/mm	定子内径/mm	气隙长度/mm	定子线规(根-mm)	每槽线数	并联支路数	绕组形式	节距	槽数 Z_1/Z_2
Y2-200L2-2E	37	65.1	93.2	0.9	7.6	1.9	2.3	205	327	187	1.0	3-φ1.25 1-φ1.3	26	2△	双层叠式	1-14	36/28
Y2-200L-4E	30	56	93.2	0.86	7.3	2.1	2.3	230	327	210	0.7	1-φ1.3 1-φ1.4	24	2△	双层叠式	1-11	48/38
Y2-200L1-6E	18.5	36.8	91.5	0.81	7.0	1.9	2.1	185	327	230	0.5	1-φ1.18 1-φ1.25	32	2△	双层叠式	1-9	54/44
Y2-200L2-6E	22	43.5	92	0.83	7.0	1.7	2.1	210	327	230	0.5	2-φ1.3	28	2△	双层叠式	1-9	54/44
Y2-225M-2E	45	78.3	94.2	0.9	7.6	1.7	2	200	368	210	1.1	10-φ1.3	12	1△	双层叠式	1-14	36/28
Y2-225S-4E	37	67.5	94	0.87	7.3	1.8	2	200	368	245	0.8	1-φ1.5 2-φ1.6	26	2△	双层叠式	1-12	48/38
Y2-225M-4E	45	81.7	94.2	0.87	7.3	1.8	2	235	368	245	0.8	1-φ1.4 3-φ1.5	22	2△	双层叠式	1-12	48/38
Y2-225M-6E	30	56.7	93.5	0.85	7.0	1.5	2.1	205	368	260	0.55	1-φ1.18 3-φ1.25	30	1△	双层叠式	1-9	54/44
Y2-250M-2E	55	96.8	94.5	0.9	7.6	2.1	2.3	200	400	225	1.2	9-φ1.5	10	1△	双层叠式	1-14	36/28

（续）

型号	额定功率/kW	满载时			堵转电流倍数	堵转转矩倍数	最大转矩倍数	铁芯长度/mm	定子外径/mm	定子内径/mm	气隙长度/mm	定子线规/(根-mm)	每槽线数	并联支路数	绕组形式	节距	槽数 Z_1/Z_2
		定子电流/A	效率/%	功率因数													
Y2-250M-4E	55	100.5	94.5	0.87	7.3	1.8	2.3	235	400	260	0.9	2-φ1.3 1-φ1.4	38	4△	双层叠式	1-11	48/38
Y2-250M-6E	37	68.5	93.5	0.86	7.0	1.8	2.1	210	400	285	0.6	2-φ1.18 1-φ1.25	28	3△	双层叠式	1-12	72/58
Y2-280S-2E	75	130.1	94.8	0.91	7.6	1.5	2.3	215	400	255	85	3-φ1.4 6-φ1.5	16	2△	双层叠式	1-16	42/34
Y2-280M-2E	90	155.1	95.2	0.91	7.6	1.5	2.3	245	400	255	85	3-φ1.5 6-φ1.6	14	2△	双层叠式	1-16	42/34
Y2-280S-4E	75	137.1	94.7	0.87	7.3	2.0	2.3	255	445	300	100	1-φ1.3 3-φ1.4	24	4△	双层叠式	1-15	60/50
Y2-280M-4E	90	163.2	95	0.87	7.3	2.0	2.3	310	445	300	100	4-φ1.5	20	4△	双层叠式	1-15	60/50
Y2-280S-6E	45	83.5	93.5	0.86	7.0	1.8	2.0	215	445	325	100	1-φ1.18 1-φ1.25	50	6△	双层叠式	1-12	72/58
Y2-280M-6E	55	101.1	93.8	0.86	7.0	1.8	2.0	260	445	325	100	2-φ1.3	42	6△	双层叠式	1-12	72/58

附表 5　YX 系列高效率三相异步电动机的主要技术数据

满载时 = 定子电流/A · 转速/(r/min) · 效率/% · 功率因数 · 堵转电流倍数 · 堵转转矩倍数 · 最大转矩倍数

型号	额定功率/kW	定子电流/A	转速/(r/min)	效率/%	功率因数	堵转电流倍数	堵转转矩倍数	最大转矩倍数	铁芯长度/mm	气隙长度/mm	定子外径/mm	定子内径/mm	定子线规(根-mm)	每槽线数	并联支路数	节距	绕组形式	槽数 Z_1/Z_2
YX100L-2	3.0	5.9	2880	86.5	0.89	2.0	8.0	2.2	115	0.4	155	84	2-φ0.85	38	1	1-12 2-11	单层同心式	24/20
YX112M-2	4	7.7	2910	88.3					130	0.45	175	98	1-φ1.18	37				
YX132S1-2	5.5	10.6	2920	88.6					110	0.55	210	116	1-φ1.0 1-φ1.06	34		1-18 2-17 3-16		36/28
YX132S2-2	7.5	14.3	2920	89.7					145				2-φ1.18	26				
YX160M1-12	11	20.9	2950	90.8	0.88	1.8			150	0.65	260	150	3-φ1.25	20				
YX160M2-2	15	27.8	2950	92.0	0.89				190				2-φ1.18 2-φ1.25	16				
YX160L-2	18.5	34.3	2950						215				4-φ1.3	14				
YX180M-2	22	40.1	2960	92.5	0.90		7.5		205	0.8	290	160	2-φ1.25 1-φ1.18	28	2	1-14	双层叠式	
YX200L1-2	30	54.5	2950	93.0					200	1.0	327	182	3-φ1.4	24				
YX200L2-2	37	67.0	2950	93.2					235				4-φ1.3	20				
YX225M-2	45	80.8	2970	94.0					220	1.1	368	210	5-φ1.4	16				
YX250M-2	55	99.7	2980	94.2	0.89				240	1.2	400	225	1-φ1.6 5-φ1.5			1-17		42/34

193

型号	额定功率/kW	定子电流/A	转速/(r/min)	效率/%	功率因数	堵转电流倍数	堵转转矩倍数	最大转矩倍数	铁芯长度/mm	气隙长度/mm	定子外径/mm	定子内径/mm	定子线规(根-mm)	每槽线数	并联支路数	节距	绕组形式	槽数 Z₁/Z₂
			满载时															
YX280S-2	75	135.8	2970	94.2	0.89	1.8	7.5	2.2	245	1.5	445	255	9-φ1.5	16	2	1-16	双层叠式	42/34
YX280M-2	90	162.6	2980	94.5					275				4-φ1.6 6-φ1.5	12				
YX100L1-4	2.2	4.7	1440	86.3	0.82	2.0	8.0		135	0.3	155	98	1-φ1.18	35	1	2(1-9) 1-8	单层交叉式	36/32
YX100L2-4	3.0	6.4		96.5					160				1-φ1.3	29				
YX112M-4	4.0	8.3		88.3	0.83				160		175	110	1-φ1.25	46				
YX132S-4	5.5	11.2	1460	89.5					145	0.4	210	136	1-φ1.0 2-φ0.86	40				
YX132M-4	7.5	14.8		90.3	0.85				180				2-φ1.18	32				
YX160M-4	11	20.9	1470	91.8	0.87				175	0.5	260	170	2-φ1.18 1-φ1.25	20			单层链式	
YX160L-4	15	28.5		91.8					215				1-φ1.12 3-φ1.18	16				
YX180M-4	18.5	35.2	1480	93.0	0.86	1.8	7.5		220	0.55	290	187	2-φ0.95	60	4	1-11	双层叠式	48/44
YX180L-4	22	41.7		93.2					250				1-φ0.95 1-φ1.06	52	2			
YX200J-4	30	56		93.5	0.87				250	0.65	327	210	3-φ1.4	26				

（续）

型号	额定功率/kW	满载时 定子电流/A	满载时 转速/(r/min)	满载时 效率/%	满载时 功率因数	堵转电流倍数	堵转转矩倍数	最大转矩倍数	铁芯长度/mm	气隙长度/mm	定子外径/mm	定子内径/mm	定子线规/(根-φmm)	每槽线数	并联支路数	节距	绕组形式	槽数 Z_1/Z_2
YX225S-4	37	68.9	1490	93.8	0.87	1.8	7.5	2.2	235	0.7	368	245	1-φ1.3 / 1-φ1.5	42	4	1-12	双层叠式	48/44
YX225M-4	45	83.5	1480	94.1					260				2-φ1.5	38				
YX250M-4	55	100.2	1480	94.5	0.88				260	0.8	400	260	1-φ1.3 / 2-φ1.4	34				
YX280S-4	75	136.7	1490	94.7					290	0.9	445	300	4-φ1.3 / 1-φ1.4	24		1-14		60/50
YX280L-4	90	161.7	1490	95	0.89				345				2-φ1.4 / 3-φ1.5	20				
YX100L-6	1.5	3.8	960	82.4	0.72	2.0	7.0	2.0	115	0.25	155	105	1-φ0.95	50	1	1-6	单层链式	36/33
YX112M-6	2.2	5.3	970	85.3	0.74				130	0.3	175	120	1-φ1.18	41				
YX132S-6	3	6.9	980	87.2	0.76				125	0.35	210	148	1-φ1.0 / 1-φ0.95	35				
YX132M1-6	4	9.0	980	88.0	0.77				150				2-φ0.85	49				
YX132M2-6	5.5	12.1	980	88.5	0.78				195				2-φ0.95	38				
YX160M-6	7.5	16	980	90.0	0.79				165	0.4	260	180	1-φ1.25 / 1-φ1.3	24	1	1-9 / 2-10 / 11-18	单层交叉	54/44
YX160L-6	11	23.4	980	90.4					220				2-φ1.18 / 1-φ1.25	18				

195

（续）

型号	额定功率/kW	满载时 定子电流/A	转速/(r/min)	效率/%	功率因数	堵转电流倍数	堵转转矩倍数	最大转矩倍数	铁芯长度/mm	气隙长度/mm	定子外径/mm	定子内径/mm	定子线规/(根-mm)	每槽线数	并联支路数	节距	绕组形式	槽数 Z_1/Z_2
YX180L-6	15	30.7		91.7	0.81				235	0.45	290	205	2-φ0.95	48	3			
YX200L1-6	18.5	36.9	980	91.7	0.83				215		327	230	2-φ1.0 1-φ1.06	24	2			
YX200L2-6	22	43.2		92.1	0.84	1.8	7.0	2.0	225	0.5			2-φ1.0 1-φ1.18	22		1-12	双层叠式	72/58
YX225M-6	30	57.7		93.0	0.85				240		368	260	2-φ1.18 1-φ1.06	28	3			
YX250M-6	37	70	990	93.4	0.85				235	0.55	400	285	3-φ1.25	30				
YX280S-6	45	84.0		93.6	0.87				235		445	325	3-φ1.18 1-φ1.25	24				
YX280M-6	55	102.4		93.8	0.87				280	0.65			2-φ1.25 1-φ1.6	20				

附表 6 YR 系列（IP44）绕线式三相异步电动机的主要技术数据

型号	额定功率/kW	满载时 电流/A	满载时 转速/(r/min)	满载时 效率/%	满载时 功率因数	定子绕组 每槽线数	定子绕组 线规（根－mm）	定子绕组 节距	定子绕组 接法	定子绕组 绕组形式	转子绕组 电压/V	转子绕组 电流/A	转子绕组 每槽线数	转子绕组 线规（根－mm）	转子绕组 节距	转子绕组 接法	转子绕组 绕组形式	槽数 Z_1/Z_2	最大转矩倍数
YR132M1－4	4	9.3	1440	84.5	0.77	102	1－φ0.8	1－9	2△	双层叠式	230	11.5	28	3－φ1.06	1－6	1Y	双层叠式	36/24	3.0
YR132M2－4	5.5	12.6	1440	86	0.77	74	1－φ0.95	1－9	2△	双层叠式	272	13	24	2－φ1.12 / 1－φ1.18	1－6	1Y	双层叠式	36/24	
YR160M－4	7.5	15.7	1460	87.5	0.83	74	1－φ1.12	1－9	2△	双层叠式	250	19.5	44	2－φ1.0 / 1－φ1.06	1－6	2Y	双层叠式	36/24	
YR160L－4	11	22.5	1460	89.5	0.85	52	2－φ0.95	1－9	2△	双层叠式	276	25	34	3－φ1.18	1－6	2Y	双层叠式	36/24	
YR180L－4	15	30	1465	89.5	0.85	32	2－φ1.06	1－9	4△	双层叠式	278	34	18	3－φ1.3	1－6	2Y	双层叠式	36/24	
YR200L1－4	18.5	36.7	1465	89	0.86	64	1－φ1.18	1－11	4△	双层叠式	247	47.5	16 / 8	4－φ1.4 / 1－2×5.6	1－9	2Y / 1Y	双层叠式	48/36	
YR200L2－4	22	43.2	1465	90	0.87	54	1－φ1.3	1－11	4△	双层叠式	293	47	16 / 8	4－φ1.4 / 1－2.24×5.6	1－9	2Y / 1Y	双层叠式	48/36	
YR225M2－4	30	57.6	1475	91	0.86	22	3－φ1.25	1－12	2△	双层叠式	360	51.5	16 / 8	6－φ1.25 / 2－2×5.6	1－9	2Y / 1Y	双层叠式	48/36	
YR250M1－4	37	71.4	1480	91.5	0.87	40	2φ1.25	1－12	4△	双层叠式	289	79	12 / 6	6－φ1.8 / 1－25×5.6	1－12	2Y / 1Y	双层叠式	60/48	
YR250M2－4	45	85.9	1480	91.5	0.87	34	3－φ1.12	1－12	4△	双层叠式	340	81	12 / 6	8－φ1.4 / 2－2×5.6	1－12	2Y / 1Y	双层叠式	60/48	
YR280S－4	55	93.8	1480	91.5	0.88	26	2－φ1.5	1－14	4△	双层叠式	485	70	12 / 6	7－φ1.4 / 2－2×5	1－12	1Y	双层叠式	60/48	

（续）

型号	满载时					定子绕组					转子绕组							槽数 Z_1/Z_2	最大转矩倍数
	额定功率/kW	电流/A	转速/(r/min)	效率/%	功率因数	每槽线数	线规（根-mm）	节距	接法	绕组形式	电压/V	电流/A	每槽线数	线规（根-mm）	节距	接法	绕组形式		
YR280M-4	75	140	1480	92.5	0.88	18	1-φ1.4 2-φ1.5	1-14	4△	双层叠式	354	128	12 6	7-φ1.4 2-2×5	1-12	4Y 2Y	双层叠式		
YR132M1-6	3	8.2	955	80.5	0.69	46	1-φ1.0	1-8	1△		206	9.5	20	3-φ1.0	1-6	1Y		48/36	
YR132M2-6	4	10.7	955	82	0.69	70	1-φ0.8	1-8	2△		230	11	34	2-φ0.95	1-6	2Y		48/36	
YR160M-6	5.5	13.4	970	84.5	0.74	66	1-φ1.0	1-8	2△		244	14.5	34	2-φ1.06	1-6	2Y		48/36	
YR160L-6	7.5	17.9	970	86	0.74	50	1-φ1.18	1-8	2△		266	18	28	2-φ1.18	1-6	2Y		48/36	
YR180L-6	11	23.6	975	87.5	0.81	38	1-φ1.25	1-8	2△		310	22.5	28	4-φ1.0	1-6	2Y		54/36	
YR200L-6	15	31.8	975	85.5	0.81	34	1-φ1.06 1-φ1.12	1-9	2△		198	48	16 8	2-φ1.18 1-2.24×5.6	1-6	1Y 2Y		54/36	2.8
YR225M1-6	18.5	38.3	980	88.5	0.83	36	1-φ1.18 1-φ1.25	1-9	2△		187	62.5	16 8	8-φ1.25 1-2.8×6.3	1-8	1Y 2Y		72/48	
YR225M2-6	22	45	980	89.5	0.83	30	1-φ1.3 1-φ1.4	1-9	2△		224	61	16 8	8-φ1.25 1-2.8×6.3	1-8	1Y 2Y		72/48	
YR250M1-6	30	60.3	980	90	0.84	18	3-φ1.12 1-φ1.18	1-12	2△		282	66	12 6	7-φ1.4 2-2.24×5	1-8	2Y 1Y		72/48	
YR250M2-6	37	73.9	980	90.5	0.84	16	3-φ1.4	1-12	2△		331	69	12 6	3-φ1.4 2-2.24×5	1-8	2Y 1Y		72/48	

198

(续)

型号	额定功率/kW	满载时 电流/A	满载时 转速/(r/min)	满载时 效率/%	满载时 功率因数	定子绕组 每槽线数	定子绕组 线规(根-mm)	定子绕组 节距	定子绕组 接法	定子绕组 绕组形式	转子绕组 电压/V	转子绕组 电流/A	转子绕组 每槽线数	转子绕组 线规(根-mm)	转子绕组 节距	转子绕组 接法	转子绕组 绕组形式	槽数 Z₁/Z₂	最大转矩倍数
YR280S-6	45	87.9	985	91.5	0.85	14	3-φ1.4 1-φ1.5	1-12	1△	双层叠式	362	76	12 6	3-φ1.3 2-2.5×5.6	1-8	2Y 1Y	层叠式	72/48	2.8
YR280M-6	55	106.9	985	92	0.85	12	3-φ1.5 1-φ1.6	1-12	1△	双层叠式	423	80	12 6	9-φ1.4 2-2.5×5.6	1-8	2Y 1Y	层叠式	72/48	2.8
YR160M-8	4	10.7	715	82.5	0.69	92	1-φ0.9	1-6	1△	双层叠式	216	12	42	2-φ0.95	1-5	2Y	层叠式	48/36	2.4
YR160L-8	5.5	14.2	715	83	0.71	70	1-φ1.0	1-6	1△	双层叠式	230	15.5	34	2-φ1.06	1-5	2Y	层叠式	48/36	2.4
YR180L-8	7.5	18.4	725	85	0.73	28	1-φ1.06	1-7	1△	双层叠式	255	19	34	1-φ1.25	1-5	2Y	层叠式	48/36	2.4
YR200L1-8	11	26.6	735	86	0.73	44	2-φ0.95	1-7	2△	双层叠式	152	46	16 8	2-φ1.18 1-2.2×5.6	1-5	2Y 1Y	层叠式	54/36	2.4
YR225M1-8	15	34.5	735	88	0.75	40	2-φ1.12	1-7	2△	双层叠式	169	56	16 8	8-φ1.25 1-2.8×6.3	1-5	2Y 1Y	层叠式	54/36	2.4

199

（续）

型号	额定功率/kW	满载时 电流/A	满载时 转速/(r/min)	满载时 效率/%	满载时 功率因数	定子绕组 每槽线数	定子绕组 线规（根-mm）	定子绕组 节距	定子绕组 接法	定子绕组 绕组形式	转子绕组 电压/V	转子绕组 电流/A	转子绕组 每槽线数	转子绕组 线规（根-mm）	转子绕组 节距	转子绕组 接法	转子绕组 绕组形式	槽数 Z_1/Z_2	最大转矩倍数
YR225M2-8	18.5	42.1		89	0.75	32	2-φ1.3	1-7	2△	双层叠式	211	54	16	8-φ1.25	1-5	2Y	双层叠式	54/36	24
													8	1-2.8×6.3		1Y			
YR250M1-8	22	48.7		88	0.78	48	1-φ1.4		4△		210	65.5	12	7-φ1.4		2Y		72/48	
													6	2-2.24×5		1Y			
YR250M2-8	30	66.1	735	89.5	0.77	74	1-φ1.12		8△		270	69	12	7-φ1.4		2Y			
													6	2-2.24×5		1Y			
YR280S-8	37	78.2		91	0.79	36	3-φ1.0	1-9	4△		281	81.5	12	9-φ1.4	1-6	2Y			
													6	2-2.5×5.6		1Y			
YR280M-8	45	92.9		92	0.8	28	2-φ1.4				359	76	12	3-φ1.3 / 6-φ1.4		2Y			
													6	2-2.5×5.6		1Y			

200

附表 7 YR 系列(IP23)三相异步电动机的主要技术数据

型号	额定功率/kW	满载时 电流/A	转速/(r/min)	效率/%	功率因数	定子绕组 每槽线数	线规(根-mm)	节距	接法	绕组形式	转子绕组 电压/V	电流/A	每槽线数	线规(根-mm)	节距	接法	绕组形式	槽数 Z_1/Z_2	最大转矩倍数
YR160M-4	7.5	16	1420	84	0.84	34	1-φ1.5	1-11	1△	双层叠式	260	19	18	3-φ1.12	1-9	1Y	双层叠式	48/36	2.8
YR160L1-4	11	22.7	1435	86.5	0.85	50	2-φ0.85	1-11	2△	双层叠式	275	26	14	4-φ1.12	1-9	1Y	双层叠式	48/36	2.8
YR160L2-4	15	30.8	1445	87	0.85	38	2-φ1.0	1-11	2△	双层叠式	260	37	10	3-φ1.3 1-φ1.4	1-9	1Y	双层叠式	48/36	2.8
YR180M-4	18.5	36.7	1425	87	0.85	40	2-φ1.12	1-11	2△	双层叠式	197	61	8	1-1.8×5	1-9	1Y	双层叠式	48/36	2.8
YR180L-4	22	43.2	1435	88	0.88	34	1-φ1.18 1-φ1.25	1-11	4△	双层叠式	232	61	8	1-1.8×5	1-9	1Y	双层叠式	48/36	3.0
YR200M-4	30	58.2	1440	89	0.88	62	2-φ0.95	1-11	4△	双层叠式	255	76	8	1-2×5.6	1-9	1Y	双层叠式	48/36	3.0
YR200L-4	37	71.8	1450	89	0.88	50	2-φ1.0	1-11	4△	双层叠式	316	74	8	1-2×5.6	1-9	1Y	双层叠式	48/36	3.0
YR225MI-4	45	87.3	1440	90	0.89	24	1-φ1.12 3-φ1.18	1-12	2△	双层叠式	240	120	6	2-1.8×4.5	1-9	1Y	双层叠式	48/36	2.5
YR225M2-4	55	105.5	1450	90.5	0.89	40	1-φ1.25 1-φ1.3	1-12	4△	双层叠式	288	121	6	2-1.8×4.5	1-9	1Y	双层叠式	48/36	2.5
YR250S-4	75	141.5	1450	91	0.89	14	2-φ1.25 3-φ1.3	1-12	2△	双层叠式	449	105	6	2-1.6×4.5	1-12	1Y	双层叠式	60/48	2.6
YR250M-4	90	168.8	1460	91	0.89	12	4-φ1.25 2-φ1.3	1-14	2△	双层叠式	524	107	6	2-1.6×4.5	1-12	1Y	双层叠式	60/48	2.6
YR280S-4	110	205.2	1460	91.5	0.89	24	4-φ1.25	1-14	4△	双层叠式	349	196	4	2-2.24×6.3	1-12	1Y	双层叠式	60/48	3.0

（续）

型号	额定功率/kW	满载时				定子绕组					转子绕组							槽数 Z_1/Z_2	最大转矩倍数
		电流/A	转速/(r/min)	效率/%	功率因数	每槽线数	线规/(根-mm)	节距	接法	绕组形式	电压/V	电流/A	每槽线数	线规/(根-mm)	节距	接法	绕组形式		
YR280M-4	132	243.6	1460	92.5	0.89	20	4-φ1.4	1-14	4△		419	194	4	2-2.24×6.3	1-12			60/48	3.0
YR160M-6	5.5	13.2	950	82.5	0.77	36	2-φ0.95		1△		279	13	24	1-φ1.18 1-φ1.25				54/36	2.5
YR160L-6	7.5	17.5		83.5	0.78	58	1-φ1.06				260	19	18	3-φ1.12					
YR180M-6	11	25.4	940	84.5		46	1-φ1.4				146	50	8	1-1.8×4					2.8
YR180L-6	15	33.7	950	85.5	0.79	36	2-φ1.06	1-9	2△		187	53	8	1-1.8×4	1-6				
YR200M-6	18.5	40.1	950	86.5	0.81	36	2-φ1.18			双层叠式	187	65	8	1-1.85×5			双层叠式		
YR200L-6	22	46.6	955	87.5	0.82	30	1-φ1.3 1-φ1.4				224	63	8	1-1.85×5		1Y			
YR225M1-6	30	61.3				38	2-φ1.12				227	86	6	2-1.6×4.5				72/54	2.2
YR225M2-6	37	74.3	965	89	0.85	30	1-φ1.18 1-φ1.25		3△		287	82	6	2-1.6×4.5					
YR250S-6	45	90.4				28	2-φ1.4				307	93	6	2-1.8×4.5	1-9				
YR250M-6	55	108.6	970	89.5	0.8	24	4-φ1.06	1-12			359	97	6	2-1.8×4.5					
YR280S-6	75	143.1		90.5	0.88	22	3-φ1.4				392	121	6	2-2×5					2.5

(续)

型号	额定功率/kW	满载时电流/A	满载时转速/(r/min)	满载时效率/%	满载时功率因数	定子绕组每槽线数	定子绕组线规(根-mm)	定子绕组节距	定子绕组接法	定子绕组形式	转子电压/V	转子电流/A	转子绕组每槽线数	转子绕组线规(根-mm)	转子绕组节距	转子绕组接法	转子绕组形式	槽数 Z_1/Z_2	最大转矩倍数
YR280M-6	90	168.7	970	91	0.89	18	3-φ1.5	1-12	3△	双层叠式	481	118	6	2-2×5	1-9	1Y	双层叠式	72/54	2.5
YR160M-8	4	10.6	705	81	0.71	54	1-φ1.25	1-6	1△		262	11	30	1-φ1.06 / 1-φ1.12	1-5			48/36	2.2
YR160L-8	5.5	14.4		81.5		43	1-φ1.4				243	15	22	2-φ1.25					
YR180M-8	7.5	19	690	82	0.73	70	2-φ0.9		2△		105	49	8	1-1.8×4					
YR180L-8	11	27.6	710	83		54	2-φ1.0				140	53	8	1-1.8×4					
YR200M-8	15	36.7		85		50	2-φ0.95				153	64	8	1-1.8×5					
YR200L1-8	18.5	41.9		86	0.78	43	2-φ1.3				187	64	8	1-1.8×5					
YR225M1-8	22	49.2	715	86	0.79	62	1-φ1.25	1-9	4△		161	90	6	2-1.6×4.5	1-6			7248	2.0
YR225M2-8	30	66.3		87		50	1-φ1.4				200	97	6	2-1.6×4.5					
YR250S-8	37	81.3	720	87.5		46	2-φ1.06				218	110	6	2-1.8×4.5					
YR250M-8	45	97.8		88.5		38	1-φ1.19 / 1-φ1.25				264	109	6	2-1.8×4.5					
YR280S-8	55	114.5	725	89	0.82	36	1-φ1.3 / 1-φ1.4				279	125	6	2-2×5					
YR280M-8	75	154.4		90		28	1-φ1.5 / 1-φ1.6				359	131	6	2-2×5					2.2

附表 8　YZR 系列（IP44）绕线式三相异步电动机的主要技术数据

型号	额定功率/kW	外径	内径	长度	槽数	每槽线数	线规（根-mm）	节距	接法	绕组形式	每槽线数	线规（根-mm）	绕组形式	节距	接法	槽数
		定子铁芯/mm				定子绕组					转子绕组					
YZR112M-6	1.5	182	127	95		42	1-φ0.75	1-8	Y	双层叠式	14	1-φ0.9	单层链式	1-6	Y	36
YZR132M1-6	2.2	210	148	100	45	34	1-φ0.95					1-φ1.0				
YZR132M2-6	3.7	210	148	150		24	2-φ0.85				15	2-φ1.12				
YZR160M1-6	5.5	245	182	115		40	1-φ1.0				22	3-φ1.0				
YZR160M2-6	7.5	245	182	150	54	30	1-φ1.18		2Y							
YZR160L-6	11	280	210	210		22	2-φ0.95	1-9								
YZR180L-6	15	327	245	200		28	2-φ0.9				16	3-φ1.3			2Y	
YZR200L-6	22	327	245	200		24	2-φ1.25	1-8	3Y		19	4-φ1.25				
YZR225M-6	30	327	245	255		20	2-φ1.4									
YZR250M1-6	37	368	280	280		14	3-φ1.3	1-11			12	1-φ1.3　3-φ1.4	单层交叉	2(1-9)	3Y	54
YZR250M2-6	45	368	280	330	72	12	3-φ1.4							1-8		
YZR280S-6	55	423	310	285		24	1-φ1.12　2-φ1.18	1-12	6Y			6-φ1.3	双层叠式	1-9		48

（续）

型号	额定功率/kW	定子铁芯/mm 外径	内径	长度	槽数	定子绕组 每槽线数	线规（根－mm）	节距	接法	绕组形式	转子绕组 每槽线数	线规（根－mm）	绕组形式	节距	接法	槽数
YZR280M－6	75	423	310	360	72	18	1－φ1.12 3－φ1.18	1－12	6Y	双层叠式	12	6－φ1.3	双层叠式	1－9	3Y	48
YZR160L－8	7.5	245	182	210	54	14	2－φ1.18	1－7	Y	双层叠式	24	2－φ1.18	双层叠式	1－5	2Y	36
YZR180L－8	11	280	210	200	60	24	2－φ1.06	1－8	2Y	双层叠式	14	3－φ1.25	单层链式	1－6	2Y	48
YZR200L－8	15	327	245	200	60	20	3－φ1.12	1－8	2Y	双层叠式	12	4－φ1.3	单层链式	1－6	2Y	48
YZR225M－8	22	327	245	255	60	16	3－φ1.3	1－7	2Y	双层叠式	12	4－φ1.3	单层链式	1－6	2Y	48
YZR250M1－8	30	368	280	280	72	12	1－φ1.3 2－φ1.4	1－8	4Y	双层叠式	11	1－φ1.3 3－φ1.4	单层链式	1－6	2Y	48
YZR250M2－8	37	368	280	350	72	10	4－φ1.3	1－8	4Y	双层叠式	11	1－φ1.3 3－φ1.4	单层链式	1－6	2Y	48
YZR280S－8	45	423	310	285	72	18	1－φ1.3 1－φ1.4	1－9	4Y	双层叠式	10	6－φ1.4	双层叠式	1－7	2Y	54
YZR280M－8	55	423	310	360	72	16	4－φ1.25	1－9	4Y	双层叠式	10	6－φ1.4	双层叠式	1－7	2Y	54
YZR315S－8	75	493	400	340	72	14	1－φ1.3 3－φ1.4	1－8	4Y	双层叠式	2	2.24×16	双层波式	1－13 1－12	Y	96
YZR315M－8	90	493	400	430	72	12	4－φ1.3 1－φ1.4	1－8	4Y	双层叠式	2	2.24×16	双层波式	1－13 1－12	Y	96

型号	额定功率/kW	定子铁芯/mm 外径	内径	长度	槽数	每槽线数	定子绕组 线规（根-mm）	节距	接法	绕组形式	每槽线数	转子绕组 线规（根-mm）	绕组形式	节距	接法	槽数
YZR280S-10	37	423	310	325	60	30	2-φ1.3	1-6	5Y	双层叠式	2	2.8×12.5	双层叠式	1-8	Y	75
YZR280M-10	45			370		26	3-φ1.18									
YZR315S-10	55	493	400	340	75	18	2-φ1.18 1-φ1.25	1-8								90
YZR315M-10	75			430		14	3-φ1.4					2.24×16	双层波式	1-9 1-10		
YZR355M-10	90	560	460	280	90	26	1-φ1.12 2-φ1.18	1-9	10Y							105
YZR355L1-10	110			470		22	2-φ1.25 1-φ1.3					3.15×16		1-11 1-12		
YZR355L2-10	132			540		18	3-φ1.4									

附表 9 YZR2 系列绕线式三相异步电动机的主要技术数据

型号	额定功率/kW	定子铁芯/mm 外径	内径	长度	定子绕组 槽数	每槽线数	线规(根-mm)	节距	支路数	绕组形式	转子绕组 每槽线数	线规(根-mm)	绕组形式	节距	支路数	槽数
YZR2－100L－4	2.2	155	102	100	36	40	1－φ0.75 1－φ0.71	1－9	1	双层叠式	14	3－φ1.0	双层叠式	1－6	1	24
YZR2－112M－4	3.0	182	124	85		34	2－φ0.75				15	4－φ0.9				
YZR2－112M2－4	4.0	182	124	105		28	1－φ0.85 1－φ8.0				17	2－φ0.85 2－φ0.80				
YZR2－132M1－4	5.5	210	138	110		52	1－φ0.85 1－φ0.75				15	5－φ0.95				
YZR2－132M2－4	6.3	210	138	120		48	1－φ0.85 1－φ0.80				16	3－φ0.95 2－φ0.90				
YZR2－160M1－4	7.5	245	165	110	48	34	2－φ0.85	1－12	2		22	4－φ0.85		1－9	2	36
YZR2－160M2－4	11	245	165	145		26	1－φ1.0 1－φ0.95				17					
YZR2－180L－4	15	280	195	180		20	2－φ1.12	1－11			18	3－φ1.12				
YZR2－160L－4	22	280	195	175		18	2－φ1.06 1－φ1.18				17					
YZR2－200L－4	30	327	220	175		16	2－φ1.32 1－φ1.4	1－12			15	4－φ1.4				
YZR2－225M－4	37	327	220	230		12	3－φ1.32 1－φ1.4	1－12			13	3－φ1.18 3－φ1.25				
YZR2－250M－4	45	368	250	220	60	20	3－φ1.18	1－15	4		12	3－φ1.4 2－φ1.32		1－12	4	48

型号	额定功率/kW	定子铁芯/mm				定子绕组					转子绕组					
		外径	内径	长度	槽数	每槽线数	线规（根-mm）	节距	支路数	绕组形式	每槽线数	线规（根-mm）	绕组形式	节距	支路数	槽数
YZR2-250M2-4	55	368	250	270	60	18	3-φ1.25	1-14	4	双层叠式	13	4-φ1.5	双层叠式	1-12	4	48
YZR2-280S1-4	63	423	290	280			5-φ1.32				7	6-φ1.5		1-13	2	
YZR2-280S2-4	75			260		16	5-φ1.4				6	6-φ1.4				
YZR2-280M-4	90			300		14	4-φ1.4 / 2-φ1.32				7					
YZR2-315S-4	110	439	340	290	96	8	6-φ1.32	1-23			2	3.15×16		1-19	1	72
YZR2-315M-4	132			370		6	7-φ1.4	1-24								
YZR2-112M1-6	1.5	182	124	85	45	46	1-φ0.90	1-8	1		16	2-φ1.0		1-6	1	36
YZR2-112M2-6	2.2			105		36	1-φ0.75 / 1-φ0.71									
YZR2-132M1-6	3.0	210	148	85		34	2-φ0.85				13	2-φ0.95 / 2-φ1.0				
YZR2-132M2-6	4.0			105		28	2-φ0.95				18	3-φ0.95				
YZR2-160M1-6	5.5	245	182	110	54	56	1-φ0.85	1-9	3		21	4-φ0.90			2	
YZR2-160M2-6	7.5			145		28	2-φ0.85		2							

（续）

型号	额定功率/kW	定子铁芯/mm 外径	内径	长度	槽数	定子绕组 每槽线数	线规（根-mm）	节距	支路数	绕组形式	转子绕组 每槽线数	线规（根-mm）	绕组形式	节距	支路数	槽数
YZR2-160L-6	11	245	182	190	54	22	2-φ0.95	1-9	2	双层叠式	22	3-φ1.0	双层叠式	1-6	2	36
YZR2-180L-6	15	280	210	200		28	2-φ0.95				16	3-φ1.06 2-φ1.0				
YZR2-200L-6	22	327	245	185	72	22	1-φ1.25 1-φ1.18	1-12	3		15	4-φ1.25		1-9	3	54
YZR2-225M-6	30			240		16	1-φ1.5 1-φ1.4				14	4-φ1.32				
YZR2-250M1-6	37	368	280	250		14	3-φ1.32				12	4-φ1.5				
YZR2-250M2-6	45			300		12	2-φ1.4 1-φ1.5				13	6-φ1.32		1-10		
YZR2-280S1-6	55	423	310	230		26	1-φ1.12 1-φ1.18				12	1-φ1.4 4-φ1.5				
YZR2-280S2-6	63			260		22	2-φ1.25 1-φ1.32				11	4-φ1.4 2-φ1.5				
YZR2-280M-6	75			320		20	2-φ1.32 1-φ1.4									
YZR2-315S-6	90	493	370	300	90	14	2-φ1.32 2-φ1.25	1-14	6		2	3.15×16		1-13	1	72
YZR2-315M6-	110			380		12	3-φ1.4 1-φ1.32									
YZR2-160L-8	7.5	245	182	190	54	28	2-φ0.85	1-7	2		24	2-φ0.95 1-φ1.0		1-5	2	36

（续）

型号	额定功率/kW	定子铁芯/mm 外径	内径	长度	槽数	定子绕组 每槽线数	线规（根-mm）	节距	支路数	绕组形式	转子绕组 每槽线数	线规（根-mm）	绕组形式	节距	支路数	槽数
YZR2-180L-8	11	280	210	200	60	24	1-φ1.12 1-φ1.06	1-7	2	双层叠式	13	2-φ1.18 2-φ1.12	双层叠式	1-6	2	48
YZR2-200L-8	15	327	245	185	72	38	1-φ0.95 1-φ0.90									
YZR2-225M-8	22			240		28	2-φ1.06	1-9	4		12	4-φ1.4		1-7		54
YZR2-250M1-8	30	368	280	250		12	4-φ1.25									
YZR2250M2-8	37			300		10	3-φ1.4 1-φ1.32	1-8				2-φ1.4 3-φ1.32				
YZR2-280S-8	45	423	310	260		20	2-φ1.32 1-φ1.4		2		10	4-φ1.32 2-φ1.4		1-6		
YZR2-280M-8	55			320		16	3-φ1.5				20	3-φ1.4 3-φ1.32				
YZR2-315S1-8	63	493	370	300	96	14	3-φ1.4 1-φ1.5	1-9			2	3-φ1.32 4-φ1.4		1-13	1	96
YZR2315S2-8	75			330		12	3-φ1.32 2-φ1.4					2.5×16				
YZR2-315M-8	90			380		16	4-φ1.4 2-φ1.4									
YZR2-355M-8	110	560	450	350		14	2-φ1.18 2-φ1.25	1-12	8			3.55×16		1-10		72
YZR2-355L1-8	132			410		14	3-φ1.32 1-φ1.25									

210

（续）

型号	额定功率/kW	定子铁芯/mm 外径	内径	长度	槽数	定子绕组 每槽线数	线规（根-mm）	节距	支路数	绕组形式	转子绕组 每槽线数	线规（根-mm）	绕组形式	节距	支路数	槽数
YZR2-355L2-8	160	560	450	470	96	12	2-φ1.4 2-φ1.5	1-12	8	双层叠式	2	3.55×16	双层叠式	1-10	1	72
YZR2-280S-10	37	423	340	260	60	34	2-φ1.32	1-6	5	双层叠式	12	2-φ1.4 2-φ1.32	双层叠式	1-7	5	75
YZR2-280M-10	45	423	340	320	60	28	3-φ1.18	1-6	5	双层叠式	10	3-φ1.5 1-φ1.6	双层叠式	1-8	5	75
YZR2-315S1-10	55	495	400	300	75	20	3-φ1.25	1-8	5	双层叠式	2	2.24×16	双层叠式	1-10	1	90
YZR2-315S2-10	63	495	400	330	75	18	2-φ1.32	1-8	5	双层叠式	2	2.24×16	双层叠式	1-10	1	90
YZR2-315M-10	75	495	400	380	75	16	3-φ1.4	1-8	5	双层叠式	2	2.24×16	双层叠式	1-10	1	90
YZR2-355M-10	90	560	450	350	90	28	2-φ1.18 1-φ1.25	1-9	5	双层叠式	2	3.15×16	双层叠式	1-11	1	105
YZR2-355L1-10	110	560	450	430	90	24	3-φ1.32	1-9	5	双层叠式	2	3.15×16	双层叠式	1-11	1	105
YZR2-355L2-10	132	560	450	490	90	30	2-φ1.4 1-φ1.5	1-9	5	双层叠式	2	3.15×16	双层叠式	1-11	1	105

附表 10　YD 系列变极多速异步电动机的主要技术数据

型号	额定功率 /kW	满载时				堵转电流倍数	堵转转矩倍数	最大转矩倍数	铁芯长度 /mm	定子外径 /mm	定子内径 /mm	定子线规 （根-mm）	每槽线数	接法	绕组形式	节距	槽数 Z_1/Z_2
		电流 /A	转速 /(r/min)	效率 /%	功率因数												
YD801-4/2	0.45 0.55	1.4 1.5	1420 2860	66 65	0.74 0.85	6.5 7.0	1.5 1.7	1.8	65	120	75	1-φ0.38	260	△ 2Y	双层叠式	1-8或1-7	24/22
YD802-4/2	0.55 0.75	1.7 2.0	1420 2860	68 66	0.74 0.85	6.5 7.0	1.6 1.8	1.8	80	120	75	1-φ0.42	210	△ 2Y			
YD90S-4/2	0.85 1.1	2.3 2.8	1430 2850	74 72	0.77 0.85	6.5 7.0	1.8 1.9	1.8	90	130	80	1-φ0.47	166	△ 2Y		1-7	
YD90L-4/2	1.3 1.8	3.3 4.3	1430 2850	76 74	0.78 0.85	6.5 7.0	1.8 2.0	1.8	120	130	80	1-φ0.56	128	△ 2Y			
YD100L1-4/2	2.0 2.4	4.8 5.6	1430 2850	78 76	0.81 0.86	6.5 7.0	1.7 1.9	1.8	105	155	98	1-φ0.71	80	△ 2Y		1-11	36/32
YD100L2-4/2	2.4 3.0	5.6 6.7	1430 2850	79 77	0.83 0.89	6.5 7.0	1.6 1.7	1.8	135	155	98	1-φ0.77	68	△ 2Y			
YD112M-4/2	3.3 4.0	7.4 8.6	1450 2890	82 79	0.83 0.89	6.5 7.0	1.9 2.0	1.8	135	175	110	1-φ0.95	56	△ 2Y			
YD-132S4/2	4.5 5.5	9.8 11.9	1450 2860	83 79	0.84 0.89	6.5 7.0	1.7 1.8	1.8	115	210	136	1-φ1.18	58	△ 2Y			
YD132M-4/2	6.5 8	13.8 17.1	1450 2880	84 80	085 0.89	6.5 7.0	1.7 1.8	1.8	160	210	136	2-φ0.95	44	△ 2Y			
YD160M-4/2	9 11	18.2 22.9	1460 2920	87 82	0.85 0.89	6.5 7.0	1.6 1.8	1.8	155	260	170	1-φ1.18 1-φ1.12	36	△ 2Y		1-10	36/26
YD160L-4/2	11 14	22.3 28.8	1460 2920	87 82	0.86 0.9	6.5 7.0	1.7 1.9	1.8	195	260	170	1-φ1.3 1-φ1.25	30	△ 2Y			
YD180M-4/2	15 18.5	29.4 36.7	1470 2940	89 85	0.87 0.9	6.5 7.0	1.8 1.9	1.8	190	290	187	3-φ1.25	20	△ 2Y		1-13	48/44

212

（续）

型号	额定功率/kW	满载时 电流/A	满载时 转速/(r/min)	满载时 效率/%	满载时 功率因数	堵转电流倍数	堵转转矩倍数	最大转矩倍数	铁芯长度/mm	定子外径/mm	定子内径/mm	定子线规（根-mm）	每槽线数	接法	绕组形式	节距	槽数 Z_1/Z_2
YD180L-4/2	18.5	35.9	1470	89	0.88	6.5	1.6	1.8	220	290	187	4-φ1.12	18	△	双层叠式	1-13	48/44
	22	42.7	2940	86	0.91	7.0	1.8	1.8						2Y			
YD90S-6/4	0.65	2.2\	920	64	0.68	6.5	1.6	1.8	100	130	86	1-φ0.45 或	152 或	△	双层叠式	1-7 或 1-8	36/33
	0.85	2.3	1420	70	0.79	6.0	1.4	1.8				1-φ0.55	146	2Y			
YD90L-6/4	0.85	2.8	930	66	0.7	6.5	1.6	1.8	120	130	86	1-φ0.5 或	126 或	△	双层叠式	1-7 或 1-8	36/33
	1.1	3.0	1400	71	0.79	6.0	1.5	1.8				1-φ0.53	116	2Y			
YD100L1-6/4	1.3	3.8	940	74	0.7	6.5	1.7	1.8	115	155	98	1-φ0.63	100	△	双层叠式	1-7	36/32
	1.8	4.4	1440	77	0.8	6.0	1.4	1.8						2Y			
YD100L2-6/4	1.5	4.3	940	75	0.7	6.5	1.6	1.8	135	155	98	1-φ0.69	86	△	双层叠式	1-7	36/32
	2.2	5.4	1440	77	0.8	6.0	1.4	1.8						2Y			
YD112M-6/4	2.2	5.7	960	78	0.75	6.5	1.8	1.8	135	175	120	1-φ0.8 或	76	△	双层叠式	1-7 或 1-8	36/33
	2.8	6.7	1440	77	0.82	6.0	1.5	1.8				1-φ0.85		2Y			
YD132S-6/4	3.0	7.7	970	79	0.76	6.5	1.8	1.8	125	210	148	1-φ1.0 或	68 或	△	双层叠式	1-7 或 1-8	36/33
	4.0	9.5	1440	78	0.82	6.0	1.5	1.8				1-φ0.95	66	2Y			
YD132M-6/4	4.0	9.8	970	82	0.76	6.5	1.6	1.8	180	210	148	2-φ0.75 或	52 或	△	双层叠式	1-7 或 1-8	36/33
	5.5	12.3	1440	80	0.85	6.0	1.4	1.8				2-φ0.8	48	2Y			
YD160M-6/4	6.5	15.1	970	84	0.78	6.0	1.5	1.8	145	260	180	1-φ1.06 或	48 或 46	△	双层叠式	1-7 或 1-8	36/33
	8	17.4	1460	83	0.84	6.5	1.5	1.8				1-φ1.0		2Y			
YD160L-6/4	9	20.6	970	85	0.78	6.0	1.6	1.8	195	260	180	2-φ1.18 或	36 或 34	△	双层叠式	1-7 或 1-8	36/33
	11	23.4	1460	84	0.85	6.5	1.7	1.8				2-φ1.18		2Y			
YD180M-6/4	11	25.9	980	85	0.76	6.0	1.6	1.8	200	290	205	1-φ1.25 或 3-φ0.95	32 或	△	双层叠式	1-7 或 1-8	36/62
	14	29.8	1470	84	0.85	6.5	1.7	1.8				1-φ1.3 或 1-φ0.9	30	2Y			

213

型号	额定功率/kW	满载时 电流/A	满载时 转速/(r/min)	满载时 效率/%	满载时 功率因数	堵转电流倍数	堵转转矩倍数	最大转矩倍数	铁芯长度/mm	定子外径/mm	定子内径/mm	定子线规(根-mm)	每槽线数	接法	绕组形式	节距	槽数 Z_1/Z_2
YD180L-6/4	13 16	29.4 33.6	980 1470	86 85	0.78 0.85	6.0 6.5	1.7 1.7	1.8	230	290	205	3-φ095 1-φ1.0或 2-φ1.18 1-φ1.12	28或26	△ 2Y		1-7或1-8	36/62
YD90L-8/4	0.45 0.75	1.9 1.8	700 1420	58 72	0.63 0.87	5.5 6.5	1.6 1.4	1.8	120	130	86	1-φ0.42	172	△ 2Y			
YD100L-8/4	0.85 1.5	3.1 3.5	700 1410	67 74	0.63 0.88	5.5 6.5	1.6 1.4	1.8	135	155	106	1-φ0.56	114	△ 2Y			
YD112M-8/4	1.5 2.4	5.0 5.3	700 1410	72 78	0.63 0.88	5.5 6.5	1.7 1.7	1.8	135	175	120	1-φ0.71	94	△ 2Y	双层叠式	1-6	36/33
YD132S-8/4	2.2 3.3	7.0 7.1	720 1440	75 80	0.64 0.88	5.5 6.5	1.5 1.7	1.8	125	210	148	1-φ0.85	84	△ 2Y			
YD132M-8/4	3.0 4.5	9.0 9.4	720 1440	78 82	0.65 0.89	5.5 6.5	1.5 1.6	1.8	180	210	148	1-φ0.67 1-φ0.71	60	△ 2Y			
YD160M-8/4	5.0 7.5	13.9 15.2	730 1450	83 84	0.66 0.89	5.5 6.5	1.5 1.6	1.8	145	260	180	1-φ1.4	54	△ 2Y			
YD160L-8/4	7 11	19.0 21.8	730 1450	85 86	0.66 0.89	5.5 6.5	1.5 1.6	1.8	195	260	180	2-φ1.12	40	△ 2Y			
YD180L-8/4	11 17	26.7 32.6	730 1470	87 88	0.72 0.91	6.0 7.0	1.5 1.5	1.8	260	200	205	2-φ1.3	22	△ 2Y		1-8	54/58
YD90S-8/6	0.35 0.45	1.6 1.4	700 930	56 70	0.6 0.72	5.0 6.0	1.8 2.0	1.8	100	130	86	1-φ0.4	208	△ 2Y		1-6	36/33
YD90L-8/6	0.45 0.65	1.9 1.9	700 920	59 71	0.6 0.73	5.0 6.0	1.7 1.8	1.8	120	130	86	1-φ0.45	170	△ 2Y			

（续）

型号	额定功率/kW	满载时 电流/A	满载时 转速/(r/min)	满载时 效率/%	满载时 功率因数	堵转电流倍数	堵转转矩倍数	最大转矩倍数	铁芯长度/mm	定子外径/mm	定子内径/mm	定子线规（根-mm）	每槽线数	接法	绕组形式	节距	槽数 Z₁/Z₂
YD100L-8/6	0.75 1.1	2.9 3.1	710 950	65 75	0.6 0.73	5.0 6.0	1.8 1.9	1.8	135	155	106	1-φ0.63	116	△ 2Y		1-6	36/33
YD112M-8/6	1.3 1.8	4.5 4.8	710 950	72 78	0.61 0.73	5.0 6.0	1.7 1.9	1.8	135	175	120	1-φ0.67	98	△ 2Y			
YD132S-8/6	1.8 2.4	5.8 6.2	730 970	76 80	0.62 0.73	5.0 6.0	1.6 1.9	1.8	110	210	148	1-φ0.53 1-φ0.56	94	△ 2Y			
YD132M-8/6	2.6 3.7	8.2 9.4	730 970	78 82	0.62 0.73	5.0 6.0	1.9 1.9	1.8	180	210	148	1-φ0.67 1-φ0.71	62	△ 2Y	双层叠式		
YD160M-8/6	4.5 6	13.3 14.7	730 980	83 85	0.62 0.73	5.0 6.0	1.6 1.9	1.8	145	260	180	2-φ0.95	56	△ 2Y			
YD160L-8/6	6 8	17.5 19.4	730 980	84 86	0.62 0.73	5.0 6.0	1.6 1.9	1.8	195	260	180	3-φ0.9	42	△ 2Y		1-5	36/32
YD180M-8/6	7.5 10	21.9 24.2	730 980	84 86	0.62 0.73	5.0 6.0	1.9 1.9	1.8	200	290	205	2-φ1.0 1-φ0.95	36	△ 2Y			
YD180L-8/6	9 12	24.7 28.3	730 980	85 86	0.65 0.75	5.0 6.0	1.8 1.8	1.8	230	290	205	1-φ1.3 1-φ1.25	32	△ 2Y			
YD160M-12/6	2.6 5	11.6 11.9	480 970	74 84	0.46 0.76	4.0 6.0	1.2 1.4	1.8	145	260	180	1-φ0.8 1-φ0.85	74	△ 2Y		1-4	36/33
YD160L-12/6	3.7 7	16.1 15.8	480 970	76 85	0.46 0.79	4.0 6.0	1.2 1.4	1.8	205	260	180	1-φ1.4	52	△ 2Y			
YD180L-12/6	5.5 10	19.6 20.5	490 980	79 86	0.54 0.86	4.0 6.0	1.3 1.3	1.8	230	290	205	1-φ1.06 1-φ1.12	32	△ 2Y		1-6	54/58

（续）

型号	额定功率/kW	满载时 电流/A	满载时 转速/(r/min)	满载时 效率/%	满载时 功率因数	堵转电流倍数	堵转转矩倍数	最大转矩倍数	铁芯长度/mm	定子外径/mm	定子内径/mm	定子线规(根-mm)	每槽线数	接法	绕组形式	节距	槽数 Z_1/Z_2
YD100L-6/4/2	0.75	2.6	950	67	0.65	5.5	1.8	1.8	135	155	98	1-φ0.53	54	Y	单链	1-6	36/32
	1.3	3.7	1450	72	0.75	6.0	1.6					1-φ0.53	68	△2Y	双叠	1-10	
	1.8	4.5	2900	71	0.85	7.0	1.6										
YD112M-6/4/2	1.1	3.5	960	73	0.65	5.5	1.7	1.8	135	175	110	1-φ0.67	45	Y	单链	1-6	
	2.0	5.1	1450	73	0.81	6.0	1.4					1-φ0.6	62	△2Y	双叠	1-10	
	2.4	5.8	2920	74	0.85	7.0	1.6										
YD132S-6/4/2	1.8	5.1	970	75	0.71	5.5	1.4	1.8	115	210	136	1-φ0.83	45	Y	单链	1-6	
	2.6	6.1	1460	78	0.83	6.0	1.3					1-φ0.8	64	△2Y	双叠	1-10	
	3.0	7.4	2910	71	0.87	7.0	1.7										
YD132M1-6/4/2	2.2	6.0	970	77	0.72	5.5	1.3	1.8	140	210	136	1-φ0.9	37	Y	单链	1-6	
	3.3	7.5	1460	80	0.84	6.0	1.3					1-φ0.85	56	△2Y	双叠	1-10	
	4.0	8.8	2910	76	0.91	7.0	1.7										
YD132M2-6/4/2	2.6	6.9	970	80	0.72	5.5	1.5	1.8	180	210	136	2-φ0.75	30	Y	单链	1-6	
	4.0	9.0	1460	80	0.84	6.0	1.4					1-φ0.9	44	△2Y	双叠	1-10	
	5.0	10.8	2910	77	0.91	7.0	1.7										
YD160M-6/4/2	3.7	9.5	980	82	0.72	5.5	1.5	1.8	155	260	170	2-φ0.9	27	Y	单链	1-6	
	5.0	11.2	1470	81	0.84	6.0	1.3					2-φ0.75	40	△2Y	双叠	1-10	
	6.0	13.2	2930	76	0.91	7.0	1.4										36/26
YD160L-6/4/2	4.5	11.4	980	83	0.72	5.5	1.5	1.8	195	260	170	3-φ0.8	22	Y	单链	1-6	
	7	15.1	1470	83	0.85	6.0	1.2					1-φ1.18	32	△2Y	双叠	1-10	
	9	18.8	2930	79	0.92	7.0	1.3										

（续）

型号	额定功率/kW	满载时 电流/A	满载时 转速/(r/min)	满载时 效率/%	满载时 功率因数	堵转电流倍数	堵转转矩倍数	最大转矩倍数	铁芯长度/mm	定子外径/mm	定子内径/mm	定子线规(根-mm)	每槽线数	接法	绕组形式	节距	槽数 Z_1/Z_2
YD112M-8/4/2	0.65	2.7	700	59	0.63	5.5	1.4	1.8	135	175	110	1-φ0.53	68	Y		1-5	
	2.0	5.1	1450	73	0.81	6.0	1.3					1-φ0.6	62	△		1-10	
	2.4	5.8	2920	74	0.85	7.0	1.2						62	2Y			
YD132S-8/4/2	1.0	3.6	720	69	0.61	4.5	1.4	1.8	115	210	136	1-φ0.75	62	Y		1-5	
	2.0	6.1	1460	78	0.83	6.0	1.2					1-φ0.75	64	△		1-10	
	3.0	7.1	2910	74	0.87	7.0	1.4							2Y	双层叠式		36/32
YD132M-8/4/2	1.3	4.6	720	71	0.61	4.5	1.5	1.8	160	210	136	1-φ0.85	48	Y		1-5	
	3.7	8.4	1460	80	0.84	6.0	1.3						48	△		1-10	
	4.5	10.0	2910	75	0.91	7.0	1.4							2Y			
YD160M-8/4/2	2.2	7.6	720	75	0.59	4.5	1.4	1.8	155	260	170	2-φ0.71	36	Y		1-5	
	5.0	11.2	1440	81	0.84	6.0	1.3					2-φ0.75	40	△		1-10	
	6.0	13.2	2910	76	0.91	7.0	1.4							2Y	双层叠式		36/26
YD160L-8/4/2	2.8	9.2	720	77	0.6	4.5	1.3	1.8	195	260	170	1-φ1.18	30	Y		1-5	
	7.0	15.1	1440	83	0.85	6.0	1.2						32	△		1-10	
	9.0	18.8	2910	79	0.92	7.0	1.3							2Y			
YD112M-6/8/4	1.0	3.1	950	68	0.73	6.5	1.3	1.8	135	175	120	1-φ0.56	46	Y	单链		
	0.85	3.7	710	62	0.56	5.5	1.7					1-φ0.53	100	△	双叠	1-6	
	1.5	3.5	1440	75	0.86	7.0	1.5							2Y			
YD132S-6/8/4	1.5	4.2	970	74	0.73	6.5	1.3	1.8	120	210	148	1-φ0.71	41	Y	单链		36/33
	1.1	4.1	730	68	0.6	65	1.4					1-φ0.6	98	△	双叠	1-6	
	1.8	4.0	1460	78	0.87	7.0	1.3							2Y			

217

(续)

型号	额定功率/kW	满载时 电流/A	满载时 转速/(r/min)	满载时 效率/%	满载时 功率因数	堵转电流倍数	堵转转矩倍数	最大转矩倍数	铁芯长度/mm	定子外径/mm	定子内径/mm	定子线规(根-φmm)	每槽线数	接法	绕组形式	节距	槽数 Z_1/Z_2
YD132M1-6/8/4	2.0	5.4	970	77	0.73	65	1.5	1.8	1601	210	148	1-φ0.85	32	Y	单链		36/33
	1.5	5.2	730	71	0.64	55	1.3					1-φ0.67	78	△2Y	双叠		
	2.2	4.9	1460	79	0.87	7.0	1.4										
YD132M2-6/8/4	2.6	6.8	970	78	0.74	6.5	1.7	1.8	180	210	148	1-φ0.9	27	Y	单链		
	1.8	6.1	730	72	0.62	5.5	1.5					1-φ0.71	66	△2Y	双叠		
	3.0	6.5	1460	80	0.87	7.0	1.5										
YD160M-6/8/4	4.0	9.9	960	81	0.76	6.5	1.4	1.8	145	260	180	2-φ0.75	25	Y	单链	1-6	
	3.3	10.2	720	79	0.62	5.5	1.7						58	△2Y	双叠		
	5.5	11.6	1460	83	0.87	7.0	1.5										
YD160L-6/8/4	6.0	14.5	960	83	0.76	6.5	1.6	1.8	195	260	180	3-φ0.8	18	Y	单链		
	4.5	13.8	720	80	0.62	5.5	1.6					2-φ0.85	44	△2Y	双叠		
	7.5	15.6	1460	84	0.87	7.0	1.5										
YD180L-6/8/4	9	20.6	980	83	0.8	7.0	1.7	1.8	260	290	205	2-φ1.12	10	Y	单链		
	7	20.2	740	81	0.65	6.5	1.7					2-φ1.0	22	△2Y	双叠		
	12	24.1	1470	84	0.9	7.0	1.5										
YD-12/6/8/4	3.3	13	480	72	0.55	5.0	1.6	1.8	260	290	205	2-φ0.75	36	Y	双层叠式	1-9	54/50
	6.5	14	970	82	0.88	6.0	1.3					1-φ0.8 1-φ0.75	24	△2Y		1-8	
	5.0	16	740	79	0.62	6.0	1.5							△2Y		1-6	
	9.0	19	1470	83	0.89		1.3							△2Y		1-8	

218

附表 11　YLJ 系列（IP21）三相实心钢转子电动机的主要技术数据

型号	极数	堵转转矩 T_s /(N·m)	堵转电压 U/V	堵转电流 I_s /A	铁芯长度 /mm	定子外径 /mm	定子内径 /mm	气隙长度 /mm	定子线规（根－mm）	每槽线数	接法	绕组形式	节距	槽数 Z_1
YLJ63－0.5－4	4	0.5	380	0.27	8.0	9.6	5.8		1－φ0.31	250	1Y	单链	1－6	24
YLJ63－0.5－8	8			0.35					1－φ0.28	317			1－4	
YLJ71－1－4	4	1		0.46		11	6.7	0.2	1－φ0.38	197			1－6	
YLJ80－2－4	4	2		0.85	12.0	12	7.5		1－φ0.47	154			1－4	
YLJ80－3－4	4	3		1.1					1－φ0.50	142			1－6	
YLJ90S－3－4	4			1.28	9.0	13	8.0	0.25	1－φ0.53	128				36
YLJ90L－4－4	4	4		1.61	12.0			0.2	1－φ0.60	100				
YLJ90S－4－6	6			1.35	10.0		8.6	0.25	1－φ0.56	95			1－5	
YLJ90L－5－6	6	5		1.55	12.5			0.2	1－φ0.63	82			1－6	
YLJ100L－5－4	4			1.96	10.5	15.5	9.8	0.3	1－φ0.75	70		单层交叉	1－9 2－10 11－18	
YLJ100L－6－6	6	6		1.80	13.5		10.6		1－φ0.67	72		单链	1－6	
YLJ112M－6－4	4			2.26	12.0	17.5	11.0		1－φ0.90	61			1－9	
YLJ112M－10－4	4	10		3.83	13.5				1－φ1.0	49				
YLJ112M10－6	6			2.92	11.0		12.0		1－φ0.85	66			1－6	

219

（续）

型 号	极数	堵转转矩 T_s /(N·m)	堵转电压 U/V	堵转电流 I_s /A	铁芯长度 /mm	定子外径 /mm	定子内径 /mm	气隙长度 /mm	定子线规 (根－mm)	每槽线数	接法	绕组形式	节距	槽数 Z_1
YLJ132M－6－4	4	16	380	6.1	11.5	21	13.6	0.4	1－φ0.90	45	1Y	单链	1－9	36
YLJ132M－25－4		25		9.33	11.5				2－φ1.0	38				
YLJ132M－40－4		40		14.4	16.0				2－φ1.12	28				
YLJ132M16－6	6	16		4.4	14.0		14.8	0.35	1－φ1.06	52			1－6	
YLJ132M25－6		25		6.88	15.0				1－φ1.18	42				
YLJ132M－40－6		40		6.62	14.0				2－φ0.8	44	2Y		1－9	
YLJ160L－60－4	4	60		21.6	19.5	26	17.0	0.4	2－φ1.0	45				
YLJ160－80－4		80		30					2－φ1.06	39				
YLJ160L－100－4		100		38.3					2－φ1.12	35				
Y160L－60－6LJ	6	60		15.6			18.0		2－φ0.95	55			1－6	
YLJ160－80－6		80		21.0					2－φ1.0	48				

附表 12 YEP 系列（IP44）旁磁制动电动机的主要技术数据

| 型 号 | 额定功率/kW | 满载时 | | | | 定子线规（根-mm） | 每槽线数 | 并联支路数 | 绕组形式 | 节距 | 槽数 Z_1/Z_2 |
		定子电流/A	转速/(r/min)	效率/%	功率因数						
YEP801-4	0.55	2.2	1420	68	0.56	1-φ0.56	128		单层链式	1-6	24/22
YEP802-4	0.75	2.7		70	0.60	1-φ0.63	103				
YEP90S-4	1.1	3.5	1420	75	0.64	1-φ0.71	81				
YEP90L-4	1.5	4.6		76	0.65	1-φ0.80	63				
YEP100L1-4	2.2	6.2	1430	79	0.68	2-φ0.71	41	1	单层交叉	1-9 2-10 11-18	36/32
YEP100L2-4	3	8.3		86	0.69	1-φ1.18	31				
YEP112M-4	4	10.7	1440	81	0.70	1-φ1.16	44				
YEP132M-4	5.5	14.4	1460	86		2-φ1.06	35		单层同心	1-10 2-9 11-18	
YEP132S-4	7.5	18.9		85	0.71	1-φ0.90 1-φ0.95	47				
YEP160M-4	11	26.7	1470	87	0.72	1-φ1.3	56	2	单层交叉	1-9 2-10 11-18	
YEP90S-6	0.75	3.9	940	68	0.58	1-φ0.67	77	1	单层链式	1-6	36/33
YEP90L-6	1.1			70	0.61	1-φ0.75	60				
YEP100L-6	1.5	4.8		73	0.65	1-φ0.85	53				
YEP112M-6	2.2	6.8	960	75	0.66	1-φ1.06	44				
YEP132S-6	3	8.8		77	0.67	1-φ0.85 1-φ0.9	38				
YEP132M1-6	4	11.3	970	79	0.68	1-φ1.06	52				
YEP132M2-6	5.5	15		81	0.69	1-φ1.25	42				
YEP160M-6	7.5	19.6	960	83	0.70	2-φ1.12	38				36/26

附表13 YQS系列井用潜水电动机的主要技术数据

型号	额定功率/kW	满载时 定子电流/A	满载时 效率/%	满载时 功率因数	堵转电流倍数	堵转转矩倍数	最大转矩倍数	铁芯长度/mm	气隙长度/mm	定子外径/mm	定子内径/mm	定子线规(根-mm)	每槽线数	接法	绕组形式	节距	槽数 Z₁/Z₂
YQS-150-3	3	7.9	74	0.78	7	1.2	2	225	0.5	134	63	1-φ1.0	36	1Y	单层同心		18/16
YQS-150-4	4	10.3	75	0.79	7	1.2	2	258	0.5	134	63	1-φ1.12	31	1Y	单层同心		18/16
YQS-150-5.5	5.5	13.7	76	0.80	7	1.2	2	280	0.5	134	63	1-φ1.25	28	1Y	单层同心		18/16
YQS-150-7.5	7.5	18.5	77	0.80	7	1.2	2	310	0.5	134	63	1-φ1.40	25	1Y	单层同心		18/16
YQS-150-9.2	9.2	22.1	78	0.81	7	1.2	2	352	0.6	134	65	1-φ1.50	20	1Y	单层同心		18/16
YQS-150-11	11	26.3	78.5	0.81	7	1.2	2	415	0.6	134	65	1-φ1.65	17	1Y	单层同心		18/16
YQS-150-13	13	30.9	79	0.81	7	1.1	2	505	0.6	134	65	1-φ1.80	14	1Y	单层同心		18/16
YQS-150-15	15	35.6	79	0.81	7	1.1	2	540	0.6	134	65	1-φ1.90	13	1Y	单层同心		18/16
YQS-200-4	4	10.1	76	0.79	7	1.2	2	133	0.7	173	78	1-φ1.20	42	1Y	单层同心	1-10 2-9 11-18	18/22
YQS-200-5.5	5.5	13.6	77	0.80	7	1.2	2	138	0.7	173	78	1-φ1.32	39	1Y	单层同心		18/22
YQS-200-7.5	7.5	18.0	78	0.81	7	1.2	2	150	0.7	173	78	1-φ1.45	35	1Y	单层同心		18/22
YQS-200-9.2	9.2	21.7	78.5	0.82	7	1.2	2	175	0.7	173	78	1-φ1.56	30	1Y	单层同心		18/22
YQS-200-11	11	25.8	79	0.82	7	1.2	2	203	0.7	173	78	1-φ1.68	26	1Y	单层同心		18/22
YQS-200-13	13	29.8	80	0.83	7	1.1	2	242	0.7	173	78	1-φ1.35	38	1△	单层同心		18/22
YQS-200-15	15	33.9	81	0.83	7	1.1	2	263	0.7	173	78	1-φ1.45	35	1△	单层同心		18/22
YQS-200-18.5	18.5	41.6	81.5	0.84	7	1.1	2	355	0.9	172	82	2-φ1.56	12	1Y	单层同心		18/22
YQS-200-22	22	48.2	82.5	0.84	7	1.1	2	425	0.9	172	82	7-φ0.9	10	1Y	单层同心		18/22
YQS-200-25	25	54.5	83	0.84	7	1.1	2	472	0.9	172	82	7-φ0.96	9	1Y	单层同心		18/22
YQS-200-30	30	65.4	83	0.84	7	1.1	2	530	0.9	172	82	7-φ1.04	8	1Y	单层同心		18/22
YQS-200-37	37	79.7	84	0.84	6.5	1.0	2	601	0.9	172	82	7-φ1.12	7	1Y	单层同心		18/22
YQS-200-45	45	96.9	84	0.84	6.5	1.0	2	703	0.9	172	82	19-φ0.75	6	1△	单层同心		18/22
YQS-250-11	11	25.8	79	0.82	7	1.2	2	118	0.7	220	100	1-φ1.74	25	1Y	单层同心	1-12 2-11	24/22
YQS-250-13	13	30.1	80	0.82	7	1.2	2	140	0.7	220	100	1-φ1.45	37	1△	单层同心		24/22

（续）

型号	额定功率/kW	满载时			堵转电流倍数	堵转转矩倍数	最大转矩倍数	铁芯长度/mm	气隙长度/mm	定子外径/mm	定子内径/mm	定子线规（根-φmm）	每槽线数	接法	绕组形式	节距	槽数 Z_1/Z_2
		定子电流/A	效率/%	功率因数													
YQS-250-15	15	33.9	81	0.83	7	1.1	2	154	0.7	220	100	1-φ1.40	39	2Y	单层同心	1-12 2-11	24/22
YQS-250-18.5	18.5	40.8	82	0.84				190				1-φ1.56	32				
YQS-250-22	22	47.9	83					236				1-φ1.70	26	2△			
YQS-250-25	25	53.8	84					275				1-φ1.40	39				
YQS-250-30	30	64.2	84.5	0.85				287				1-φ1.45	37	1Y			
YQS-250-37	37	77.8	85					357				1-φ1.62	30				
YQS-250-45	45	94.1	85.5		6.5	1.0		417	1.0		104	19-φ0.85	8	1△			
YQS-250-55	55	114.5	86					477				19-φ0.95	7				
YQS-250-63	63	130.9						558				19-φ1.0	6				
YQS-250-75	75	152.3	87	0.86	7			735				19-φ0.85	8	1Y			
YQS-250-90	90	182.8						840				19-φ0.95	7				
YQS-250-100	100	203.1						985				19-φ1.0	6				
YQS-300-37	37	77.8	85	0.85	6.5			290	1.2	262	122	19-φ0.85	9	1Y			
YQS-300-45	45	94.6	85.5					325				19-φ0.95	8				
YQS-300-55	55	115.0	86					370				19-φ1.0	7				
YQS-300-63	63	131.7	86.5					440				19-φ1.12	6				
YQS-300-75	75	154.1	87	0.86				525				19-φ1.25	5	1△			
YQS300-90	90	183.8	87.5					655				19-φ1.0	7	2Y			
YQS300-110	110	220.8	88	0.87				760				19-φ1.12	6	1△			
YQS300-125	125	249.5						890					6	2Y			
YQS-300-140	140	277.8						915				19-φ1.25	5	2Y			
YQS300-160	160	317.5						1070									
YQS-300-185	185	367.1															

附表 14 YQS2 系列井用潜水电动机的主要技术数据

型　号	额定功率 /kW	满载时 定子电流/A	满载时 效率/%	满载时 功率因数	堵转电流倍数	堵转转矩倍数	最大转矩倍数	铁芯长度/mm	气隙长度/mm	定子外径/mm	定子内径/mm	定子线规（根-mm）	每槽线数	接法	绕组形式	节距	槽数 Z_1/Z_2
YQS2-150-3	3	7.8	74	0.79	7	1.2	2.0	250	0.6	134	65	1-φ1.06	36	Y	单层同心式	1-10 2-9 11-18	18/16
YQS2-150-4	4	10.0	76	0.80	7	1.2	2.0	300	0.6	134	65	1-φ1.25	30	Y	单层同心式	1-10 2-9 11-18	18/16
YQS2-150-5.5	5.5	13.3	77.5	0.81	7	1.2	2.0	340	0.6	134	65	1-φ1.40	26	Y	单层同心式	1-10 2-9 11-18	18/16
YQS2-150-7.5	7.5	17.8	78	0.82	7	1.2	2.0	375	0.6	134	65	1-φ1.50	23	Y	单层同心式	1-10 2-9 11-18	18/16
YQS2-150-9.2	9.2	21.2	80.5	0.82	7	1.2	2.0	395	0.6	134	65	1-φ1.60	19	Y	单层同心式	1-10 2-9 11-18	18/16
YQS2-150-11	11	25.2	81	0.82	7	1.2	2.0	470	0.6	134	65	1-φ1.70	16	Y	单层同心式	1-10 2-9 11-18	18/16
YQS2-150-13	13	29.7	81	0.82	7	1.2	2.0	580	0.6	134	65	1-φ1.90	13	Y	单层同心式	1-10 2-9 11-18	18/16
YQS2-150-15	15	34.1	81.5	0.82	7	1.2	2.0	625	0.6	134	65	1-φ2.0	12	Y	单层同心式	1-10 2-9 11-18	18/16
YQS2-200-4	4	10.0	76	0.80	7	1.1	2.0	135	0.8	172	78	1-φ1.25	44	Y	单层同心式	1-10 2-9 11-18	18/16
YQS2-200-5.5	5.5	13.4	77	0.81	7	1.1	2.0	152	0.8	172	78	1-φ1.40	39	Y	单层同心式	1-10 2-9 11-18	18/16
YQS2-200-7.5	7.5	17.8	78	0.82	7	1.1	2.0	185	0.8	172	78	1-φ1.50	32	Y	单层同心式	1-10 2-9 11-18	18/16
YQS2-200-9.2	9.2	21.3	79	0.83	7	1.1	2.0	210	0.8	172	78	1-φ1.60	28	Y	单层同心式	1-10 2-9 11-18	18/16
YQS2-200-11	11	25.2	80	0.83	7	1.1	2.0	260	0.8	172	78	1-φ1.80	23	Y	单层同心式	1-10 2-9 11-18	18/16
YQS2-200-13	13	29.4	81	0.83	7	1.1	2.0	270	0.8	172	78	1-φ1.90	22	Y	单层同心式	1-10 2-9 11-18	18/16
YQS2-200-15	15	33.3	81.5	0.83	7	1.1	2.0	300	0.8	172	78	1-φ2.0	20	Y	单层同心式	1-10 2-9 11-18	18/16
YQS2-200-18.5	18.5	40.3	83	0.84	7	1.1	2.0	360	0.9	172	82	1-φ2.24	12	Y	单层同心式	1-10 2-9 11-18	18/16
YQS2-200-22	22	47.7	83.5	0.84	7	1.1	2.0	435	0.9	172	82	1-φ2.5	10	Y	单层同心式	1-10 2-9 11-18	18/16
YQS2-200-25	25	53.8	84	0.84	7	1.1	2.0	500	0.9	172	82	1-φ2.0	15	Y	单层同心式	1-10 2-9 11-18	18/16
YQS2-200-30	30	64.6	84	0.84	7	1.1	2.0	580	0.9	172	82	1-φ2.12	13	Y	单层同心式	1-10 2-9 11-18	18/16
YQS2-200-37	37	79.2	84.5	0.84	7	1.1	2.0	685	0.9	172	82	1-φ2.36	11	Y	单层同心式	1-10 2-9 11-18	18/16
YQS2-200-45	45	94.6	85	0.85	6.5	1.0	2.0	725	0.9	172	82	1-φ2.24	12	△	单层同心式	1-10 2-9 11-18	18/16
YQS2-250-11	11	25.5	78	0.83	7	1.2	2.0	140	0.9	220	98	1-φ1.4	38	2Y	单层同心式	1-12 2-11	24/22
YQS2-250-13	13	29.7	80	0.83	7	1.2	2.0	162	0.9	220	98	1-φ1.5	33	△	单层同心式	1-12 2-11	24/22

(续)

型号	额定功率/kW	满载时 定子电流/A	效率/%	功率因数	堵转电流倍数	堵转转矩倍数	最大转矩倍数	铁芯440长度/mm	气隙长度/mm	定子外径/mm	定子内径/mm	定子线规(根-mm)	每槽线数	接法	绕组形式	节距	槽数 Z_1/Z_2
YQS2-250-15	15	33.5	81	0.84	7	1.1	2.0	180	0.9	220	98	1-φ1.6	30	△	单层同心式	1-12 2-11	24/22
YQS2-250-18.5	18.5	39.8	83	0.85				255				1-φ2.5	13	Y			
YQS2-250-22	22	46.8	84					275				7-φ1.0	12				
YQS2-250-25	25	52.6	85					300				7-φ1.12	11				
YQS2-250-30	30	63.1		0.86				370				19-φ0.75	9				
YQS2-250-37	37	76.0	86					420	1.0		104	19-φ0.8	8				
YQS2-250-45	45	92.4						475				19-φ0.9	7				
YQS2-250-55	55	111.7	87		6.5	1.0		555				19-φ0.95	6				
YQS2-250-63	63	127.9						645				19-φ0.75	9	△			
YQS2-250-75	75	149.7	87.5	0.87				755				19-φ0.75	9	2Y			
YQS2-250-90	90	179.6						895				7-φ1.0	13	△			
YQS2-250-100	100	199.6						970				19-φ0.9	7	2Y			
YQS2-300-55	55	113.0	86.5	0.855				450		262	122	19-φ1.12	6	Y			
YQS2-300-63	63	129.4	87	0.86				520				19-φ0.9	9	△			
YQS2-300-75	75	152.3	87.5					585				19-φ0.95	8	Y			
YQS2-300-90	90	181.7	88					680				19-φ1.4	4	△			
YQS2-300-110	110	219.6						780	1.2			19-φ1.12	6	2Y			
YQS2-300-125	125	248.1						910						△			
YQS2-300-140	140	276.3	88.5	0.87				935				19-φ1.25	5	△			
YQS2-300-160	160	315.7						1095						2Y			
YQS2-300-185	185	36.0	89														

附表 15 YQSY 系列油式井用潜水电动机的主要技术数据

型号	额定功率/kW	满载时 定子电流/A	满载时 效率/%	满载时 功率因数	堵转电流倍数	堵转转矩倍数	最大转矩倍数	铁芯长度/mm	气隙长度/mm	定子外径/mm	定子内径/mm	定子线规(根−mm)	每槽线数	接法	绕组形式	节距	槽数 Z_1/Z_2
YQSY100−1.1	1.1	3.4	66	0.74	7	1.2	2.0	145	0.3	89	50	1−φ0.69	52	Y	单层同心	1−12 2−11	24/18
YQSY100−1.5	1.5	4.4	68	0.76				180				1−φ0.75	43				
YQSYl00−1.5			70					185				1−φ0.80	46				
YQSY100−2.2	2.2	6.2	71	0.77				250	0.25	92		1−φ0.93	34				
YQSY100−3	3	8.3						295				1−φ1.0	29				
YQSY250−17	17	39.8	79	0.82				140	0.8	205	112	3−φ1.25	19	2Y	单层交叉	1−9 2−10 11−18	18/16
YQSY250−22	22	50.4	80	0.83				170				3−φ1.40	15				
YQSY250−28	28	63.4	81	0.84				220				4−φ1.35	12				
YQSY250−34	34	75.0	82					250				2−φ1.45	21				
YQSY250−40	40	87.6	82.5					310				3−φ1.3	17				
YQSY−200−4	4	10.0	76	0.8		1.1		100	0.75	167	87	1−φ1.0	66	△	单层同心式	1−12 2−11	24/20
YQSY−200−5.5	5.5	13.6	77					135				1−φ1.18	50				
YQSY−200−7.5	7.5	18.2	77.5	0.81				160				1−φ1.30	42				
YQSY−200−9.2	9.2	22.1	78					185				1−φ1.40	36				
YQSY−200−11	11	26.3	78.5					215				2−φ1.4	18	Y			
YQSY−200−13	13	30.5	79	0.82				240				2−φ1.12	28	△			
YQSY−200−15	15	34.7	80					290	0.8			2−φ1.25	23				
YQSY−200−18.5	18.5	42.6	80.5					345				2−φ1.35	21				

（续）

型号	额定功率/kW	定子电流/A	效率/%	功率因数	堵转电流倍数	堵转转矩倍数	最大转矩倍数	铁芯长度/mm	气隙长度/mm	定子外径/mm	定子内径/mm	定子线规（根-mm）	每槽线数	接法	绕组形式	节距	槽数 Z_1/Z_2
YQSY-200-22	22	49.7	81	0.83	7	1.1	2.0	400	0.8	167	87	$3-\phi1.18$	18	△	单层同心式	1-12 2-11	24/20
YQSY-200-25	25	56.2	81.5	0.83	7	1.1	2.0	450	0.8	167	87	$3-\phi1.3$	16	△	单层同心式	1-12 2-11	24/20
YQSY-200-30	30	66.6	82.5	0.84	7	1.1	2.0	520	0.8	167	87	$3-\phi1.4$	14	△	单层同心式	1-12 2-11	24/20
YQSY-200-37	37	80.6	83	0.84	6.5	1.0	2.0	605	0.8	167	87	$4-\phi1.3$	12	△	单层同心式	1-12 2-11	24/20
YQSY-200-45	45	97.5	83.5	0.84	6.5	1.0	2.0	725	0.8	167	87	$5-\phi1.3$	10	△	单层同心式	1-12 2-11	24/20
YQSY-250-15	15	35.2	80	0.81	7	1.1	2.0	160	0.8	210	102	$2-\phi1.4$	33	△	单层同心式	1-12 2-11	24/22
YQSY-250-18.5	18.5	43.1	80.5	0.81	7	1.1	2.0	185	0.8	210	102	$3-\phi1.25$	29	△	单层同心式	1-12 2-11	24/22
YQSY-250-22	22	50.3	81	0.82	7	1.1	2.0	215	0.8	210	102	$3-\phi1.3$	25	△	单层同心式	1-12 2-11	24/22
YQSY-250-25	25	56.5	82	0.82	7	1.1	2.0	245	0.8	210	102	$3-\phi1.4$	22	△	单层同心式	1-12 2-11	24/22
YQSY-250-30	30	66.2	83	0.83	7	1.1	2.0	285	0.8	210	102	$4-\phi1.3$	19	△	单层同心式	1-12 2-11	24/22
YQSY-250-37	37	81.1	83.5	0.83	6.5	1.0	2.0	335	0.8	210	102	$5-\phi1.25$	16	△	单层同心式	1-12 2-11	24/22
YQSY-250-45	45	98.1	84	0.84	6.5	1.0	2.0	420	0.8	210	102	$6-\phi1.3$	13	△	单层同心式	1-12 2-11	24/22
YQSY-250-55	55	118.4	84	0.84	6.5	1.0	2.0	480	0.8	210	102	$4-\phi1.2$	23	2△	单层同心式	1-12 2-11	24/22
YQSY-250-64	64	137.0	84.5	0.84	6.5	1.0	2.0	550	0.8	210	102	$4-\phi1.3$	20	2△	单层同心式	1-12 2-11	24/22
YQSY-250-75	75	158.7	84.5	0.85	6.5	1.0	2.0	645	0.8	210	102	$4-\phi1.4$	17	2△	单层同心式	1-12 2-11	24/22
YQSY-250-90	90	189.3	85	0.85	6.5	1.0	2.0	740	0.8	210	102	$5-\phi1.35$	15	2△	单层同心式	1-12 2-11	24/22
YQSY-250-110	110	231.3	85	0.86	6.5	1.0	2.0	850	0.8	210	102	$6-\phi1.3$	13	2△	单层同心式	1-12 2-11	24/22
YQSY-250-132	132	271.2	85	0.86	6.5	1.0	2.0	1000	0.8	210	102	$6-\phi1.45$	11	2△	单层同心式	1-12 2-11	24/22

227

附表 16 三相潜水电泵电动机的主要技术数据

型号	额定功率/kW	极数	铁芯长度/mm	定子外径/mm	定子内径/mm	定子线规(根－mm)	每槽线数	并联支路数	绕组形式	节距	定子槽数 Z_1
QY-3.5 QY-7 QY-15 QY-25 QY-40A	2.2	2	100			1-φ0.75	94	2Y	单层 同心	1-12 2-11	24
QY10-32-2.2 QY15-26-2.2 QY25-17-2.2 QY40-12-2.2 QY65-7-2.2 QY100-4.5-2.2	2.2		95	145	82	2-φ0.71	47	Y			
QY15-34-3 QY25-24-3 QY40-16-3 QY65-10-3 QY100-6-3	3		120			2-φ0.80	38				
QY-3.5 QY-7 QY-25 QY-40A	2.2		95	143	78	1-φ0.71	96	2Y			
QY15-36-3 QY25-26-3 QY40-16-3	3		120			1-φ0.80	76	2Y			

228

（续）

型号	额定功率/kW	极数	铁芯长度/mm	定子外径/mm	定子内径/mm	定子线规（根-mm）	每槽线数	并联支路数	绕组形式	节距	定子槽数 Z_1
QX-15J QX10-10J	0.75	2	60	125	65	1-φ0.80	86	Y	单层同心	1-12 2-11	24
QX6-25-1.1 QX10-18-1.1 QX15-14-1.1 QX25-9-1.1 QX40-6-1.1	1.1		72	128	70	1-φ0.75	68				
QX-10-24-1.5 QX-15-18-1.5 QX25-12-1.5 QX40-8-1.5	1.5		92			1-φ0.85	53				
QX-10-34-2.2 QX15-26-2.2 QX25-18-2.2 QX40-12-2.2	2.2		90	145	82	1-φ1.0	49				
QX22-15J	2.2		100			1-φ0.75	94	2Y			
QX15-34-3 QX25-24-3 QX40-16-3	3		115			1-φ1.12	40	Y			
QX120-10J	5.5	4	170	175	110	1-φ0.85 2-φ0.9	23	Y	单层交叉	1-9,2-10 11-18	36

229

（续）

型　号	额定功率/kW	极数	铁芯长度/mm	定子外径/mm	定子内径/mm	定子线规（根-mm）	每槽线数	并联支路数	绕组形式	节距	定子槽数 Z_1
WQ10-15-1.5 WQ25-7-1.5	1.5	2	85	130	72	1-φ0.85	74	Y	单层 交叉	1-9 2-10 11-18	18
WQ15-15-2.2 WQ25-10-2.2	2.2		110	130	72	1-φ0.95	58				
WQ12-25-3 WQ25-15-3	3		100	155	84	1-φ1.18	40				
QS25×25-3 QS10×60-3 QS15×50-3	3		105	155	84	1-φ1.06	37		单层 同心	1-12 2-11	24
QS20×40-4 QS30×30-4 QS32×25-4 QS50×15-4	4		124		88	1-φ1.20	32				
QS18×65-5.5 QS32×46-5.5 QS65×18-5.5 QS40×28-5.5	5.5		142		88	1-φ0.35	28				
QS30×50-7.5 QS40×30-7.5 QS50×25-7.5 QS100×15-7.5	7.5		172		88	1-φ1.50	23				

附表17 YLB系列立式深井泵用三相异步电动机的主要技术数据

型号	额定功率/kW	满载时 定子电流/A	满载时 效率/%	满载时 功率因数	堵转电流倍数	堵转转矩倍数	最大转矩倍数	铁芯长度/mm	定子外径/mm	定子内径/mm	定子线规(根-mm)	每槽线数	接法	绕组形式	节距	槽数 Z_1
YLB132-1-2	5.5	11.3	83.8	0.88	7	1.9	2.3	105	210	116	1-φ0.95 1-φ1.0	44	1△	单层同心	1-16 2-15 3-14 1-14 2-13	30
YLB132-2-2	7.5	15.3	84.8					125			2-φ1.06	37				
YLB160-1-2	11	22.5	84.5			1.8		85	290	160	2-φ1.0 1-φ0.95	29			1-14	36
YLB160-2-2	15	30.3	85.5	0.85				100			2-φ1.60 1-φ1.12	24				
YLB160-1-4	11	22.7	86.5	0.86				130		187	1-φ1.18	54		双层叠式	1-11	48
YLB160-2-4	15	30.3	87.5	0.88							1-φ1.3	42				
YLB180-1-2	18.5	36.7	87	0.88		1.7	2.2	105	327	182	1-φ1.16 1-φ1.12	38	2△		1-14	36
YLB180-2-2	22	43.4	87.5					115			2-φ0.95 1-φ1.0	40				
YLB180-1-4	18.5	37.1	88	0.86				120		210	1-φ1.06 1-φ1.12	36			1-11	48
YLB180-2-4	22	43.9	88.5					135			2-φ1.12	32				
YLB200-1-2	30	58.9	88	0.88				115	368		1-φ1.30 1-φ1.40				1-14	36

（续）

型号	额定功率/kW	满载时			堵转电流倍数	堵转转矩倍数	最大转矩倍数	铁芯长度/mm	定子外径/mm	定子内径/mm	定子线规（根 − mm）	每槽线数	接法	绕组形式	节距	槽数 Z_1
		定子电流/A	效率/%	功率因数												
YLB200 − 2 − 4	37	72.2	88.5	0.88	7	1.7	2.2	135	368	210	1 − φ1.40 1 − φ1.50	28	2△	双层叠式	1 − 14	36
YLB200 − 1 − 4	30	58.5	89.5					125			2 − φ1.3	32				
YLB200 − 2 − 4	37	71.8	90	0.87				155		245	1 − φ1.12 2 − φ1.18	26				48
YLB200 − 3 − 4	45	86.8	90.5				2.0	185			3 − φ1.30	22				60
YLB250 − 1 − 4	55	104	91	0.88				145			1 − φ1.40 2 − φ1.50	18				
YLB250 − 2 − 4	75	141	91.5					185	445	300	2 − φ1.25 3 − φ1.30	14				
YLB250 − 3 − 4	90	170						215			4 − φ1.25 2 − φ1.30	12	4△			
YLB280 − 1 − 4	110	206	92				1.9	200	493	330	4 − φ1.25	24				
YLB280 − 2 − 4	132	248	92.5					240			4 − φ1.40	20				

232

附表18　YB2系列低压隔爆型电动机的主要技术数据

型号	额定功率/kW	效率/%	功率因数	堵转转矩倍数	堵转电流倍数	最大转矩倍数	定子外径/mm	定子内径/mm	铁芯长度/mm	气隙长度/mm	定子线规(根-mm)	每槽线数	接法	绕组形式	节距	槽数 Z_1/Z_2
YB2-801-2	0.75	75	0.83	2.6	6	2.3	120	67	60	0.3	1-φ0.6	109	1Y	单层交叉	1-9,2-10；11-18	18/16
YB2-802-2	1.1	78	0.84						75		1-φ0.67	87				
YB2-801-4	0.55	71	0.75	2.4	5	2.1		75	60	0.25	1-φ0.53	129		单层链式	1-6	24/22
YB2-802-4	0.75	73	0.77						70		1-φ0.6	110				
YB2-801-6	0.37	63	0.70	1.9	4	1.9		78	65		1-φ0.45	127		双层叠式	1-5	36/28
YB2-802-6	0.55	66	0.72						85		1-φ0.53	98				
YB2-801-8	0.18	52	0.61	1.8	3.3	1.9			75		1-φ0.40	174		单层交叉	1-9,2-10；11-18	18/16
YB2-802-8	0.25	55	0.72						90		1-φ0.45	140				
YB2-90S-2	1.5	79	0.84	2.2	7	2.3	130	72	80	0.3	1-φ0.80	76				
YB2-90L-2	2.2	81	0.85						105		1-φ0.90	58				
YB2-90S-4	1.1	75	0.77	2.3	6	2.4		80	80	0.25	1-φ0.67	85		单层链式	1-6	24/22
YB2-90L-4	1.5	78	0.79						110		1-φ0.8	63				
YB2-90S-6	0.75	69	0.72	2.1	5	2.1		86	85		1-φ0.67	85		双层叠式	1-5	36/28
YB2-90L-6	1.1	73	0.73						115		1-φ0.80	63				
YB2-90S-8	0.37	63	0.62	1.8	4	2.0			90		1-φ0.56	120				
YB2-90L-8	0.55	64	0.63						115		1-φ0.63	90				
YB2-100L-2	3	83	0.88	2.2	7	2.3	155	84	90	0.4	1-φ1.06	44		单层同心	1-12,2-11	24/20
YB2-100L1-4	2.2	80	0.81	2.3	6	2.4		98	95	0.3	2-φ0.67	42		单层交叉	1-9,2-10；11-18	36/28
YB2-100L2-4	3	82	0.82						125		1-φ1.12	33				
YB2-100L-6	1.5	76	0.76	2.1	5	2.1		106	90	0.25	1-φ0.85	58		单层链式	1-6	48/44
YB2-100L1-8	0.75	71	0.68	1.8	4	2.0			70		1-φ0.71	89				
YB2-100L2-8	1.1	73	0.69						90		1-φ0.85	67				
YB2-112M-2	4	85	0.88	2.2	7	2.3	175	98	90	0.45	2-φ0.67	53	1△	单层同心	1-16,2-15,3-14,1-14,2-13	30/26
YB2-112M-4	4	84	0.82	2.3	6	2.4		110	120	0.35	1-φ0.67 1-φ0.71	51		单层交叉	1-9,2-10；11-18	36/28

（续）

型号	额定功率/kW	效率/%	功率因数	堵转转矩倍数	堵转电流倍数	最大转矩倍数	定子外径/mm	定子内径/mm	铁芯长度/mm	气隙长度/mm	定子线规（根-mm）	每槽线数	接法	绕组形式	节距	槽数 Z_1/Z_2
YB2-112M-6	2.2	79	0.76	2.1	5	2.1	175	120	95	0.3	1-φ1.0	50	1Y	单层链式	1-6	36/28
YB2-112M-8	1.5	75	0.69	1.8	4	2.0	175	120	95	0.3	1-φ0.9	53	1Y	单层链式	1-6	48/44
YB2-132S1-2	5.5	86	0.88	2.2	7.5	2.3	210	116	95	0.55	1-φ0.9	43	1△	单层同心	1-16,2-15,3-14,1-14,2-13	30/26
YB2-132S2-2	7.5	87	0.88	2.2	7.5	2.3	210	116	95	0.55	1-φ0.95、2-φ1.0	36	1△	单层同心	1-16,2-15,3-14,1-14,2-13	30/26
YB2-132S1-4	5.5	86	0.84	2.3	7	2.4	210	136	110	0.4	1-φ0.85	46	1Y	单层交叉	1-9,2-10,11-18	36/28
YB2-132S2-4	7.5	87	0.85	2.3	7	2.4	210	136	145	0.4	1-φ0.9、2-φ1.0	36	1Y	单层交叉	1-9,2-10,11-18	36/28
YB2-132S-6	3	81	0.77	2.1	6	2.4	210	148	90	0.35	1-φ0.8	44	1△	单层链式	1-6	36/42
YB2-132M1-6	4	83	0.78	2.1	6	2.4	210	148	115	0.35	1-φ0.85	60	1△	单层链式	1-6	36/42
YB2-132M2-6	5.5	85	0.78	2.1	6	2.4	210	148	115	0.35	1-φ1.0	45	1△	单层链式	1-6	36/42
YB2-132S-8	2.2	79	0.73	1.8	5.5	2.2	210	148	155	0.35	1-φ0.8	44	1Y	单层链式	1-6	48/44
YB2-132M-8	3	81	0.88	1.8	5.5	2.2	210	148	155	0.35	1-φ0.85	33	1Y	单层链式	1-6	48/44
YB2-160M1-2	11	88	0.88	2.2	7.5	2.4	260	150	90	0.65	1-φ1.06	27	1△	单层同心	1-16,2-15,3-14,1-14,2-13	30/26
YB2-160M2-2	15	89	0.89	2.2	7.5	2.4	260	150	120	0.65	1-φ1.25	22	1△	单层同心	1-16,2-15,3-14,1-14,2-13	30/26
YB2-160L-2	18.5	88	0.89	2.2	7.5	2.4	260	150	110	0.65	2-φ1.18、1-φ1.25	19	1△	单层同心	1-16,2-15,3-14,1-14,2-13	30/26
YB2-160M-4	11	89	0.85	2.1	7	2.4	260	170	140	0.5	3-φ1.12	29	1△	单层交叉	1-9,2-10,11-18	36/28
YB2-160L-4	15	88	0.85	2.1	7	2.4	260	170	165	0.5	2-φ1.18、1-φ1.25	22	1△	单层交叉	1-9,2-10,11-18	36/28
YB2-160M-6	7.5	86	0.79	2.1	6.5	2.2	260	180	135	0.4	1-φ1.0	42	1△	单层链式	1-6	36/42
YB2-160L-6	11	87	0.79	2.1	6.5	2.2	260	180	180	0.4	2-φ1.06、3-φ1.18	31	1△	单层链式	1-6	36/42
YB2-160M1-8	4	81	0.73	1.9	6.0	2.2	260	180	120	0.4	1-φ1.06、1-φ1.12、1-φ1.25、2-φ0.8	58	1△	单层链式	1-6	48/44

(续)

型　号	额定功率/kW	效率/%	功率因数	堵转转矩倍数	堵转电流倍数	最大转矩倍数	定子外径/mm	定子内径/mm	铁芯长度/mm	气隙长度/mm	定子线规(根-φmm)	每槽线数	接法	绕组形式	节距	槽数 Z_1/Z_2
YB2-160M2-8	5.5	83	0.75	1.9	6.0	2.2	260	180	170	0.4	1-φ0.9 1-φ0.95	43	1△	单层链式	1-6	48/44
YB2-160L-8	7.5	85	0.76	2.0	7.5	2.3	260	180	85	0.4	2-φ1.06	32	1△	单层链式	1-6	48/44
YB2-180M-2	22	90.5	0.9	2.2	7.5	2.3	290	165	120	0.8	2-φ1.25	34	2△	双层叠式	1-14	36/28
YB2-180M-4	18.5	91.2	0.85	2.2	7.0	2.3	290	187	170	0.6	1-φ1.06 1-φ1.12	30	2△	双层叠式	1-11	48/38
YB2-180L-4	22	91.2	0.85	2.1	7.0	2.3	290	187	165	0.6	2-φ1.18	38	2△	双层叠式	1-11	48/38
YB2-180L-6	15	89	0.81	1.9	6	2.1	290	205	170	0.45	1-φ0.95 1-φ1.0	28	2△	双层叠式	1-9	54/44
YB2-180L-8	11	87	0.76	2.0	7.5	2.2	290	205	165	0.45	1-φ1.3	30	2△	双层叠式	1-6	48/44
YB2-200L1-2	30	91	0.90	2.2	7.2	2.4	327	187	165	1.0	1-φ1.18 2-φ1.25	26	2△	双层叠式	1-14	36/28
YB2-200L2-2	37	91	0.90	2.2	7.2	2.4	327	187	195	1.0	2-φ1.3 1-φ1.4	26	2△	双层叠式	1-14	36/28
YB2-200L-4	30	92	0.86	2.0	7	2.4	327	210	160	0.7	1-φ1.12 2-φ1.18	36	2△	双层叠式	1-11	48/38
YB2-200L1-6	18.5	90	0.83	2.2	6.5	2.2	327	230	175	0.5	2-φ1.12 1-φ1.18	32	2△	双层叠式	1-9	54/44
YB2-200L2-6	22	90	0.83	2.2	6.5	2.2	327	230	180	0.5	2-φ0.95 1-φ1.0	23	2△	双层叠式	1-9	54/44
YB2-200L-8	15	89	0.76	2.0	7.5	2.2	327	210	180	0.5	2-φ0.95 1-φ1.0	22	2△	双层叠式	1-6	48/44
YB2-225M-2	45	92.5	0.9	2.2	7.2	2.3	368	245	205	1.1	1-φ1.3 3-φ1.4	48	4△	双层叠式	1-15	36/28
YB2-225S-4	37	92.5	0.87	2.1	7	2.3	368	245	180	0.8	1-φ1.12 1-φ1.18	42	4△	双层叠式	1-12	48/38
YB2-225M-4	45	92.8	0.87	2.1	7	2.4	368	260	205	0.8	2-φ1.25	22	4△	双层叠式	1-12	48/38
YB2-225M-6	30	92	0.86	2.1	7	2.4	368	260	180	0.55	2-φ1.18 1-φ1.25	22	2△	双层叠式	1-12	72/58

型号	额定功率/kW	效率/%	功率因数	堵转转矩倍数	堵转电流倍数	最大转矩倍数	定子外径/mm	定子内径/mm	铁芯长度/mm	气隙长度/mm	定子线规(根-mm)	每槽线数	接法	绕组形式	节距	槽数 Z_1/Z_2
YB2-225M1-8	18.5	90	0.78	2.0	6.5	2.2	368	260	160	0.55	1-φ1.12 1-φ1.18	32	2△	双层叠式	1-9	72/58
YB2-225M2-8	22	90.5							180		1-φ1.18 1-φ1.25	28			1-9	72/58
YB2-250M-2	55	92.5	0.9	2.1	7.5	2.3	400	225	185	1.2	1-φ1.4 3-φ1.5	20			1-14	36/28
YB2-250M-4	55	93	0.87	2.2	7.2	2.4		260	205	0.9	2-φ1.12 1-φ1.18	38	4△		1-12	48/38
YB2-250M-6	37	92	0.86	2.1	6.5				190	0.6	1-φ1.0 2-φ1.12	30				
YB2-250M-8	30	91	0.79	1.9		2.0		285	200		2-φ1.18 1-φ1.25	24	3△		1-9	72/58
YB2-280S-2	75	93	0.91	2.0	7.2	2.3	445	225	185	1.3	6-φ1.3 1-φ1.4	16	2△		1-16	42/34
YB2-280L-2	90	93.8							215		6-φ1.3 1-φ1.4	14				
YB2-280S-4	75	94.2	0.87	2.2		2.4		300		1.0	2-φ1.3 1-φ1.4	26	4△		1-15	60/50
YB2-280L-4	90	92.5			7				270		2-φ1.4 1-φ1.5	22				
YB2-280S-6	45	92.8	0.86	2.1				325	180	0.7	3-φ1.25	28	3△		1-12	72/58
YB2-280L-6	55	91.5							215		2-φ1.3 1-φ1.4	24				
YB2-280S-8	37	92	0.79	1.8	6	2.0			190		2-φ1.18 1-φ1.3	46	4△		1-9	
YB2-280L-8	45								235		2-φ1.3	38				

236

附表 19 YA 系列低压增安型电动机的主要技术数据

型号	额定功率/kW	效率/%	功率因数	堵转转矩倍数	堵转电流倍数	最大转矩倍数	定子外径/mm	定子内径/mm	铁芯长度/mm	气隙长度/mm	定子线规(根-mm)	每槽线数	接法	绕组形式	节距	槽数 Z_1/Z_2
YA-160M-2	11	87.5							155		3-φ1.25	26		单层同心	1-16 2-15 3-14	30/26
YA-160L-2	15	88.5	0.9	1.8	7	2.2	260	150	195	0.65	2-φ1.18 2-φ1.25	21	1△	单层同心	1-14 2-13	30/26
YA-160M-4	11	88	0.84						155		2-φ1.3	29		单层交叉	1-9 2-10 11-18	36/26
YA-160L-4	15	88.5	0.85	1.9	7	2.2	260	170	195	0.5	3-φ1.18	23	1△	单层交叉		36/26
YA-160M-6	7.5	87	0.77		6.5				145		2-φ1.12	38		双层叠式		36/33
YA-160L-6	11	89.5	0.81		6				195		4-φ0.95	28		双层叠式		36/33
YA-160M1-8	4	84	0.72	2.0	6	2.0	260	180	110	0.45	1-φ1.25	49		双层叠式	1-6	48/44
YA-160M2-8	5.5	85	0.74						145		2-φ1.0	39		双层叠式		48/44
YA-160L-8	7.5	86	0.75		5.5				195		2-φ1.12 1-φ1.18	29		双层叠式		48/44
YA-180M-2	18.5	88.5	0.91	1.5	7	2.2	290	160	185	0.8	1-φ1.33 1-φ1.38	36	2△	双层叠式	1-14	36/28

（续）

型号	额定功率/kW	效率/%	功率因数	堵转转矩倍数	堵转电流倍数	最大转矩倍数	定子外径/mm	定子内径/mm	铁芯长度/mm	气隙长度/mm	定子线规（根-mm）	每槽线数	接法	绕组形式	节距	槽数 Z_1/Z_2
YA-180L-4	18.5	90.5	0.87	1.9	7	2.2	290	180	220	0.55	1-φ1.33 1-φ1.26	32	2△	双层叠式	1-11	48/44
YA-180L-6	15	89.5	0.81	1.8	6.5	2.0	290	205	200	0.5	1-φ1.58	34	2△	双层叠式	1-9	54/44
YA-180L-8	11	86.5	0.76	1.7	6	2.0	290	205	200	0.5	2-φ0.9	23	2△	双层叠式	1-7	54/58
YA-200L1-2	22	88.5	0.91	1.5	7	2.2	327	182	180	1.0	1-φ1.33 1-φ1.26	34	2△	双层叠式	1-14	36/28
YA-200L2-2	30	89.5	0.91	1.5	7	2.2	327	182	210	1.0	2-φ1.2 2-φ1.26	34	2△	双层叠式	1-14	36/28
YA-200L-4	22	92	0.86	1.9	7	2.2	327	210	230	0.65	1-φ1.58 1-φ1.48	28	2△	双层叠式	1-11	48/44
YA-200L1-6	18.5	89.8	0.83	1.8	6.5	2.0	327	230	195	0.5	1-φ1.26 1-φ1.2	32	2△	双层叠式	1-9	54/44
YA-200L2-6	22	90.2	0.83	1.8	6.5	2.0	327	230	230	0.5	2-φ1.33	28	2△	双层叠式	1-9	54/44
YA-200L-8	15	88	0.76	1.8	6	2.0	327	230	190	0.5	1-φ1.58	40	2△	双层叠式	1-7	54/50
YA-225M-2	37	90.5	0.91	1.5	7	2.2	368	210	210	1.1	4-φ1.3	13	2△	双层叠式	1-14	36/28
YA-225S-4	30	91.2	0.87	1.9	7	2.2	368	245	200	0.7	2-φ1.18	25	4△	双层叠式	1-12	48/44

（续）

型号	额定功率/kW	效率/%	功率因数	堵转转矩倍数	堵转电流倍数	最大转矩倍数	定子外径/mm	定子内径/mm	铁芯长度/mm	气隙长度/mm	定子线规(根-mm)	每槽线数	接法	绕组形式	节距	槽数 Z_1/Z_2
YA-225M-4	37	91.5	0.88	1.8	7	2.2	368	245	235	0.7	2-φ1.3 2-φ1.25	11	2△	双层叠式	1-12	48/44
YA-225M-6	30	90.2	0.84	1.7	6.5				200		2-φ1.3 1-φ1.4	14			1-9	54/44
YA-225S-8	18.5	89.5	0.76		6	2.0		260	165	0.55	2-φ1.4	20			1-7	54/50
YA-225M-8	22	90	0.78	1.8					200		2-φ1.5	17				
YA-250M-2	45	90.5	0.91	1.5	7	2.2	400	225	195	1.2	5-φ1.4	12			1-14	36/28
YA-250M-4	45	92	0.88	1.7				260	240	0.8	2-φ1.4	21	4△			48/44
YA-250M-6	37	90.8	0.86	1.8	6.5	2.0		285	225	0.6	1-φ1.12 2-φ1.18	14	3△		1-12	72/58
YA-250M-8	30	90.5	0.8		6				240		1-φ1.12 1-φ1.18	21	4△		1-9	
YA-315S-2	90	93.5		1.6	7	2.2	520	300	290	1.8	12-φ1.5	6	2△		1-18	48/40
YA-315M-2	110	94	0.89						340		14-φ1.5	5				
YA-315L-2	132	94.5							380		16-φ1.5	4.5				
YA-315M-4	90	93		1.6	6.8	2.2		350	290	1.2	2-φ1.5 3-φ1.4	10	4△		1-16	72/64

（续）

型　号	额定功率/kW	效率/%	功率因数	堵转转矩倍数	堵转电流倍数	最大转矩倍数	定子外径/mm	定子内径/mm	铁芯长度/mm	气隙长度/mm	定子线规（根-mm）	每槽线数	接法	绕组形式	节距	槽数 Z_1/Z_2
YA－315M－4	110	93.5	0.89	1.6	6.8	2.2	520	350	380	1.2	4－ϕ1.4 2－ϕ1.5	8.5	4△	双层叠式	1－16	72/64
YA－315L－4	132	94.5							420		2－ϕ1.5 5－ϕ1.4	7.5				
YA－255S1－2	160	95	0.9	1.4	7	2.4	590	327	300	2.2	23－ϕ1.5	4.5	2△		1－18	48/40
YA－315S2－2	185	95							340		26－ϕ1.5	4				
YA－355M1－2	200	95.5						380	400		29－ϕ1.5	3.5				
YA－355M2－2	220	95.5							440							
YA－355L－2	250								500		35－ϕ1.5	3				
YA－355S1－4	160	94.5	0.89			2.2			340	1.5	10－ϕ1.5	7.5	4△		1－16	72/64
YA－355S2－4	185	95							420		12－ϕ1.5	6.5				
YA－355M1－4	200	95							450		13－ϕ1.5	6				
YA－355M2－4	220	95.5							520		14－ϕ1.5	5.5				
YA－355L－4	250	95.5							590		15－ϕ1.5	5				

附表20　Y系列中型高压三相异步电动机的主要技术数据(6kV 大直径)

型号	额定功率/kW	满载时				铁芯		定子					气隙长度/mm	转子		槽数 Z_1/Z_2
		定子电流/A	转速 r/min	效率/%	功率因数	直径 $D_t/D_{t1}/D_{t2}$	长度 $L_{fe}+n_k b_k$	线规	每槽线数	节距	半匝长/mm	端部长/mm		线规 $a×b$	端环尺寸 $E_b×E_b$	
Y355-4	220	27	1480	93.3	0.85	590/345/167	380+6×10	1-1.25×4.5	31	1-13	1069	267	1.4	4×40	20×45	60/50
	250	30		93.4			400+7×10	1-1.32×4.5	29		1091					
	280	34		93.5	0.86		430+7×10	1-1.5×4.5	27		1123					
	315	38		93.6			450+8×10	1-1.6×4.5	26		1154					
Y400-4	355	42	1480	93.8	0.86	670/420/210	380+6×10	1-1.18×5.6	24	1-14	1097	261	1.6	5×35.5	20×45	60/50
	400	48		94.0			400+7×10	1-1.32×5.6	22		1127					
	450	53		94.2			450+8×10	1-1.5×5.6	20		1187					
	500	59		94.3	0.87		480+8×10	1-1.7×5.6	19		1220					
	560	66		94.5			530+9×10	1-1.9×5.6	17		1297					
Y400-6	280	35	990	93.5	0.83	670/450/280	430+7×10	2-2×3.15	28	1-11	1057	242	1.2	5.6×40	20×45	72/58
	315	39		93.7	0.85		450+8×10	2-1.18×3.15	26		1096					
	355	44		93.9	0.83		480+8×10	2-1.32×3.15	24		1126					
	400	49		94.0			530+9×10	2-1.4×3.15	22		1185					
Y400-8	220	29	740	92.0	0.78	670/480/280	400+7×10	2串-1.8×3.15	32	1-9	981	206	1.2	6.3×40	25×50	72/58
	250	33		93.0	0.79		450+8×10	2串-2.0×3.15	32		978					
	280	37		93.2			530+9×10	2串-2.24×3.15	28	1-8	1066					
Y450-4	630	74	1483	94.7	0.87	740/470/240	480+8×10	1-1.9×7.1	18	1-13	1225	262	1.9	5.6×40	20×45	60/50
	710	83		94.9			500+9×10	1-2.24×7.1	16		1295	275				
	800	93		95.1			550+10×10	1-2.36×7.1	15	1-14	1353					
	900	105		95.2			600+11×10	1-2.65×7.1	14		1415					

241

（续）

型号	额定功率/kW	定子电流/A	满载转速/(r/min)	效率/%	功率因数	铁芯直径 $D_r/D_{i1}/D_{i2}$	铁芯长度 $L_{fe}+n_k b_k$	定子线规	每槽线数	节距	半匝长/mm	端部长/mm	气隙长度/mm	转子线规 $a\times b$	转子端环尺寸 $E_b\times E_b$	槽数 Z_1/Z_2
Y450-6	450	55	988	94.3	0.84	740/510/300	450+8×10	1-1.6×6.3	22	1-11	1081	224	1.4	4×45	25×50	72/86
	500	60		94.5	0.85		480+8×10	1-1.8×6.3	20		1111					
	560	67		94.6			530+9×10	1-2.0×6.3	18		1170					
	600	72		94.7			580+10×10	1-2.36×6.3	16		1231					
Y450-8	315	41	740	93.4	0.80	740/530/310	450+7×10	2-1.25×3.15	26	1-9	1019	200	1.4	4.5×50	20×45	72/86
	355	46		93.5			480+8×10	2-1.4×3.15	24		1050					
	400	51		93.7	0.81		530+9×10	2-1.6×3.15	22		1110					
	450	57		93.8			580+10×10	2-1.8×3.15	20		1170					
Y450-10	220	30	592	92.1	0.77	740/530/310	400+7×10	1-1.5×4	26	1-9	910	187	1.2	3.55×50	20×35	90/106
	250	33		92.3	0.78		450+8×10	1-1.7×4	24		970					
	280	37		92.5			480+8×10	1-1.9×4	22		1001					
	315	41		92.6	0.79		530+9×10	1-2.12×4	20		1061					
	350	47		92.8			580+10×10	1-2.36×4	18		1120					
Y450-12	220	32	495	91.4	0.73		500+9×10	1-1.6×4	26	1-7	972	166	1.1			
	250	36		91.7			550+10×10	1-1.8×4	24		1023					
Y500-4	1000	116	1487	95.3	0.87	850/545/260	480+8×10	1-2.65×8	14	1-13	1261	258	2.2	5.6×50	25×60	60/50
	1120	128		95.4			530+9×10	1-3.0×8	13	1-14	1364	270				
	1250	143		95.5	0.88		580+10×10	1-3.35×8	12	1-13	1385	258				
	1400	160		95.6			600+11×10	1-3.55×8	11	1-14	1453	270				

(续)

型号	额定功率/kW	定子电流/A	满载时 转速/(r/min)	满载时 效率/%	满载时 功率因数	铁芯 直径 $D_\ell/D_{i1}/D_{i2}$	铁芯 长度 $L_{fe}+n_k b_k \times 10$	定子 线规	定子 每槽线数	定子 节距	定子 半匝长/mm	定子 端部长/mm	气隙 长度/mm	转子 线规 $a \times b$	转子 端环尺寸 $E_b \times E_b$	槽数 Z_1/Z_2
Y500-6	710	85	990	95.0	0.85	850/590/350	480+8×10	1-2.5×7.1	16	1-11	1143	227	16	4×50	20×60	72/86
	800	95		95.1			530+9×10	1-2.8×7.1	15		1205					
	900	107		95.2			550+10×10	1-3.0×7.1	14		1235					
	1000	119		95.3			600+11×10	1-3.35×7.1	13		1296					
Y500-8	500	63	741	94.2	0.81	850/620/368	480+8×10	1-1.8×7.5	20	1-9	1072	200		4.5×50	20×70	
	560	70		94.4			530+9×10	1-2.0×7.8	18		1131					
	630	78		94.5	0.82		550+10×10	1-2.24×7.5	18	1-8	1130					
	710	88		94.6			630+11×10	1-2.5×7.5	16		1219					
Y500-10	400	52	593	93.3	0.80	850/620/423	480+8×10	1-2.24×5	20	1-8	992	180	14	3.55×35.5	20×35	90/114
	450	58		93.4			530+9×10	1-2.5×5	18		1052					
	500	64		93.6			580+10×10	1-2.8×5	16	1-9	1143	190				
	560	72		93.7			630+11×10	1-3.15×5	14		1202					
	630	81		93.8			680+12×10	1-3.55×5	14	1-8	1237					
Y500-12	280	39	494	92.7	0.74		450+8×10	1-1.5×5.6	26	1-7	931	172		3.55×40		
	315	44		92.8			500+9×10	1-1.7×5.6	24		992					
	355	49		93.0	0.75		530+9×10	1-1.9×5.6	22		1022					
	400	55		93.3			580+10×10	1-2.12×5.6	20		1083					
	450	62		93.4			650+12×10	1-2.5×5.6	18		1174					

注:1. 电动机接法为 Y 接。

1. n_k、b_k 为通风沟个数和宽度

243

附表 21 Y 系列中型高压三相异步电动机的主要技术数据（6kV 小直径）

型号	额定 功率/kW	额定 定子电流/A	满载时 转速/(r/min)	满载时 效率/%	满载时 功率因数	铁芯 直径 $D_f/D_{i1}/D_{i2}$	铁芯 长度 $L_{fe}+n_kb_k\times10$	定子 线规	定子 每槽线数	定子 节距	定子 半面长/mm	定子 端部长/mm	气隙 长度/mm	转子 线规 $a\times b$	转子 端环尺寸 $E_b\times E_b$	槽数 Z_1/Z_2
Y355-4	220	27	1480	93.3	0.85	560/330/167	430+7×10	1-1.18×4.5	30	1-13	1127	275	1.4	4.3×35	20×45	60/50
	250	30		93.4			450+8×10	1-1.25×4.5	28		1191	295				
	280	34		93.5	0.86		480+8×10	1-1.4×4.5	26		1222					
	315	38		93.6			530+9×10	1-1.6×4.5	24		1282					
Y400-4	355	42	1480	93.8		630/390/210	400+7×10	1-1.25×5.6	24	1-14	1132	273	1.5	5×31.5	25×40	60/50
	400	48		94.0	0.86		450+8×10	1-1.4×5.6	22		1192					
	450	53		94.2			480+8×10	1-1.6×5.6	20		1223					
	500	59		94.3	0.87		530+9×10	1-1.8×5.6	18		1282					
	560	66		94.5			580+10×10	1-2.0×5.6	17		1344					
Y400-6	280	35	990	93.5	0.83	630/410/240	480+8×10	1-1.4×5	24	1-12	1127	219	1.2	6.3×40	20×40	72/58
	315	39		93.7			530+9×10	1-1.6×5	22		1187					
	355	44		93.9			580+10×10	1-1.8×5	20		1247					
	400	49		94.0			630+11×10	1-2.12×5	18		1309					
Y400-8	220	29	740	92.0	0.78	630/450/280	500+9×10	2串-1.8×3.15	32	1-9	1083	217	1.2	7.1×31.5	25×50	72/58
	250	33		93.0	0.79	630/450/240	580+10×10	2串-2.0×3.15	28		1172					
	280	37		93.2			630+11×10	2串-2.24×3.15	28	1-8	1196					
Y450-4	630	74	1483	94.7	0.87	710/450/240	480+8×10	1-1.9×7.1	18	1-14	1261	282	1.8	5.6×35.5	25×40	60/50
	710	83		94.9			530+9×10	1-2.24×7.1	16		1323					
	800	93		95.1			580+10×10	1-2.5×7.1	15		1384					
	900	105		95.2			630+12×10	1-2.8×7.1	13		1472					

（续）

型号	额定功率/kW	定子电流/A	转速/(r/min)	效率/%	功率因数	铁芯 直径 $D_t/D_{i1}/D_{i2}$	铁芯 长度 $L_{fe}+n_kb_k$	定子 线规	定子 每槽线数	定子 节距	定子 半匝长/mm	定子 端部长/mm	气隙 长度/mm	转子 线规 $a\times b$	转子 端环尺寸 $E_b\times E_b$	槽数 Z_1/Z_2
Y450–6	450	55	988	94.3	0.84	710/480/290	480+8×10	1−1.6×6.3	22	1−11	1111	231	1.3	4×40	25×50	72/86
	500	60	988	94.5	0.85		530+9×10	1−1.8×6.3	20		1172					
	560	67		94.6			580+10×10	1−2.0×6.3	18		1230					
	600	72		94.7			630+11×10	1−2.36×6.3	16		1292					
Y450–8	315	41	740	93.4	0.80	710/510/310	480+8×10	2−1.18×3.15	26	1−9	1046	202	1.3	4.5×45	20×50	72/86
	355	46		93.5			530+9×10	2−1.32×3.15	24		1106					
	400	51		93.7			580+10×10	2−1.5×3.15	22		1167					
	450	57		93.8	0.81		630+11×10	2−1.7×3.15	20		1227					
Y450–10	220	30	592	92.1	0.77	710/510/310	450+8×10	1−1.4×4	26	1−9	968	187	1.1	3.55×31.5	20×35	90/106
	250	33		92.3	0.78		480+8×10	1−1.6×4	24		999					
	280	37		92.5			530+9×10	1−1.8×4	22		1059					
	315	41		92.6	0.79		580+10×10	1−2.0×4	20		1119					
	350	47		92.8			630+11×10	1−2.24×4	18		1178					
Y450–12	220	32	495	91.4	0.73		530+9×10	1−1.6×4	26	1−7	1002	168	1.1			
	250	36		91.7			580+10×10	1−1.8×4	24		1062					
Y500–4	1000	116	1487	95.3	0.87	800/515/260	550+10×10	2−1.25×4	26	1−14	1392	288	2.1	6.3×45	25×60	60/50
	1120	128		95.4			600+11×10	2−1.4×4	24		1453					
	1250	143		95.5	0.88		650+12×10	2−1.6×4	22		1513					
	1400	160		95.6			730+13×10	2−1.8×4	20		1593					

（续）

型号	额定功率/kW	满载时 定子电流/A	转速/(r/min)	效率/%	功率因数	铁芯 直径 $D_f/D_{i1}/D_{i2}$	长度 $L_{fe}+n_k b_k$	定子 线规	每槽线数	节距	半匝长/mm	端部长/mm	气隙长度/mm	转子 线规 $a×b$	端环尺寸 $E_b×E_b$	槽数 Z_1/Z_2
Y500-6	710	85	990	95.0	0.85	800/550/340	530+9×10	1-2.5×6.7	16	1-11	1190	226	1.6	4.5×40	20×60	72/86
	800	95		95.1			580+10×10	1-2.8×6.7	15		1252					
	900	107		95.2			650+12×10	1-3.15×6.7	13		1340					
	1000	119		95.3			730+13×10	1-3.55×6.7	12		1432					
Y500-8	500	63	741	94.2	0.81	800/580/350	530+9×10	1-1.8×7.1	20	1-8	1085	198		4.5×50	20×70	
	560	70		94.4			600+11×10	1-2.0×7.1	18		1175					
	630	78		94.5	0.82		650+12×10	1-2.36×7.1	16	1-9	1273					
	710	88		94.6			730+13×10	1-2.65×7.1	14		1362					
Y500-10	400	52	593	93.3	0.80	800/580/400	530+9×10	1-2.24×5	20	1-8	1048	182	1.3	3.15×40	20×35	
	450	58		93.4			580+10×10	1-2.5×5	18		1108					
	500	64		93.6			630+11×10	1-2.8×5	16		1199	193				
	560	72		93.7			730+13×10	1-3.15×5	14	1-9	1318					
	630	81		93.8			830+15×10	1-3.55×5	12		1436					
Y500-12	280	39	494	92.7	0.74	800/580/400	500+9×10	1-1.8×5.6	24	1-7	986	180		3.55×45		90/114
	315	44		92.8			530+9×10	1-2.0×5.6	22		1048					
	355	49		93.0	0.75		580+10×10	1-2.24×5.6	20		1108					
	400	55		93.3			630+12×10	1-2.5×5.6	18	1-8	1198					
	450	62		93.4			730+13×10	1-2.8×5.6	16		1287					

注：电动机接法，除 Y500-4 为 2Y 接外，其余都是 Y 接。

附表 22 YR 系列中型高压绕线转子三相异步
电动机的主要技术数据(6kV 大直径)

型号	额定功率/kW	满载时				转子				
		定子电流/A	转速/(r/min)	效率	功率因数	槽数	线规 $a \times b$	半匝长/mm	电压/V	电流/A
YR355-4	220	28		92.7	0.83			865	326	424
	250	31	1470	93.0	0.84	48	5×16	895	350	447
	280	34		93.1	0.84			925	364	484
YR400-4	315	38		93.1	0.85			898	385	508
	355	43		93.3	0.85			928	420	524
	400	48	1474	93.5	0.85	48	6.3×15	988	463	534
	450	54		93.7	0.85			1018	488	571
	550	60		93.9	0.85			1078	546	585
YR400-6	220	28		92.5	0.81			761	269	514
	250	31		93.7	0.82			821	295	532
	280	35	984	92.8	0.82	54	6.3×18	851	317	556
	315	40		93.0	0.82			881	343	575
	355	45		93.2	0.82			941	374	594
YR400-8	220	29		92.2	0.78			820	412	337
	250	33	735	92.3	0.78	84	3.55×22.4	850	433	367
	280	37		92.4	0.79			940	496	357
YR450-4	560	67		94.2	0.85			1049	546	652
	630	75	1480	94.5	0.86	48	6.3×18	1079	580	670
	710	84		94.6	0.86			1140	618	708
	800	94		94.6	0.82			1199	664	745
YR450-6	400	50		93.5	0.83			924	400	629
	450	55	985	93.6	0.84	54	6.3×18	954	439	640
	500	61		93.8	0.84			1014	488	638
	560	68		94.0	0.84			1074	548	632
YR450-8	315	41		92.6	0.80			865	506	391
	355	46	736	92.7	0.80	84	3.55×25	895	548	406
	400	52		93.0	0.80			955	599	419
	450	57		93.1	0.81			1015	659	428

型号	额定功率/kW	满载时				转子				
		定子电流/A	转速/(r/min)	效率	功率因数	槽数	线规 $a \times b$	半匝长/mm	电压/V	电流/A
YR450-10	220	30	587	91.3	0.77	60	5×18	826	312	448
	250	34		91.5	0.77			856	341	465
	280	38		91.8	0.78			916	375	473
	315	42		91.9	0.78			976	417	477
	355	48		92.1	0.78			1066	469	477
YR450-4	220	33	485	90.4	0.72	72	4.5×15	910	383	367
	250	37		90.5	0.72			950	418	382
YR500-4	900	105	1483	94.6	0.87	48	6.3×23.6	1105	682	809
	1000	117		94.9	0.87			1165	715	860
	1120	130		95.0	0.87			1225	798	861
	1250	145		95.1	0.87			1255	845	907
YR500-6	630	76	986	94.3	0.85	54	7.0×20	1007	551	707
	710	85		94.5	0.85			1067	587	748
	800	96		94.7	0.85			1097	630	787
	900	107		94.8	0.85			1157	679	823
YR500-8	500	64	737	93.5	0.81	96	3.55×22.4	942	763	408
	560	71		93.7	0.81			1002	848	410
	630	80		93.9	0.81			1032	888	442
	710	90		94.0	0.81			1122	1001	441
YR500-10	400	53	589	92.8	0.78	60	6×18	956	439	573
	450	60		93.1	0.78			1016	473	600
	500	65		93.3	0.79			1076	540	579
	560	73		93.5	0.79			1136	565	624
YR500-12	280	40	490	91.7	0.73	108	3.15×20	895	578	306
	315	45		92.0	0.74			925	630	315
	355	50		92.0	0.75			985	693	322
	400	56		92.3	0.75			1075	770	326
	450	62		92.5	0.75			1105	828	341

注:①本系列电动机的最大转矩与额定转矩之比为 1.8;
　　②电动机均为 Y 接

附表 23　YB 系列高压隔爆型电动机的主要技术数据

型号	额定功率/kW	效率/%	功率因数	堵转转矩倍数	堵转电流倍数	最大转矩倍数	定子外径/mm	定子内径/mm	铁芯长度/mm	气隙长度/mm	定子线规(mm×mm)	每槽线数	接法	绕组形式	节距	槽数 Z_1/Z_2
YB-400S1-2	200	93	0.86	1.0	7	2.0	650	350	400	2.3	1.12×7.1	17	1Y	双层叠式	1-14	48/40
YB-400S2-2	220								460		1.32×7.1	15				
YB-400M1-2	250															
YB-400M2-2	280								500		1.5×7.1	14				
YB-400S1-4	200			1.2	6.5	2.1		400	420	1.2	1.25×5.6	15				60/50
YB-400S2-4	220								460		1.4×5.6	14				
YB-400M1-4	250										1.6×5.6	13				
YB-400M2-4	280								500		1.0×5.6	14				
YB-400S-6	185	92.5	0.84			2.0		480	600	1.0					1-11	72/58
YB-400M1-6	200								640		1.06×5.6	13				
YB-400M2-6	220								680		1.18×5.6	12				
YB-400M1-8	160		0.83	1.1	6.0	1.8			640		1.0×5.0	15			1-9	
YB-400M2-8	185								680		1.12×5.0	14				

（续）

型 号	额定功率/kW	效率/%	功率因数	堵转转矩倍数	堵转电流倍数	最大转矩倍数	定子外径/mm	定子内径/mm	铁芯长度/mm	气隙长度/mm	定子线规（mm×mm）	每槽线数	接法	绕组形式	节距	槽数 Z_1/Z_2
YB-450S1-2	315								420		1.8×7.1	13				
YB-450S2-2	355								450		2.0×7.1	12				48/40
YB-450S3-2	400	94	0.87	1.0	7	2.0		380	500	2.7	2.24×7.1	11				
YB-450M1-2	450								560		2.5×7.1	10				
YB-450M2-2	500								640		2.8×7.1	9			1-14	
YB-450S1-4	315						740		450		2.0×7.1	12	1Y	双层叠式		
YB-450S2-4	355								500	1.4	2.24×7.1	11				60/50
YB-450S3-4	400			1.2	6.5	1.8		475	560		2.5×7.1	10				
YB-450M1-4	450								620		2.8×7.1	9				
YB-450M2-4	500								680		3.15×7.1	8				
YB-450S2-6	280								580	1.2	1.5×5.6	12			1-11	
YB-450S3-6	315	92.5	0.92	1.1	6				620		1.7×6.3	11				72/86
YB-450S2-8	220								580	1.1	1.32×6.3	13			1-9	
YB-450S2-8	250								620		1.5×6.3	12				

附表 24　TSWN,TSN 系列小容量水轮发电机的主要技术数据

型号 TSWN 或 TSN	额定功率/kW	额定电压/V	额定电流/A	额定转速/(r/min)	功率因数	定子铁芯 外径/mm	定子铁芯 内径/mm	定子铁芯 长度/mm	定子 线规	每槽线数	节距	并联路数	槽数	气隙长度/mm	励磁绕组 线规 a×b	每极匝数	磁极 极距/mm	磁极 铁芯长度/mm
36.8/14-4	18	400	32.5	1500	0.8 滞后	368	265	140	1-φ1.56	20	1-11	2	48	1.1	1.56×3.28	111	208	140
36.8/20-4	26	400	46.9	1500	0.8 滞后	368	265	200	2-φ1.4	14	1-11	2	48	1.1	1.56×3.28	121	208	200
36.8/12.5-6	12	400	21.7	1000	0.8 滞后	368	285	125	1-φ1.3	28	1-9	2	54	0.7	1.45×3.05	77	149	125
36.8/18-6	18	400	32.5	1000	0.8 滞后	368	285	180	1-φ1.56	20	1-8	2	54	0.7	1.45×3.05	78	149	180
42.3/20.5-4	40	400	72.2	1500	0.8 滞后	423	305	205	3-φ1.4	12	1-11	4	48	1.45	2.83×4.1	69	240	210
42.3/27-4	55	400	99.1	1500	0.8 滞后	423	305	270	2-φ1.4	18	1-11	4	48	1.45	2.83×4.1		240	280
42.3/19-6	26	400	46.9	1000	0.8 滞后	423	327	190	2-φ1.35	16	1-9	2	54	0.8	2.83×4.1	90	171	190
42.3/25-6	40	400	72.2	1000	0.8 滞后	423	327	250	3-φ1.35	12	1-9	2	54	0.8	2.83×4.1	47	171	260
49.3/25-6	55	400	99.1	1000	0.8 滞后	493	384	300	3-φ1.3	12	1-11	3	72	1.0	2.44×4.1	61	201	250
49.3/30-6	75	400	135.5	1000	0.8 滞后	493	384	250	4-φ1.34	10	1-11	3	72	1.0	2.44×4.1	72	201	300
49.3/25-8	40	400	72.2	750	0.8 滞后	493	384	300	3-φ1.34	10	1-9	2	72	1.0	2.44×4.1	46	151	250
49.3-30-8	55	400	99.1	750	0.8 滞后	493	384	300	4-φ1.4	8	1-9	2	72	1.0	2.44×4.1	52	151	310
74/29-6	200	400	361	1000	0.8 滞后	740	360	290	2-1.35×4.4	14	1-12	6	84	3.5	1.56×22	47.5	393.2	290
74/36-6	250	400	451	1000	0.8 滞后	740	360	360	2-1.68×4.4	12	1-10	6	84	3.5	1.56×22		393.2	360
74/29-8	160	400	288	750	0.8 滞后	740	590	290	2-1.81×3.8	10	1-11	4	84	2.6	1.95×15.6	39.5	231.5	290
74/36-8	200	400	361	750	0.8 滞后	740	590	360	2-2.26×3.8	8	1-11	4	84	2.6	1.95×15.6		231.5	360
74/29-10	125	400	225	600	0.8 滞后	740	590	290	2-2.83×3.8	6	1-9	2	84	2	2.26×15.6	31.5	185	290

251

（续）

型号 TSWN 或 TSN	额定功率 /kW	满载时				定子铁芯			定子					气隙长度 /mm	励磁绕组			磁极 铁芯长度 /mm
		额定电压 /V	额定电流 /A	额定转速 (r/min)	功率因数	外径 /mm	内径 /mm	长度 /mm	线规	每槽线数	节距	并联路数	槽数		线规 a×b	每极匝数	极距 /mm	
74/36-10	160	400	288	600	0.8 滞后	740	590	360	4-1.81×3.8	5	1-8	2	84	2	2.26×15.6	32.5	185	360
85/31-6	320	400	577	1000	0.8 滞后	850	620	310	2-2.26×4.1	10	1-12	6	72	3.5	14.5×32	48.5	324.5	330
85/39-6	400	400	722	1000	0.8 滞后	850	620	390	2-2.38×4.1	8	1-10	6	72	3.5	14.5×32	49.5	324.5	420
85/31-8	250	400	451	750	0.8 滞后	850	660	310	4-1.35×5.8	8	1-11	4	84	2.6	1.95×22	37.5	259	310
85/39-8	320	400	577	750	0.8 滞后	850	660	390	4-1.81×5.8	6	1-8	4	84	2.6	1.95×22	39.5	259	410
85/31-10	200	400	361	600	0.8 滞后	850	700	310	4-2.26×3.8	5	1-9	2	84	2.2	2.63×15.6	30.5	207	310
85/39-10	250	400	451	600	0.8 滞后	850	700	390	4-3.05×3.8	4	1-8	2	84	2.2	2.63×15.6	30.5	207	390
85/31-12	160	400	288	500	0.8 滞后	850	700	310	1-1.35×6.4	14	1-9	6	108	2	2.63×15.6	27.5	183.1	310
85/39-12	200	400	361	500	0.8 滞后	850	700	390	1-1.81×6.4	12	1-8	6	108	2	2.63×15.6	27.5	183.1	390
85/31-14	125	400	225	428	0.8 滞后	850	700	310	2-1.68×6.4	6	1-7	2	72	1.8	3.05×15.6	22.5	157	310
85/39-14	160	400	288	428	0.8 滞后	850	700	390	4-1.08×6.4	4	1-11	2	72	1.8	3.05×15.6	24.5	157	410
99/37-6	500	6300	57.2	1000	0.8 滞后	990	705	370	1-1.68×6.9	22	1-11	1	84	4.5	1.45×22	61	369	370
99/46-6	530	6300	72.2	1000	0.8 滞后	990	705	460	1-2.1×6.9	18	1-11	1	84	4.5	1.95×22	62	369	460
99/37-8	400	6300	45.9	750	0.8 滞后	990	705	370	1-1.35×6.4	22	1-11	1	84	3	2.26×22	44	291	370
99/46-8	500	6300	57.2	750	0.8 滞后	990	705	460	1-1.81×6.4	18	1-11	1	84	3	1.95×22	44	291	460
99/37-10	320	6300	36.8	600	0.8 滞后	990	740	370	1-1.08×6.4	26	1-11	1	84	2.5	1.95×22	67	233	390
99/46-10	400	6300	45.9	600	0.8 滞后	990	740	460	1-1.35×6.4	22	1-9	1	84	2.5	1.95×22	40	233	460

（续）

型号 TSWN 或 TSN	额定功率 /kW	满载时 额定电压/V	额定电流/A	额定转速/(r/min)	功率因数	定子铁芯 外径/mm	内径/mm	长度/mm	定子 线规	每槽线数	节距	并联路数	槽数	气隙长度/mm	励磁绕组 线规 a×b	每极匝数	磁极 极距/mm	铁芯长度/mm
99/29-12	250	400	451	500	0.8 滞后	990	825	290	1-2.1×6.9	10	1-11	6	126	2.3	1.95×22	39	216	290
99/37-12	320	400	577	500		990	825	370	1-2.63×6.9	3	1-11	6	126	2.3	1.95×22	33	216	370
99/29-14	200	400	360	428		990	825	290	1-1.45×6.9	14	1-9	7	126	2.1	1.95×22	34	185	310
99/37-14	250	400	451	375		990	825	370	1-1.81×6.9	12	1-9	7	126	2.1	1.95×22	32	185	370
99/29-16	160	400	288	300		990	850	290	1-1.95×6.9	10	1-8	4	132	2	2.26×15.6	32	167	290
99/37-16	200	400	361	300		990	850	370	1-2.63×6.9	8	1-8	4	132	2	2.26×15.6	24	167	370
99/29-20	125	400	225	300		990	850	290	1-1.56×6.9	12	1-7	4	132	2	3.05×15.6	24	134	310
99/37-20	160	400	288	300		990	850	370	1-2.1×6.9	10	1-7	4	132	2	3.05×15.6	24	134	390

附表 25　Z3 系列直流电动机的主要技术数据

型号	功率/kW	电压/V	电流/A	转速/(r/min)	励磁方式	电枢 铁芯外径/mm	铁芯长度/mm	槽数	每元件匝数	总导体数	支路数	线规/mm	换向片数	每杆刷数	电刷尺寸/mm	主极 极数	气隙/mm	每极匝数 串	每极匝数 并	线规 串	线规 并	并励电流/A	换向极 极数	气隙/mm	每极匝数	线规	转动惯量/(kg·m²)
Z3-11	0.55	110	7.14	3000	并	70	55	14	30/4	840	2	φ0.8	56	1	8×16	2	0.6/1.8		2000		φ0.35	0.503	1	1.2	152	φ1.3	0.002
	0.55	160	4.5	3000	他				11	1232		φ0.64							3432		φ0.27	0.289			220	φ1.08	
	0.55	220	3.52	3000	并				15	1680		φ0.55							3800		φ0.25	0.279			294	φ0.93	
	0.25	110	3.63	1500	并				14	1568		φ0.57							2200		φ0.33	0.418			292	φ0.9	
	0.25	160	2.2	1500	他				21	2352		φ0.47							3160		φ0.25	0.272			420	φ0.8	
	C.25	220	1.85	1500	并				28	3136		φ0.41							3800		φ0.25	0.256			554	φ0.64	
Z3-12	0.75	110	9.2	3000	并	70	75	14	23/4	644	2	φ0.9	56	1	8×16	2	0.6/1.8		1800		φ0.38	0.535	1	12	116	φ1.5	0.0025
	0.75	160	5.9	3000	他				33/4	924		φ0.72							3140		φ0.29	0.306			164	φ1.25	
	0.75	220	4.55	3000	并				46/4	1288		φ0.64							3600		φ0.27	0.273			222	φ1.04	
	0.37	110	5.17	1500	并				4/42	1176		φ0.67							1800		φ0.38	0.537			212	φ1.08	
	0.37	160	3.08	1500	他				16	1792		φ0.53							3120		φ0.27	0.272			315	φ0.9	
	0.37	220	2.57	1500	并				21	2352		φ0.47							3600		φ0.27	0.269			410	φ0.77	
Z3-21	1.1	110	13.2	3000	并	83	70	18	4	576	2	φ1.12	72	1	8×16	2	0.6/2.4		2000		φ0.38	0.516	1	12	100	φ1.81	0.0055
	1.1	160	8.65	3000	他				23/4	828		φ0.96							3300		φ0.31	0.34			141	φ1.51	
	1.1	220	6.5	3000	并				8	1152		φ0.8							4000		φ0.27	0.265			194	φ1.25	
	0.55	110	7.1	1500	并				29/4	1044		φ0.83							2200		φ0.41	0.5			183	φ1.3	
	0.55	160	4.44	1500	他				11	1584		φ0.69							3500		φ0.29	0.29			268	φ1.12	
	0.55	220	3.52	1500	并				29/2	2088		φ0.59							4000		φ0.29	0.285			352	φ0.93	

（续）

型号	功率/kW	电压/V	电流/A	转速/(r/min)	励磁方式	铁芯外径/mm	铁芯长度/mm	槽数	每元件件数/匝数	总导体数	支路数	线规/mm	换向片数	每杆刷数	电刷尺寸/mm	极数	气隙/mm	每极匝数 串	每极匝数 并	线规 串	线规 并	并励电流/A	极数	气隙/mm	每极匝数	线规	转动惯量/(kg·m²)
						电枢										主极							换向极				
Z3-22	1.5	110	17.7	3000	并	83	95	18	3	432	2	φ1.3	72	1	8×16	2	0.6/2.4		1600		φ0.41	0.65	1	12	74	φ2.1	0.0065
	1.5	160	11.6	3000	他				18/4	648		φ1.08							2600		φ0.31	0.385			109	φ1.74	
	1.5	220	8.74	3000	并				6	864		φ0.93							3000		φ0.31	0.365			144	φ1.45	
	0.75	110	9.34	1500	并				22/4	792		φ0.96							1600		φ0.4	0.705			137	φ1.5	
	0.75	160	5.85	1500	他				8	1152		φ0.8							2700		φ0.33	0.419			195	φ1.2	
	0.75	220	4.64	1500	并				11	1584		φ0.67							3000		φ0.31	0.38			264	φ1.04	
	0.37	110	5.17	1000	并				8	1152		φ0.77	75						1700		φ0.41	0.624			204	φ1.08	
	0.37	160	3.0	1000	他				46/4	1656		φ0.62							2700		φ0.33	0.406			286	φ0.86	
	0.37	220	2.54	1000	并				16	2304		φ0.53							3200		φ0.31	0.338			289	φ0.77	
Z3-31	2.2	110	25.3	3000	并	106	65	18	3	450	2	φ1.5	72	2	10×12.5	4	0.6/2.4		1000		φ0.51	1.03	4	15	33	1.56×3.28	0.0123
	2.2	160	16.8	3000	他				13/3	650		φ1.25							1800		φ0.41	0.601			47	1.25×3.28	
	2.2	220	12.5	3000	并				19/3	950		φ1.08							2000		φ0.33	0.455			68	φ1.74	
	1.1	110	13.15	1500	并			25	17/3	850		φ1.08				2			1140		φ0.51	0.872	1		63	φ1.81	
	1.1	160	8.6	1500	他				8	1200		φ0.93							1900		φ0.41	0.593			86	φ1.56	
	1.1	220	6.54	1500	并				11	1584		φ0.8							3650		φ0.44	0.365			263	φ1.74	
	0.55	110	7.04	1000	并				25/3	1250		φ0.9	75			4			1300		φ0.49	0.707	4		396	φ1.35	
	0.55	160	4.5	1000	他				35/3	1750		φ0.77							2200		φ0.41	0.462			127	φ1.2	
	0.55	220	3.5	1000	并				17	2550		φ0.64							2700		φ0.33	0.326			185	φ0.96	

255

（续）

型号	功率/kW	电压/V	电流/A	转速/(r/min)	励磁方式	铁芯外径/mm	铁芯长度/mm	槽数	电枢每元件匝数	电枢总导体数	支路数	电枢线规/mm	换向片数	每杆刷数	电刷尺寸/mm	主极极数	主极气隙/mm	每极匝数(串)	每极匝数(并)	主极线规(串)	主极线规(并)	并励电流/A	换向极极数	换向极气隙/mm	换向极每极匝数	换向极线规	转动惯量/(kg·m²)
Z3-32	3.0	110	34.7	3000	并	106	90	25	7/3	350	2	2-φ1.25	75	1	10×12.5	4	0.624		880		φ053	1.03	4	15	26	1.08×6.4	0.0143
	3.0	160	23	3000	他				10/3	500		φ1.45							1650		φ0.41	0.578			36	φ2.4	
	3.0	220	17.1	3000	并				14/3	700		φ1.25							1800		φ0.38	0.508			50	φ2.02	
	1.5	110	17.6	1500	并				13/3	650		φ1.3							950		φ0.53	0.953			48	φ2.26	
	1.5	160	11.6	1500	他			18	6	900		φ1.08							1650		φ0.44	0.693			65	φ1.95	
	1.5	220	8.68	1500	并				9	1296		φ0.9	72	2		2			3500		φ0.41	0.297	1		215	φ1.88	
	0.75	110	9.4	1000	他			25	19/3	950		φ1.04	75	1		4			1100		φ0.53	0.8	4		72	φ1.56	
	0.75	160	6.0	1000	并				9	1350		φ0.86							1950		φ0.41	0.487			98	φ1.35	
	0.75	220	4.64	1000	他				38/3	1900		φ0.74							2200		φ0.38	0.407			136	φ1.08	
	0.55	110	7.25	750	并				8	1200		φ0.96							1100		φ0.53	0.818			92	φ1.4	
	0.55	160	4.55	750	他				34/3	1700		φ0.77							2000		φ0.41	0.458			127	φ1.16	
	0.55	220	3.57	750	他				49/3	2450		φ0.67		2		2			2200		φ0.39	0.407	1		177	φ0.96	
Z3-33	4.0	110	45.4	3000	并	106	130	25	5/3	250	2	2-φ1.45	75	1	10×12.5	4	0.624		720		φ0.57	1.188	4	15	18	1.35×6.4	0.0183
	4.0	160	30.3	3000	他				7/3	350		2-φ1.2							1550		φ0.49	0.637			24	1.08×6.4	
	4.0	220	22.4	3000	并				10/3	500		φ1.45							1400		φ0.41	0.625			35	1.35×3.28	
	2.2	110	25	1500	并				3	450		φ1.56							700		φ0.62	1.4			33	1.56×3.28	
	2.2	160	16.5	1500	他				13/3	650		φ1.3							1300		φ0.49	0.799			46	1.25×3.28	
	2.2	220	12.3	1500	并			18	25/4	900		φ1.08	72	2		2			2600		φ0.53	0.512	1		148	1.35×3.28	

（续）

型号	功率/kW	电压/V	电流/A	转速/(r/min)	励磁方式	铁芯外径/mm	铁芯长度/mm	电枢槽数	每元件导体数	总导体数	支路数	线规/mm	换向片数	每杆刷副数	电刷尺寸/mm	主极极数	主极气隙/mm	每极匝数(串)	每极匝数(并)	线规(串)	线规(并)	并励电流/A	换向极极数	换向极气隙/mm	换向极每极匝数	换向极线规	转动惯量/(kg·m²)
Z3-33	1.1	110	13.3	1000	并	106	130	25	13/3	650	2	ϕ1.25	75	1	10×12.5	4	0.6/2.4		860		ϕ0.62	1.12	1	12	49	ϕ1.95	0.0183
	1.1	160	8.46	1000	他				19/3	950		ϕ1.04							1400		ϕ0.49	0.715			67	ϕ1.625	
	1.1	220	6.6	1000	并				9	1350		ϕ0.86							1700		ϕ0.41	0.528			95	ϕ1.4	
	0.75	110	9.4	750	并				17/3	850		ϕ1.08							850		ϕ0.59	0.092			65	ϕ1.62	
	0.75	160	5.84	750	他				25/3	1250		ϕ0.9							1400		ϕ0.47	0.677			89	ϕ1.4	
	0.75	220	4.64	750	并				35/3	1750		ϕ0.77							1650		ϕ0.41	0.545			125	ϕ1.16	
Z3-41	5.5	110	61.3	3000	并	120	95	25	5/3	250	2	3-ϕ1.4	75	3	10×12.5	4	0.7/3.5		660		ϕ0.67	2.04	4	2	19	1.68×6.4	0.025
	5.5	220	30.5	3000	并				10/3	500		2-ϕ1.2		2					1400		ϕ0.47	0.915			37	1.35×4.1	
	3.0	110	34.3	1500	并				3	450		2-ϕ1.25		1					780		ϕ0.72	1.97			34	1.56×4.1	
	3.0	160	22.1	1500	并				13/3	650		ϕ1.45							1200		ϕ0.55	1.33			49	1.08×4.1	
	3.0	220	17	1500	他				19/3	950		ϕ1.25							1400		ϕ0.47	0.967			70	ϕ2.02	
	1.5	110	18	1000	并				14/3	700		ϕ1.4							940		ϕ0.64	1.32			54	1.0×4.1	
	1.5	160	11.5	1000	他				7	1050		ϕ1.16							1500		ϕ0.47	0.785			79	ϕ1.81	
	1.5	220	8.9	1000	并				28/3	1400		ϕ1.0							1900		ϕ0.47	0.684			104	ϕ1.62	
	1.1	110	14.2	750	并				6	900		ϕ1.25							900		ϕ0.64	1.145			69	ϕ2.1	
	1.1	160	8.9	750	他				26/3	1300		ϕ1.0							1500		ϕ0.49	0.865			98	ϕ1.68	
	1.1	220	7	750	并				12	1800		ϕ0.86							1840		ϕ0.47	0.706			134	ϕ1.45	
	2.2	115	19.2	1450	复				13/3	650		ϕ1.45						18	720	1.08×4.1	ϕ0.67	1.43			49	1.08×4.1	
	2.2	230	9.6	1450	复				26/3	1300		ϕ1.0						35	1520	ϕ1.68	ϕ0.47	0.678			96	ϕ1.68	

(续)

型号	功率/kW	电压/V	电流/A	转速/(r/min)	励磁方式	铁芯外径/mm	铁芯长度/mm	槽数	每元件匝数	总导体数	支路数	线规/mm	换向片数	每杆刷数	电刷尺寸/mm	极数	气隙/mm	每极匝数 串	每极匝数 并	线规 串	线规 并	并励电流/A	极数	每极匝数	气隙/mm	线规/mm	转动惯量/(kg·m²)
Z3-42	7.5	110	83	3000	并	120	125	25	4/3	200	2	3-φ1.58	75	8	10×12.5	4	0.7/3.5		600		φ0.69	2.0	4	15	2	2.26×6.4	0.033
	7.5	220	41.3	3000	并				8/3	400		2-φ1.35		2					1160		φ0.49	1.06		29		1.16×6.4	
	4.0	110	44.8	1500	并				7/3	350		2-φ1.45							620		φ0.77	2.46		26		1.25×6.4	
	4.0	160	29	1500	他				10/3	500		2-φ1.16							1120		φ0.62	1.43		37		1.45×4.1	
	4.0	220	22.31	1500	并				14/3	700		φ1.45							1300		φ0.57	1.205		52		1.08×4.1	
	2.2	110	25.8	1000	并				11/3	550		φ1.62							770		φ0.69	1.57		41		1.45×4.1	
	2.2	160	16.7	1000	他				16/3	800		φ1.35							1380		φ0.53	0.887		60		1.0×4.1	
	2.2	220	12.8	1000	并				22/3	1100		φ1.16							1620		φ0.51	0.778		81		φ1.95	
	1.5	110	18.8	750	并				14/3	700		φ1.45							720		φ0.72	1.79		53		1.16×4.1	
	1.5	160	11.8	750	他				20/3	1000		φ1.16							1200		φ0.55	1.11		75		φ1.95	
	1.5	220	9.25	750	并				28/3	1400		φ1.0							1400		φ0.51	0.932		103		φ1.68	
	3.0	115	26.2	1450	复				10/3	500		2-φ1.16						14	640	1.45×4.1	φ0.69	1.53		37		1.45×4.1	
	3.0	230	13.1	1450	复				20/3	1000		φ1.16						30	1280	1.95	φ0.49	0.75		73		φ1.95	
Z3-51	10	220	54.8	3000	并	138	100	27	7/3	378	2	2-φ1.5	81	2	10×12.5	4	0.8/4		1250		φ0.57	1.425	4	27	2	1.56×5.9	0.053
	5.5	110	61.0	1500	并				7/3	378		2-φ1.56		3					670		φ0.74	2.3		28		2.1×5.9	
	5.5	220	30.3	1500	他				13/3	702		φ1.56		1					1300		φ0.59	1.5		51		1.16×5.1	
	5.5	440	14.4	1500	并				26/5	1404		φ1.12	135						1150		φ0.64	1.695		100		φ1.88	
	3.0	110	34.5	1000	并				10/3	540		2-φ1.25							980		φ0.77	1.608		40		1.35×5.9	

（续）

型号	功率/kW	电压/V	电流/A	转速/(r·min⁻¹)	励磁方式	铁芯外径/mm	铁芯长度/mm	槽数	每件匝数	总导体数	支路数	电枢线规/mm	换向片数	每杆刷数	电刷尺寸/mm	主极极数	主极气隙/mm	主极每极匝数(串)	主极每极匝数(并)	主极线规(串)	主极线规(并)	并励电流/A	换向极极数	换向极气隙/mm	换向极每极匝数	换向极线规/mm	转动惯量/(kg·m²)
Z3-51	3.0	160	22.4	1000	他	138	100	27	5	810	2	φ1.5	81	2	10×12.5	4	0.8/4		1450		φ0.55	1.02	4	2	59	1.08×5.1	0.053
	3.0	220	17.2	1000	并				20/3	1080		φ1.25		2					1450		φ0.55	0.887			78	φ2.1	
	2.2	110	26.5	750	他				13/3	702		φ1.56		2					910		φ0.64	1.67			52	1.08×5.9	
	2.2	160	17.2	750	他				19/3	1026		φ1.3		2					1550		φ0.57	0.995			75	φ2.26	
	2.2	220	13	750	并				26/3	1404		φ1.12		2					1800		φ0.55	0.887			102	φ2.02	
	4.2	115	36.5	1450	复				3	486		2-φ1.3		1				14	710	1.35×5.9	φ0.77	1.84			36	1.35×5.9	
	4.2	230	18.3	1450	复				6	972		φ1.3		1				28	1380	1.0×4.1	φ0.55	0.918			70	1.0×4.1	
Z3-52	13	220	70.7	3000	复	138	135	27	2	324	2	3-φ1.4	135	3	10×12.5	4	0.8/2.4		1000		φ0.53	1.3	4	2	23	2.1×5.9	0.065
	7.5	110	82.1	1500	复				5/3	270		3-φ1.5	81	2					540		φ0.86	3.3			20	2.44×5.9	
	7.5	220	40.8	1500	并				10/3	540		2-φ1.3	81	2					1100		φ0.74	1.67			39	1.56×5.1	
	7.5	440	19.5	1500	并				4	1080		2-φ0.9	81	2					960		φ0.67	1.94			77	φ2.26	
	4.0	110	45.2	1000	他				8/3	432		2φ1.45	81	1					720		φ0.77	1.93			32	1.95×5.1	
	4.0	160	29.6	1000	并				4	648		φ1.68	81	1					1200		φ0.57	1.1			47	1.35×5.1	
	4.0	220	22.3	1000	并				5	810		φ1.45	81	1					1480		φ0.62	1.12			58	φ2.26	
	3.0	110	35.2	750	他				10/3	540		2-φ1.3	81	2					750		φ0.8	2.01			40	1.35×5.9	
	3.0	160	22.7	750	并				14/3	756		φ1.56	81	1					1340		φ0.67	1.28			55	1.16×5.1	
	3.0	220	17.4	750	并				20/3	1080		φ1.3	81	1					1560		φ0.59	1.0			78	φ2.44	

（续）

型号	功率/kW	电压/V	电流/A	转速/(r/min)	励磁方式	铁芯外径/mm	铁芯长度/mm	槽数	电枢 每元件匝数	电枢 总导体数	电枢 支路数	电枢 线规/mm	电枢 换向片数	电刷 每杆副数	电刷 尺寸/mm	极数	气隙/mm	主极 每极匝数 串	主极 每极匝数 并	主极 线规 串	主极 线规 并	并励电流/A	极数	气隙/mm	换向板 每极匝数	换向板 线规	转动惯量/(kg·m²)
Z3-52	2.2	110	26.7	3000	并	138	135	27	4	648	2	φ1.68	81	1	10×12.5	4	0.8		750		φ0.83	2.11	4	2	48	1.35×5.1	0.065
	2.2	160	16.8	3000	他				17/3	918		φ1.4		2					1240		φ0.67	1.42			67	φ2.4	
	2.2	220	13.3	3000	并				8	1296		φ1.16		1					1470		φ0.59	1.08			94	φ2.0	
	6.0	115	52.2	1500	复				7/3	378		2-φ1.56		3				8	600	1.81×5.9	φ0.8	1.97			27	1.81×5.9	
	6.0	230	26.1	1500	复				14/3	756		φ1.56		2				16	1350	1.08×5.1	φ0.57	0.853			54	1.08×5.1	
	17	220	92	3000	并				4/3	248		3-φ1.62	93	1					990		φ0.67	2.22			19	1.35×12.5	
	10	110	108.2	1500	并				4/3	248		4-φ1.5		2					720		φ0.93	2.78			19	1.56×12.5	
	10	220	53.8	1500	并				8/3	496		2-φ1.5							1040		φ0.67	1.98			37	1.68×6.4	
	10	440	25.7	1500	他				16/3	992		2-φ1.12							1100		φ0.77	1.935			68	1.0×5.9	
Z3-61	5.5	110	61.4	1000	并	162	120	31	2	372	2	2-φ1.74		1	12.5×16	4	0.9		720		φ0.9	2.56	4	2.5	28	2.26×6.4	0.125
	5.5	160	30.3	1000	他				4	744		φ1.74							1360		φ0.64	1.4			56	1.25×5.9	
	5.5	220	14.5	1000	并				24/5	1488		φ1.2	135						1100		φ0.77	1.875			101	φ2.26	
	4.0	110	46.6	750	他				8/3	496		2-φ1.5	93						635		φ0.86	2.62			37	1.68×6.4	
	4.0	160	30.2	750	并				11/3	682		2-φ1.25							1300		φ0.69	1.42			50	1.16×5.9	
	4.0	220	23.0	750	他				5	930		φ1.5							1230		φ1.0	1.7			69	1.0×5.9	
	3.0	110	35.9	600	并				3	558		2-φ1.35							790		φ0.69	2.71			42	1.35×6.4	
	3.0	160	23.3	600	他				14/3	868		2-φ1.12							1550		φ1.0	1.905			62	1.08×5.9	
	3.0	220	17.8	600	并				19/3	1178		φ1.35							1385		φ0.64	1.358			88	1.0×4.4	
	8.5	115	74.0	1450	复				5/3	310		4-φ1.3		2				10	650	1.25×12.5	φ0.96	2.39			23	1.25×12.5	

260

（续）

型号	功率/kW	电压/V	电流/A	转速/(r/min)	励磁方式	电枢 铁芯外径/mm	电枢 铁芯长度/mm	电枢 槽数	电枢 每元件件数	电枢 总导体数	电枢 支路数	电枢 线规/mm	电枢 换向片数	电枢 每杆刷数	电枢 电刷尺寸/mm	主极 极数	主极 气隙/mm	主极 每极匝数 串	主极 每极匝数 并	主极 线规 串	主极 线规 并	主极 并励电流/A	换向极 极数	换向极 气隙/mm	换向极 每极面数	换向极 线规	转动惯量/(kg·m²)
Z3-61	8.5	230	37.0	1450	复	162	120	31	10/3	620	2	2-φ1.3	93	1	12.5×16	4	0.9/3.6	18	1100	1.35×6.4	φ0.64	1.43	4	25	46	1.35×6.4	0.125
	22	220	117.6	3000	并				1	186		4-φ1.62	93	3					810		φ0.74	2.5			14	1.45×12.5	
	13	110	140	1500	并				1	186		4-φ1.62							500		φ1.04	3.83			14	1.95×12.5	
	13	220	69.5	1500	并				2	372		2-φ1.68		2					1000		φ0.72	1.96			27	1.81×6.4	
	13	440	33.3	1500	他				12/5	744		2-φ1.2	155	1					780		φ0.77	2.55			56	1.25×5.5	
	7.5	110	83.2	1000	并				4/3	248		4-φ1.45	93	2					600		φ1.2	4.05			19	2.44×6.4	
	7.5	160	41.4	1000	他				3	558		2-φ1.4		1					1060		φ0.69	1.685			41	1.56×5.5	
	7.5	220	20.7	1000	并				18/5	1116		2-φ1.08	155	2					900		φ0.83	2.32			80	1.0×5.9	
Z3-62	5.5	110	62.8	750	并	162	165	31	11/3	682	2	2-φ1.74	93	2	12.5×16	4	0.9/3.6		710		φ0.93	2.63	4	25	28	1.0×12.5	
	5.5	160	31.25	750	他				12/5	1426		φ1.81	155						1050		φ0.8	2.0			51	1.08×5.5	
	5.5	220	14.8	750	并				7/3	434		φ1.25	93						920		φ0.83	2.23			103	φ2.02	
	4.0	110	47.6	600	他				10/3	620		2-φ1.56							650		φ1.04	2.82			33	1.81×6.4	
	4.0	160	30.8	600	并				14/3	868		2-φ1.35							1000		φ0.86	2.267			44	1.45×5.5	
	4.0	220	23.6	600	并				4/3	248		φ1.56							1240		φ0.74	1.55			64	1.08×4.4	
	11	115	95.6	1450	复				8/3	496		φ1.5		3				5	620	1.68×12.5	φ0.93	2.065			17	1.68×12.5	
	11	230	47.8	1450	复				2	372		2-φ1.5		1				10	850	1.68×6.4	φ0.64	1.465			34	1.81×6.4	
Z3-71	17	220	89.8	1500	并	195	125	31	2	372	2	1.45×4.4	93	2	12.5×16	4	1.0/4.0		115		φ0.8	2.218	4	3	29	2.44×6.4	0.233
	17	440	44.8	1500	他				12/5	744		2-φ1.45	155	1					980		φ0.86	2.74			53	1.16×6.4	

261

型号	功率/kW	电压/V	电流/A	转速/(r/min)	励磁方式	电枢 铁芯外径/mm	铁芯长度/mm	槽数	每元件件数	总导体数	支路数	线规/mm	换向片数	每杆刷数	电刷尺寸/mm	主极 极数	气隙/mm	每极匝数 串	每极匝数 并	线规 串	线规 并	并励电流/A	换向极 极数	气隙/mm	每极匝数	线规	转动惯量/(kg·m²)
Z3-71	10	110	110.3	1000	并	195	125	29	1	290	2	2-1.0×4.4	145	3	12.5×16	4	1.0/4.0		600		φ1.04	3.35	4	3	23	1.45×12.5	0.233
	10	220	54.75	1000	他				2	580		1.0×4.4	155	2					1000		φ0.72	2.04			45	1.68×6.4	
	10	440	26.3	1000	并				19/5	1178		φ1.56	93	1					1100		φ0.8	1.935			83	1.0×5.9	
	7.5	110	85.3	750	并			31	4	372		1.68×4.4	155	2					750		φ1.08	3.01			29	2.26×6.4	
	7.5	220	42.1	750	他				24/5	744		2-φ1.4	93	1					1000		φ0.74	2.27			52	1.25×6.4	
	7.5	440	21.1	750	并				8/3	1488		φ1.35	135	2					800		φ0.83	2.99			104	1.0×4.4	
	5.5	110	64.5	600	并			27	5	930		3-φ1.4	93	3					550		φ0.96	3.18			33	1.95×6.4	
	5.5	220	31.9	600	并					496		2-φ1.3		2					1100		φ0.74	1.89			69	1.08×6.4	
	14	115	124.7	1450	复			31	1	270		2-1.16×4.4		3				4	495	1.68×12.5	φ0.9	2.93			20	1.68×12.5	
	14	230	60.8	1450	复				8/3	496		4-φ1.25		2				12	825	1.81×6.4	φ0.64	1.865			36	1.56×12.5	
Z3-72	22	220	115.7	1500	并	195	165	35	1	290	2	2-1.0×4.4	145	3	12.5×16	4	1.0/4.0		1020		φ0.86	2.46	4	3	22	1.56×12.5	0.275
	22	440	57.9	1500	他				2	80		1.0×4.4	105	2					850		φ0.93	3.01			42	1.64×6.4	
	13	110	142.5	1000	并			31	1	210		1.35×4.4	155	3					815		φ1.25	3.23			16	2.1×12.5	
	13	220	70.8	1000	他				14/5	420		2-φ1.35	145	1					1300		φ0.9	2.1			32	2.26×6.4	
	13	440	35.4	1000	并			29	2	868			155	3					1170		φ0.93	2.12			62	1.25×5.9	
	10	110	112.2	750	并				1	290		2-1.16×4.4		2					742		φ1.16	3.1			22	1.56×12.5	
	10	220	55.8	750	他			31	2	580		1.16×4.4		1					1200		φ1.0	1.95			43	1.45×6.4	
	10	440	27.9	750	并				18/3	1116		2-φ1.2							1000		φ0.93	2.59			80	1.08×4.7	

(续)

型号	功率/kW	电压/V	电流/A	转速/(r/min)	励磁方式	铁芯外径/mm	铁芯长度/mm	电枢 槽数	电枢 每元件匝数	电枢 总导体数	电枢 支路数	电枢 线规/mm	换向片数	每杆电刷数	电刷尺寸/mm	主极 极数	主极 气隙/mm	主极 每极匝数 串	主极 每极匝数 并	主极 线规 串	主极 线规 并	并励电流/A	换向极 极数	换向极 气隙/mm	换向极 每极匝数	换向极 线规	转动惯量/(kg·m²)
Z3-72	7.5	110	86.9	600	井	195	165	29	2	348	2	1.95×4.4	87	2	12.5×16	4	1.0/4.0		700		φ1.16	3.36	4	3	27	2-1.45×5.9	0.275
	7.5	220	42.9	600	井				11/3 1	682		3-φ1.2	93	1					1400		φ0.86	1.775			50	1.25×6.4	
	19	115	165.2	1450	复			31	1	186		2-1.45×4.4		4				4	450	2.44×12.5	φ1.08	3.69			14	2.44×12.5	
	19	230	82.7	1450	复				2	372		1.45×4.4		2				8	890	2.26×6.4	φ0.77	1.8			28	2.83×6.4	
	30	220	156.6	1500	井		235	35	1	210		2-1.45×4.4	145	2					840		φ1.0	3.0			16	2.1×12.5	
	30	440	76	1500	他				7/5	434		3-φ1.56	105	3					870		φ1.0	2.66			32	1.35×11.6	
	17	220	92	1000	井			27	2	324		1.68×4.4	81	2					900		φ0.86	2.17			24	1.45×12.5	
	17	440	46	1000	他			31	2	620		2-φ1.56	155						820		φ1.04	3.0			46	1.56×6.4	
Z3-73	13	110	145	750	井	195	235	35	1	210	2	2-1.45×4.4	105	3	12.5×16	4	1.0/4.0		530		φ1.3	1.07	4	3	16	2.83×12.5	0.35
	13	220	72.2	750	井			31	2	420		1.45×4.4	155	1					1090		φ0.9	2.02			31	1.68×8.6	
	13	440	36.1	750	他				13/5	806		2-φ1.4		3					800		φ1.04	3.13			58	1.35×5.9	
	10	110	114.3	600	井			31	4/3	248		4-φ1.74	93	3					590		φ1.35	4.0			19	3.05×9.3	
	10	220	56.8	600	井				8/3	496		4-φ1.25							1220		φ0.96	2.08			36	2.26×6.4	
	26	230	113	1450	复			27	1	270		2-1.16×4.4	135	2				4	830	1.56×12.5	φ0.86	2.02			20	1.56×12.5	
Z3-81	40	220	208	1500	井	245	125	29	1	290	2	1.45×5.5	145	2	16×25	4	1.4/5.6	2	1000	2.63×14.5	φ1.25	3.48	4	4	22	2.53×14.5	0.63
	40	440	102.2	1500	他				2	580		1.18×5.5		2					960		φ1.0	4.4			43	1.45×12.5	
	22	220	118.5	1000	井			37	1	444			111					2	1100	1.81×12.5	φ1.04	2.98			34	1.8×12.5	
	22	440	58.1	1000	他			29	10/3	928		4-φ1.2	145						1190		φ1.08	2.76			66	2.1×6.4	

（续）

型号	功率/kW	电压/V	电流/A	转速/(r/min)	励磁方式	铁芯外径/mm	铁芯长度/mm	电枢 槽数	每元件匝数	总导体数	支路数	电枢线规/mm	换向片数	每杆刷数	电刷尺寸/mm	主板 板数	气隙/mm	每极匝数 串	每极匝数 并	线规 串	线规 并	并励电流/A	换向板 板数	换向板 每极匝数	换向板 气隙/mm	换向板 线规	转动惯量/(kg·m²)
Z3-81	17	220	93.1	750	并	245	127	29	2	580	2	1.56×5.5	145	2	16×25	4	1.4/5.6	3	1140	1.68×12.5	φ1.04	3.11	4	44	4	1.68×12.5	0.63
	17	230	44.5	750	他				4	1160		3-φ1.25							1100		φ1.16	3.34		87		1.56×6.4	
	13	220	73.4	600	并			37	2	740		1.08×5.5	185						1320		φ0.96	2.32		54		2.44×6.4	
	35	230	152.2	1450	复			33	2	396		2.1×5.5	99	4				6	750	2.44×12.5	φ0.86	3.0		29		2.44×12.5	
Z3-82	55	220	284	1500	并	245	175	35	1	210	2	2-1.95×5.5	105	2	16×25	4	1.4/5.6	2	1000	2.83×18	φ1.16	3.5	4	16	4	2.83×18	0.78
	30	220	158.5	1000	并			27	2	324		2.44×5.5	81					2	950	1.81×18	φ1.04	3.18		25		1.81×18	
	30	440	77.7	1000	他			31	2	620		1.25×5.5	155						1000		φ1.08	3.95		47		1.16×12.5	
	22	220	119	750	并			35	2	420		1.81×5.5	105					3	1160	1.95×12.5	φ1.04	2.72		32		1.95×6.4	
	22	440	58.2	750	他			29	3	870		4-φ1.2	145						1080		φ1.16	2.39		66		1.56×12.5	
	17	230	95.4	600	并			43	2	516		1.56×5.5	129	3					1150		φ1.12	3.1		39		1.56×12.5	
Z3-83	48	230	208.2	1450	复	245	230	27	1	162	2	2-1.56×5.5	81	5	16×25	4	1.4/5.6	4	950	2.26×18	φ1.16	3.28	4	20	4	2.26×18	0.95
	75	220	386	1500	并			33	1	330		2-2.63×5.5	165	3				2	940	4.1×18	φ1.3	4.0		12		4.1×18	
	75	440	190.7	1500	他			41	1	246		1.35×5.5	123	2					980		φ1.45	4.1		24		2.63×18	
	40	220	210	1000	并			27	1	324		1.56×5.5	81						960		φ1.25	3.75		19		2.1×18	
	30	220	160.4	750	并			31	2	620		2.63×5.5	155					2	980	1.68×18	φ1.16	3.26		24		1.68×18	
	30	440	78.3	750	他			35	2	420		1.35×5.5	105						1120		φ1.45	3.68		46		1.25×12.5	
	22	220	120	600	并			33	2	198		2.1×5.5	99					3	1050	1.81×12.5	φ1.16	2.95		31		1.81×12.5	
	67	230	291	1450	复				1			2-2.1×5.5		4				4	700	2.63×18	φ1.16	4.0		15		2.63×18	

型号	功率/kW	电压/V	电流/A	转速/(r/min)	励磁方式	铁芯外径/mm	铁芯长度/mm	槽数	每元件匝数	总导体数	支路数	线规/mm	换向片数	每杆电刷数	电刷尺寸/mm	极数(主)	气隙/mm(主)	每极匝数 励	每极匝数 并	线规 励	线规 并	并励电流/A	极数(换)	气隙/mm(换)	每极匝数(换)	线规(换)	转动惯量/(kg·m²)
Z3-91	100	220	510	1500	井	294	190	38	1	304	4	2-1.56×5.9	152	4	20×32	4	1.8/7.2	1	1150	5.5×18	φ1.4	4.07	4	6	11.5	5.1×18	1.83
	100	440	252	1500	他			31	1	310	2	2-1.45×5.9	155					3	1000	2.83×18	φ1.4	4.14			23	2.63×16.8	
	55	220	286	1000	井			39	1	234		2-1.81×5.9	117					2	1220	3.53×18	φ1.25	3.13			18	3.53×16.8	
	40	220	211	750	井			31	1	310		2-1.45×5.9	155	2				3	1250	3.05×18	φ1.2	2.9			23	3.05×16.8	
	40	440	103	750	他				2	620		1.45×5.9	155					6	1120	1.95×18	φ1.35	3.29			47	1.95×16.8	
	30	220	161	600	井			33	2	396		2.44×5.9	99	3				3	1250	2.83×18	φ1.2	2.81			30	2.83×16.8	
	90	230	391	1450	复			31	1	186		2-2.44×5.9	93					3	1150	4.1×18	φ1.3	3.25			14	4.1×16.8	
Z3-92	125	220	635	1500	井	294	255	38	1	228	4	2-1.95×5.9	114	5	20×32	4	1.8/7.2	2	850	5.5×25	φ1.4	4.35	4	6	17	3.53×16.8	218
	75	220	385.2	1000	他			31	1	186	2	2-2.83×5.9	93					2	900	3.8×25	φ1.25	4.2			14	4.4×16.8	
	75	440	188	1000	井				1	370		2-1.25×5.9	185	3				3	800	2.63×18	φ1.35	4.74			27	2.1×16.8	
	55	220	289	750	井			37	1	222		2-1.95×5.9	111	2				2	850	4.4×18	φ1.4	4.98			17	3.53×16.8	
	55	440	139	750	他			45		450		2-1.0×5.9	225					4	730	2.1×18	φ1.56	5.85			34	1.68×16.8	
	40	220	214	600	井			31	1	310		2-1.68×5.9	155					2	1000	3.53×18	φ1.25	3.33			23	2.63×16.8	
	115	230	500	1450	复			46	4	276	4	2-1.56×5.9	138					2	650	4.7×25	φ1.45	5.93			20	5.1×18	
Z3-101	160	220	808	1500	井	327	245	50	1	300	8	1-2.26×6.4	100	4	25×32	4	2.0/8.0	1	790	7×2.5	φ1.62	6.55	4	8	8	2.83×16.8	3.48
	160	440	402	1500	他			50		400	4	2-1.16×6.4	200	5					740		φ1.88	8.24			15	4.1×16.8	
	200	220	1010	1500	井			42	1	336	8	2-1.45×6.4	84	6				1	730	7×25	φ1.56	6.34			13	5.5×16.8	
	100	220	511	1000	井			50	2	300	4	2-1.56×6.4	150	3				2	850	5.1×25	φ1.45	5.5			16	2.83×16.8	

（续）

型号	功率/kW	电压/V	电流/A	转速/(r/min)	励磁方式	电枢										主极							换向极				转动惯量/(kg·m²)
						铁芯外径/mm	铁芯长度/mm	槽数	每元件匝数	总导体数	支路数	线规/mm	换向片数	每杆刷数	电刷尺寸/mm	板数	气隙/mm	每极匝数 串	每极匝数 并	线规 串	线规 并	并励电流/A	板数	气隙/mm	每板匝数	线规	
Z3-101	100	440	254	1000	他	327	245	49	1	294	2	2-1.56×6.4	147	2	25×32	4	2.0/8.0		860		φ1.88	6.95	4	8	22	3.53×16.8	3.48
	75	220	387	750	并			35	1	210	2	2-2.63×6.4	105	2				2	820	3.8×25	φ1.45	5.29			16	4.4×16.8	
	55	220	289	600	并			43	1	258	4	2-1.95×6.4	129	2				3	910	3.05×25	φ1.45	4.51			19	3.28×16.8	
	145	230	631	1450	复			42	1	252	4	2-1.95×6.4	126	4				2	630	5.5×25	φ1.45	6.0			19	3.53×16.8	
Z3-102	125	220	635	1500	他	327	300	42	1	252	4	2-1.95×6.4	126	4	25×32	4	2.0/8.0	2	820	5.5×25	φ1.45	4.82	4	8	19	3.8×16.8	3.95
	180	230	783	1000	并			50	1	400	8	2-2.44×6.4	100	5				1	690	6×25	φ1.81	7.0			15	4.1×16.8	
	200	440	500	1450	复			42	1	336	4	2-1.68×6.4	168	3				1	550	4.1×25	φ1.74	8.52			13	5.5×16.8	

附表 26　Z4 系列直流电动机的主要技术数据

型号	功率/kW	电压/V	电流/A	转速/(r·min⁻¹)	励磁电压/V	铁芯外径/mm	铁芯长度/mm	槽数	每槽线数	电枢绕组形式	节距	电枢线规/mm	电阻20℃	换向片数	电刷宽×高/mm	主极极数	主极每极匝数	主极气隙/mm	主极线规/mm	换向极每极匝数	换向极气隙/mm	换向极线规/mm	补偿绕组匝数	补偿绕组线规/mm	轴承前	轴承后
ZA-100-1	2.2	160	17.9	1500	180	105	110	17	42	单叠	1-9	φ1.18	0.74	85	12.5×25	2	2400	1.1	φ0.42	98	2.8	φ2.0			305	305
	1.5	160	13.3	1000					58			φ1.0	1.43				1500		φ0.56	136		φ1.7				
	4	440	10.7	3000					64			φ0.95	1.75							150		φ1.5				
	2.2	440	6.7	1500					116			φ0.71	5.68							271		φ1.12				
	1.5	440	4.8	1000					160			φ0.63	9.95							374		φ0.95				
Z4-112-2	3	160	24	1500	180	120	100	19	34	单叠	1-10	2φ1.0	0.487	95	16×32	2	1350	1.2	φ0.63	88	3.0	φ2.36			306	306
	2.2	220	14.4	1000					68			φ1.0	1.95				1700		φ0.56	175		φ1.7				
	5.5		14.7	3000					54			φ1.12	1.23				1500		φ0.6	139		φ1.8				
	3		9.0	1500					98			φ0.85	3.88							253		φ1.4				
	2.2		7.1	1000					134			φ0.71	7.61							345		φ1.18				
	4	160	31.3	1500					28			2φ1.12	0.355				530		φ0.63	72		φ2.5				
	3	160	24.8	1000					36			2φ1.0	0.573				1200		φ0.67	92		φ2.24				
	7.5		19.7	300					42			φ1.3	0.79				1500		φ0.6	108		φ2.0				
	4	440	12.8			130	120		70			φ1.0	2.23				1350		φ0.63	180		φ1.6				
	4	440	11.5	1500					76			φ0.95	2.68				1500		φ0.6	195		φ1.5				
	4		11.5						102			φ0.8	5.07				1200		φ0.67	262		φ1.4				
	3		9.1	1000																						
Z4-112-4	5.5	160	42.5	1500	180	132	120	30	34	单叠	1-8	2φ1.1	0.192	120	16×32	4	700	1.15	φ0.67	81	3.25	φ1.9			307	307
	4	160	35.0	1000					48			φ1.18	0.39							59		φ2.36				

（续）

型号	功率/kW	电压/V	电流/A	转速/(r/min)	励磁电压/V	铁芯外径/mm	铁芯长度/mm	槽数	每槽线数	绕组形式	节距	线规/mm	电阻20℃	换向片数	电刷宽×高/mm	极数	主极每极匝数	主极线规/mm	主极气隙/mm	换向极每极匝数	换向极线规/mm	换向极气隙/mm	补偿绕组匝数	补偿绕组线规/mm	轴承前	轴承后
ZA—112—4	11	440	28.8	3000	180	132	120	30	52	单叠	1—8	φ1.12	0.469	120	16×32	4	700	φ0.67	1.15	66	φ2.24	3.25			307	307
	5.5	440	15.4	1500					94			φ0.85	1.48							110	φ1.6					
	4		12.5	1000					132			φ0.71	2.96							156	φ1.35					
	5.5	160	43.5	3000			160		34			2φ1.0	0.221				600	φ0.75		81	φ1.9					
	15		38.6	1500					38			2φ0.95	0.273				590			45	φ2.5					
	7.5		20.6	1000					72			φ0.95	1.04				600	φ0.8		83	φ1.8					
	5.5		16	1000					98			φ0.85	1.15							114	φ1.6					
ZA—132—1	18.5	440	47.1	3000			130	34	34		1—9	2φ1.06	0.222	136	20×32	4	750	φ0.9	1.2	86	φ2.12	3.0			308	308
	11		29.6	1500					62			φ1.18	0.655				600	φ0.8		79						
	7.5		21.6	1000					88			φ0.95	1.43							112	φ1.9					
	7.5	220	21.4		220								1.43				750	φ0.75								
ZA—132—2	22	440	55.3	3000	180		180		26			φ1.25	0.142		16×32		850	φ0.9	1.25	66	φ2.36	3.75				
	15		40	1500					46			φ1.3	0.465				600	φ0.67		116	φ1.9					
	11		30.7	1000					64			φ1.12	0.87							80	φ2.24					
ZA—132—3	30		75	3000			240		18			φ1.18	0.0859		20×32		1070	φ0.71		23	2.5×4.5					
	18.5		48.5	1500					36			φ1.06	0.319				950	φ1.0		90	φ2.12					
	15		41.7	1000					50			φ1.3	0.59				490	φ0.71		124	φ1.9					
ZA—160—1	37	440	93.4	3000	180	185	190	38	22		1—10	2φ1.4	0.0265	152	25×32	4	950	φ1.06	2.1	63	2×4	4.9			310	210
	22		58.5	1500					40			φ1.45	0.373				600 670	φ1.0	1.9		1.8×5	5.0			312	220

型号	功率/kW	电压/V	电流/A	转速/(r/min)	励磁电压/V	铁芯外径/mm	铁芯长度/mm	槽数	每槽线数	绕组形式	节距	线规/mm	电阻20℃	换向片数	电刷宽×高/mm	极数	主极气隙/mm	主极每极匝数	主极线规/mm	换向极气隙/mm	换向极每极匝数	换向极线规/mm	补偿绕组匝数	补偿绕组线规/mm	轴承前	轴承后
Z4-160-2	45	440	113	3000	180	185	190	38	18	单叠	1-10	3φ1.25	0.0835	152	25×32	4	2.0	670	φ1.0	5.2	52	1.8×5				
	18.5		51	1000					46			2φ0.95	0.554				2.1	570	φ1.12		133	φ2.12				210
	55		137	3000			240		14			3φ1.35	0.062				1.7	600	φ1.06	5.1	40	2.5×5			310	
Z4-160-3	30		77.8	1500					28			φ1.7	0.236	190			2.0				54					308
	22		59.1	1000			300		38			φ1.5	0.412				2.1	510	φ1.18	4.9	63	1.8×5			308	210
	37		95	1500					22			2φ1.4	0.155				1.8	490	φ1.25	5.0	150	1.6×5			310	212
	18.5		51.4	750			180		52			2φ1.0	0.552				2.6	570		5.4	168	φ2.12				312
Z4-180-1	15		42.4	600		210			58			φ1.3	0.8	190	25×40		2.4	550	φ1.3	5.5	55	φ2.0				212
	75		185	3000			220		10			2-1.25×4	0.0876	152			2.3	600		5.0	35	2.5×6.3				
Z4-180-2	45		115	1500					24			3φ1.18	0.135	190	25×32		2.0	720	φ1.4	5.7	49	3.15×5.6				
	30		79	1000					34			2φ1.25	0.254				1.8	550		5.3	64	2.5×5.0				
	22		60.3	750					44			2φ1.12	0.409				2.3	510	φ1.9	5.6	75	2×4.5			312	
	18.5		52	600					52			φ21.0	0.607				2.1	350	φ1.5	5.4	63	2×4.0				
Z4-180-3	22		61.8	1000			270		44		1-11	φ21.12	0.456	168			2.3	420	φ1.4	5.8	40	1.8×5.0				212
	37		94.5	3000			400		20		1-9	φ31.25	0.14	165			2.8	480	φ1.5	6.0	25	3.15×5.6	6	7φ2.2		
	90		224	1500					8		1-10	2-1×4	0.082	152			2.4	420	φ1.4	5.0	48	2.24×6.3	18	5φ2.0		312
Z4-180-4	55		139	1500			330		10			2-1.25×40	0.0876				2.3	260	φ1.5	5.4	43	2.5×5.0				
	30		79.5	750	110				30			φ1.8	0.27		20×32				φ1.9			3.15×4.5				

（续）

型号	功率/kW	电压/V	电流/A	转速(r/min)	励磁电压/V	铁芯外径/mm	铁芯长度/mm	槽数	每槽线数	电枢绕组形式	节距	电枢线规/mm	电阻20℃	换向片数	电刷宽×高/mm	极数	主极每极匝数	主极气隙/mm	主极线规/mm	换向极气隙/mm	换向极每极匝数	换向极线规/mm	补偿绕组匝数	补偿绕组线规/mm	轴承前	轴承后
ZA4-200-1	110	440	270	3000	180	240	240	46	8	单叠	1-12	2-1×5	0.0129	184	25×40	4	520	2.8	φ1.4	6.0	26	3.15×5.6			314	214
	45		118	1000			240	42	26	单波	1-11	3φ1.25	0.159	210	25×32		520	2.3	φ1.4	6.7	41	3.55×5.6				
	37		99	750			280	33	20	单波	1-9	2-1.25×5	0.249	165	25×32		460	2.8	φ1.5	7.0	50	3.15×5				
ZA4-200-2	75	440	188	1500	180	240	280	31	10	单波	1-9	2-1.4×5	0.0561	155	25×32		500	2.3	φ1.5	6.5	23	2×16				
	30		82	600			280	42	36	单叠	1-11	φ1.8	0.345	168	25×40		460	2.5	φ1.5	7.5	56	2.5×5.6				
	132		324	3000			330	38	8	单叠	1-11	2-1.4×5	0.015	152	25×40		520	3.0	φ1.4	6.5	43	2.24×5.6			314	214
ZA4-200-3	90	440	225	1500	180	240	330	47	6	单叠	1-13	2-1.6×5	0.0485	141	25×40	4	400	2.6	φ1.6	6.3	42	3.55×5.6				
	55		141	1000			330	39	10	单叠	1-11	2-1×5	0.109	195	25×32		460	2.1	φ1.6	7.1	58	2.24×5.6				
	45		120	750			330	42	42	单波	1-9	2-1×5	0.189	210	25×40		400	2.7	φ1.5	6.0	41	3.55×5.6				
	37		100	600			330	31	20	单叠	1-9	1.4×5	0.244	155	25×40		400	2.2	φ1.6	6.0	45	3.15×5.6				
ZA4-225-1	110	440	276	1500	180	260	290	43	6	单波	1-12	2-1.8×5	0.0406	129	25×40	4	410	3.1	φ1.8	8.5	19	2.5×16			316	216
	75		193	1000			340	39	10	单波	1-11	2-1.25×5	0.0978	195	25×40		410	3.0	φ1.8	7.0	28	1.8×6				
	55		149	600			400	43	12	单波	1-12	1.6×5	0.195	129	25×32		390	3.1	φ1.8	7.0	39	3.55×7.1			318	
ZA4-225-3	55	440	161	1500	180	260	400	35	10	单波	1-10	2-1.06×4.5	0.123	175	25×32	4	420	3.8	φ1.9	9.0	13	1.8×14	6	7φ2.2	316	216
	45		123	1000	220		290	43	12	单波	1-12	1.4×5	0.207	129	25×40		460	3.2	φ1.8	9.0	22	1.4×14	18	5φ2.0		
	132		328	1500	180		400	38	10	单叠	1-10	2-1.12×5	0.0282	190	25×40		350	3.0	φ1.9	8.0	14	3.55×16			316	
	90		229	1000			400	51	6	单波	1-14	2-1.6×5	0.0629	153	25×32		350	3.8	φ1.9	8.0	23	2.24×16				
	75		196	750			290	39	10	单叠	1-11	2-1.25×5.6	0.092	195	25×40		350	2.6	φ1.9	7.0	28	1.8×16				
ZA4-250-1	160	440	400	1500	300	300	290	54	8	单叠	1-14	2-1.12×5	0.029	216	25×32	4	370	3.2	φ1.9	7.5	16	3.35×18			318	

（续）

型号	功率/kW	电压/V	电流/A	转速/(r/min)	励磁电压/V	铁芯外径/mm	铁芯长度/mm	槽数	每槽线数	电枢绕组形式	电枢节距	电枢线规/mm	电阻20℃	换向片数	电刷宽×高/mm	极数	主极气隙/mm	主极每极匝数	主极线规/mm	换向极气隙/mm	换向极每极匝数	换向极线规/mm	补偿绕组匝数	补偿绕组线规/mm	轴承前	轴承后
ZA-250-1	110	440	282	1000	180	300	290	53	6	单叠	1-14	2-1.4×5.6	0.0603	159	25×40	4	3.0	390	φ1.8	7.0	23	2.24×20			318	216
	185		458	1500				46	8	单叠	1-12	2-1.25×5.6	0.0211	184			2.8	340	φ2.0	6.5	13	4×18				
	90		234	750				57	6	单叠	1-10	2-1.25×5	0.0882	171	25×32		2.5	370	φ1.9	7.8	25	2×18				
	75		200	600				41	10	单叠	1-11	2-1×5	0.133	205			2.9	330	φ2.0	7.5	30	1.7×18				
ZA-250-2	200		492	1500			340	54	6	单叠	1-14	2-1.4×5.6	0.0179	162	25×40		3.1	330		8.8	23	2.24×18				
	132		334	1000				46	10	单叠	1-12	2-1×4.5	0.0453	230			3.0			8.5	17	3.15×18				
ZA-250-3	110		283	750			400	49	6	单波	1-13	2-1.8×5	0.0627	147	25×32		4.5	290		9.0	21	2.5×18				
	220		541	1500				46	8	单波	1-12		0.0147	138			3.1			8.5	20					
ZA-250-4	160		400	1000			470	54		单叠		2-1.25×5.6	0.0293	216	25×40		2.7	330		6.5	15	3.5×185				
	90		236	600				53	6	单波	1-14	2-1.25×5	0.0971	159			3.3			7.5	23	2.24×18				
ZA-280-1	250	440	613	1500	180	340	340	54		单叠	1-12	2-1.8×5.6	0.0139	162	25×40	4	3.2	310	φ2.12	8.5	20	2.5×20			320	218
	280		685	1000				46	6	单叠	1-13	2-2.5×6	0.0104	139			3.9	300		9.5	15	2.8×20				
ZA-280-2	200		500	750			400	50	8	单波	1-14	2-1.4×5	0.0265	200			3.1	330		11.5	20	4×20				
	132		334	600				54	10	单波		2-1.12×5	0.0451	270			3.9	310	φ2.24	11.3	15	2.8×20				
	110		284	1500				53	6	单叠	1-16	2-1.8×5	0.0662	159			3.1			10.3	20	2.24×20				
ZA-280-3	315		768	1000			470	62	4	单叠	1-12	2-2.8×5	0.029	124			3.0	300		9.8	24	3.15×20				
	220		547	750				46	8	单波		2-1.8×5	0.0208	184			3.4			9.1	18	4.5×20				
	160		404	600				58	6	单波	1-15	2-1.25×5	0.0375	232			3.5			10.5	13	3.55×20				
ZA-280-4	132		339	600			550	49		单叠		2-2.24×5	0.0529	147			3.3	270	φ2.36	9.0	17	2.8×20				
	250		618	1000				50	8	单叠		2-2×5	0.0166	150			3.0			11.0	21	2.65×20				

（续）

型号	功率/kW	电压/V	电流/A	转速/(r/min)	励磁电压/V	铁芯外径/mm	铁芯长度/mm	槽数	每槽线数	绕组形式	节距	电枢线规/mm	电阻20℃	换向片数	电刷宽×高/mm	片数	主极气隙/mm	主极每极匝数	主极线规/mm	换向极气隙/mm	换向极每极匝数	换向极线规/mm	补偿绕组匝数	补偿绕组线规/mm	轴承前	轴承后
ZA-280-4	185	440	466	750	180	340	550	50	8	单叠	1-15	2-1.4×5	0.0313	200	25×40	4	3.5	270	ϕ2.36	8.8	14	4×20	12	12ϕ2.12	321	220
	280		694	1000				54	6		1-14	2-2.24×5.6	0.0146	162			3.6	340		13.5	11	3.55×18	12	10ϕ2.12		
ZA-315-1	200		501	1500		340	470	50	8		1-13	2-1.4×5.6	0.0256	200			4.0	580	ϕ1.8	13.8	18	2.24×18		16ϕ2.12		
	160		407	600				62	10			2-1.25×6	0.036	250			3.4			11.8	9	4.5×18	9			
ZA-315-2	315		865	1000	180		550	58	4		1-16	2-3.15×5.6	0.00708	124			4.0	380	ϕ2.24	13.8	13	4×18	12	12ϕ2.12		
	250		624	750				54	6		1-15	2-1.8×5.6	0.019	174			3.6	520	ϕ1.9	11.0	17	3.15×18	15	12ϕ21.9		
	185		468	600				62	8		1-14	2-1.4×5.6	0.0301	216			3.4	580	ϕ1.8	13.5	9	2.5×18	9	16ϕ2.12		
ZA-315-3	355		865	1500		340	470	46	4		1-16	2-3.15×5.6	0.00708	124			4.0	380	ϕ2.24	13.8	15	4×18	12	11ϕ2.12		
	200		502	600			640	50	8		1-12	2-1.6×5.0	0.0275	184			3.9	520	ϕ1.9	14.0	8	2.81×8				
	400		972	1000				58	4		1-13	2-3.15×5.6	0.00744	100			3.0		ϕ2.0	10.3	25	ϕ1.9				
ZA-315-4	250		629	600		390	740	46	6		1-15	2-2×5.6	0.0205	174	25×40	4	4.1	470	ϕ1.9	13.0	21	1.6×18	24	22ϕ2.12		
	315		779	750				58	8		1-12	2-2.28×5.0	0.013	138			4.0	420		14.0	8	2×18	18	6ϕ2.12		
	450		1095	1000				50	4		1-15	2-3.55×5.6	0.00671	116			4.1	590	ϕ2.12	15.5	19	5×20	9	8ϕ2.12		
ZA-355-1	355	440	875	750		390	550	62	6		1-13	2-2.24×5.6	0.011	150			4.0	540	ϕ2.0	15.0	14	2.5×20	12	22ϕ2.12	324	224
	280		696	600				58	4		1-16	2-1.8×5.0	0.0171	186			3.4			13.0	15	3.55×20	16	16ϕ2.12		
	200		509	500	180			62	8		1-15	2-3.15×5.6	0.03	232			3.5	320	ϕ2.5	13.6	18	2.8×20				
ZA-355-2	400		978	750			640	58	6		1-16	2-5.6×25	0.00883	124			3.8	430	ϕ2.24	15.5	11	2.5×20	18	11ϕ2.2	321	218
	315		783	600				54	4		1-14	2-2×5	0.0147	162			4.0	590	ϕ1.9	13.0	12	4×20	12	16ϕ2.12		224
	250		631	500				62			1-16		0.0235	186			3.7	540	ϕ2.0	14.0			15	13ϕ2.12		
ZA-355-3	400		985	600			850	58	4		1-15	2-3.15×5.6	0.0098	116				390	ϕ2.36	15.5	8	5×20	6	24ϕ2.12	321	220

272

参 考 文 献

[1] 乔长君．电机修理速查手册．北京:化学工业出版社,2008.

[2] 乔长君．电机绕组布线接线彩色图集．北京:化学工业出版社,2009.

[3] 赵家礼．电机修理手册(单行本)．北京:机械工业出版社,2008.

[4] 吕如良．电工手册．上海:上海科学技术出版社,2005.

[5] 黄国治．Y2 系列三相异步电动机技术手册．北京:机械工业出版社,2005.